计算机辅助服饰设计教程

Illustrator 时装款式设计

黄利筠　黄莹　著

中国纺织出版社

内 容 提 要

本书通过逐步深入的方式介绍了 Adobe Illustrator 软件的各类绘图技法，使读者轻松掌握该软件的一些相关概念及矢量绘图的相关理论。书中所用到的技法，均为作者多年使用该软件的专业实际经验和进行计算机绘画培训经验的总结。全书还通过大量常用与实用的服装款式绘制实战练习，使读者从最基本的简单图形的绘制起步，到熟练掌握常用的服装款式绘制技术，继而成为服装款式图的绘制高手。对于有一定软件使用经验的服装设计人员，这些练习也颇具参考价值。

本书非常适合服装设计师、服装专业的师生以及相关从业人员学习 Adobe Illustraor 软件之用。

图书在版编目（CIP）数据

Illustrator 时装款式设计/黄利筠，黄莹著. —北京：中国纺织出版社，2014.7 重印

计算机辅助服饰设计教程

ISBN 978-7-5064-5435-3

Ⅰ. Ⅰ… Ⅱ. ①黄…②黄… Ⅲ. 服装－计算机辅助设计－图形软件，Illustrator－教材 Ⅳ. TS941. 26

中国版本图书馆 CIP 数据核字（2008）第 205887 号

策划编辑：李春奕　责任编辑：郭　沫　特约编辑：来佳音
责任校对：陈　红　责任设计：何　建　责任印制：何　艳

中国纺织出版社出版发行
地址：北京东直门南大街 6 号　邮政编码：100027
邮购电话：010—64168110　传真：010—64168231
http：//www. c-textilep. com
E-mail：faxing @ c-textilep. com
北京佳信达欣艺术印刷有限公司印刷　各地新华书店经销
2009 年 3 月第 1 版　2014 年 7 月第 3 次印刷
开本：787×1092　1/16　印张：13
字数：210 千字　定价：58. 00 元

前言

本书的出版意在帮助服装设计师、服装专业师生以及服装从业人员学会使用 **Adobe Illustrator** 实现时装款式图的精美绘制，掌握专业绘画技法。

本书通过大量常用与实用的服装款式绘制实战练习，从简单图形的绘制，步入服装款式的园地，让读者掌握常用的服装款式绘制技术，同时体会到 **Adobe Illustrator** 这个软件的功能是妙不可言的。

本书所使用的绘图技法是作者多年进行计算机绘画培训的经验总结，同时也是使用 **Adobe Illustrator** 专业经验的积累。阅读本书，需要拥有一定的计算机方面的基础知识。基于此种理念，作者在此书中采取了逐步深入的教授方式，给予您的方法是通过介绍一些绘图技法，使您轻松掌握 **Illustrator** 的一些相关概念及矢量绘图的相关理论。当您能够记住一些必要的工具和理解相关概念后，此书便成为您学习服装款式图的快速指南。一旦您掌握了这些基本概念，本书将指引您向更为复杂的领域提升，介绍一些更为复杂的技法。

当您学习完此书，便已经掌握了全部绘画技法，以便在设计中根据设计需要进行更多服装款式的绘制。

有一点必须向读者说明，本书所展示的一些技法并非具有唯一性。当您真正掌握了本书所讲授的这些方法以后，您将会满怀信心地进行创作，以达到完美的效果。期待您的探索。

目录

第一章

Illustrator 基础操作

本章略述位图和矢量图的不同，文档管理和文档路径的基础知识以及认识 **Adobe Illustrstor** 工具和如何操作这些工具。在本章的最后有一个简单的练习。

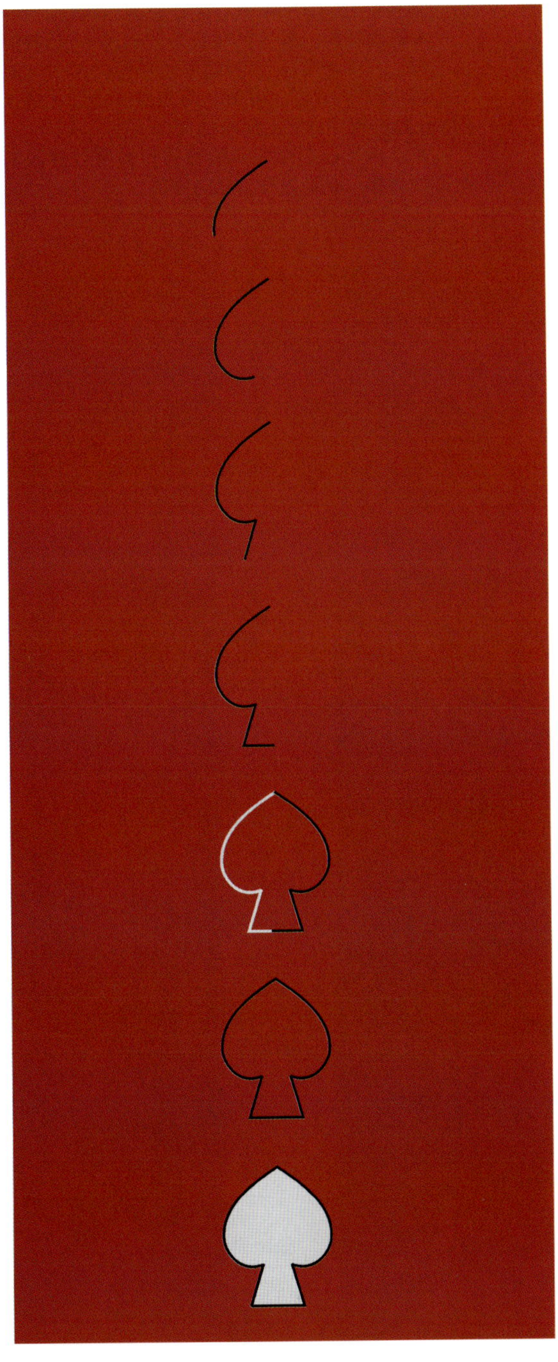

一、关于 Illustrator

1. Illustrator 软件历史

Adobe Illustrator 是由 **Adobe** 公司推出的当今世界最流行的矢量图形绘图软件 .

Illustrator 在不断发展更新的过程中，逐渐成长、壮大，每一次版本的更新与升级都会有很大突破，到 **CS2** 版本时，其功能更加强大，为使用者带来了更便捷、有效的绘图方式，同时提供了多种更具创造性的选择方法。本书采用的是 **Illustrator CS2** 版本。

2. Illustrator 功能特色

使用 **Illustrator** 提供的绘图工具，可以方便地创建各种服装的线形、图案、服装局部以及外形等，并可以根据不同的需要进行参数化设置绘图工具的属性，如调节画笔的粗细、虚实、颜色等，从而使绘制效果更为逼真。

Illustrator 还提供针对绘制的对象进行各种排列组合、镜像操作等功能。通过简便直观的变换，逐步形成不同的系列款式，举一反三，为服装款式图的创建和修改提供了便捷的途径，效率很高。

值得一提的是，**Illustrator** 还具有强大的描摹功能，它能将照片或扫描后的位图转换为可编辑调整的一系列路径形状，从而可以任意改变和编辑它们。

Illustrator 还提供调整与存储工作区的功能，您可以任意布置您最喜欢的工作界面，并进行保存，以便随时在进行不同工作时调用，从而大大提高工作效率。

使用 **Illustrator** 绘制服装款式图给服装设计师带来了更便捷、有效的绘图方式，同时提供了更具有创造性的各种选择方法，可以说是服装设计的一次重大改进。

3. Illustrator 与计算机系统配置要求

Adobe Illustrator 对计算机系统配置要求相对较高，在此对 **Adobe Illustrator** 所需要的计算机系统配置进行介绍。

- **Intel® Pentium® 4**、**Intel Centrino®**、**Intel Xeon®**、**Intel Core™ Duo**（或兼容的）处理器。
- **Windows® XP Service Pack 2**、**Windows Vista™ Home Premium**、**Business**、**Ultimate**。
- **512MB** 内存（建议使用 **1GB**）。
- **2GB** 可用硬盘空间（安装过程中需要更多可用空间）。
- **1,024×768** 显示器分辨率。
- **DVD-ROM** 驱动器。
- 多媒体功能需要 **QuickTime 7** 软件。
- 需要 **Internet** 或电话连接进行产品激活。

4. Illustrator 与绘图辅助设备

运用 **Adobe Illustrator** 进行设计创作，还需要一些相配套的基本硬件设施进行辅助，从而更加方便、快捷地完成创作。

- 扫描仪：在进行款式创作时，可以先在纸上画好草稿，然后利用扫描仪将草稿扫描进计算机，并结合 **Illustrator** 软件进行描摹与调整。
- 数码相机：能将任何有形的素材，如面料、成衣等，用数据图片资料的形式拍摄与记录，通过 **USB** 接口与计算机相连，将拍摄后的图片结合 **Illustrator** 软件进行运用与创作。
- 打印机：制作完成的设计作品通过打印机打印出样稿，从而进行展示与交流。

二、矢量图与位图

所有计算机图形不是位图就是矢量图，**Adobe Illustrator** 是一个基于矢量图的软件，**Adobe Photoshop** 是一个基于位图的软件。

1. 矢量图

矢量图形是由被称作矢量的精确对象定义的线和曲线组成的。一个矢量图形由描边和填充色组成，点连接组成线，线连接组成对象。因此，当对矢量图形进行缩放、简化或者旋转等操作时，图形都能保持清晰，不会产生失真现象。

实际大小的矢量图像

放大图像

旋转图像

在 **Adobe Illustrator** 中包括文字在内的所有的图形都是由矢量创建，每个图像中的每个对象都是一个自成一体的实体。它具有颜色、形状、轮廓、大小和屏幕位置等属性，可随时按照需要进行修改与调整。矢量图形的绘制与分辨率无关，这意味着它们可以按最高分辨率显示到输出设备上，而不会增加计算机的负担。图形的清晰度取决于输出设备的质量，这使得矢量图成为精细设计与表现创作作品的完美形式。

2. 位图

位图是由单独的像素组成的，像素是由删格定义的，并通过视觉的色彩混合，而呈现单一的影像。所有扫描得到的图像不论是反射稿还是透射稿，都是位图格式。在一个位图图形里，像素的数量组成了这个图形的"**dpi**"，即 **300dpi** 分辨率的图形是由每英寸 **300** 点（像素）组成的 **,dpi** 越高，分辨率越高，文件越大。大多数的网络图片或屏幕分辨率是 **72dpi**，大部分印刷的位图图形为 **300dpi** 以上。

当位图被缩放、简化或旋转时会严重扭曲，图像将会失去细节。位图擅长复制精细的颜色阶层和喷枪技巧。最终的位图看上去比矢量图更加柔和，更加真实。本书中使用位图作为服装面料的真实填充。

位图

放大位图

三、颜色模式

颜色模式或颜色模型是平面艺术中颜色被再现的一种具体形式，使用潘东色系（**Pantone System)** 在平面艺术和印刷色里常被提到。在计算机图形中颜色再现有两种模式: **RGB**（红、绿和蓝）和 **CMYK**（青色、洋红、黄色和黑色）。

1. 色彩模式的选择

色彩模式的选择取决于所创作图形的最终用途。若图形是被数字化再现，如网络、计算机或电视，一般采用 **RGB** 颜色模式；若图形是用于印刷，则一般采用 **CMYK** 颜色模式。

2. RGB 颜色模式

反射光指由监视器（计算机或电视）发射出来的光。红、绿、蓝时呈现“增添”的颜色，当三者结合时得到的是白色。用 **RGB** 颜色模式，在屏幕上看到的再现颜色最接近于通过印刷所看到的颜色。

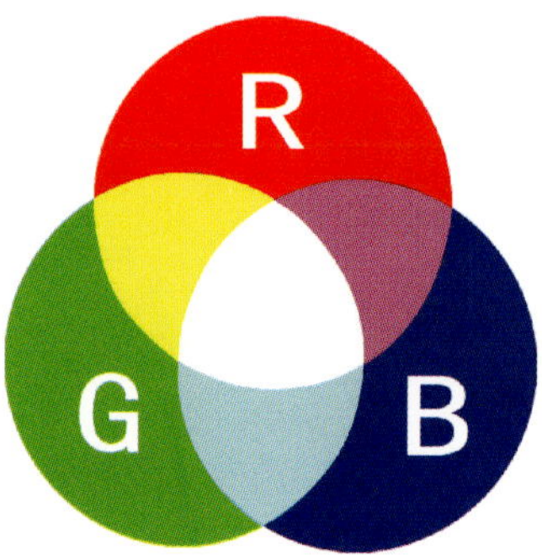

RGB 三原色

3. CMYK 颜色模式

吸收光指当图形使用图版印刷过程中被印刷在纸上所使用的颜色模型。通过吸收光，颜色被印刷在这种媒介（纸）上，当三种颜色被结合所得到的黑色即 **“K”**。

印刷最终显现出来的颜色是由青色、洋红和黄色以不同比例混合而成。理论上，由 **100%** 的青色、**100%** 的洋红和 **100%** 的黄色混合可以形成全黑色。但是，由于油墨有杂质等原因，实际应用效果不太理想，所以又增加了一个黑色通道 **“K”** 来代替三种颜色。当 **K=100%** 时，其他三色就不起作用了。

在印刷中只使用 **Pantone Pricess** 中 **1~2** 种纯色，即通常所说的专色。

对于许多颜色和渐变色，四色印刷工艺是较好的印刷方法，由相互接近的纯色和黑色的印刷网点组成的颜色，然后通过眼睛的判定来混合这些颜色以产生预期的效果。照片的印刷通常采用四色印刷工艺。

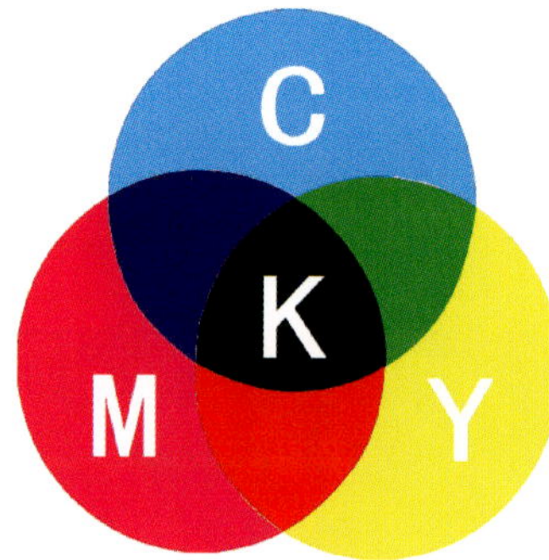

CMYK 色谱

（注意：考虑到时装工业印刷的正常方法是数字化的，所以在绘图时我们建议采用 **RGB** 颜色模式）

四、文件基本操作

1. 新建文件

启动 **Adobe Illustrator** 后，新建文档。

①

①

• 启动 **Adobe Illustrator** 后，在欢迎界面中，点击“新建文档”，随即弹出【新建文档】对话框。

②

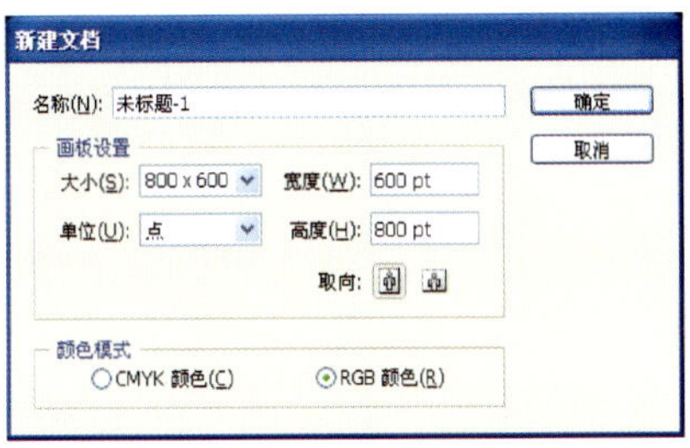

②

• 或执行菜单栏中【文件 / 新建】命令，快捷键“**Ctrl+N**”，随即弹出【新建文档】对话框。

• 在【新建文档】对话框中，设置新建文档“名称”、“大小”、“单位”、“取向”及“颜色模式”。

• 点击“确定”。

2. 打开文件

③

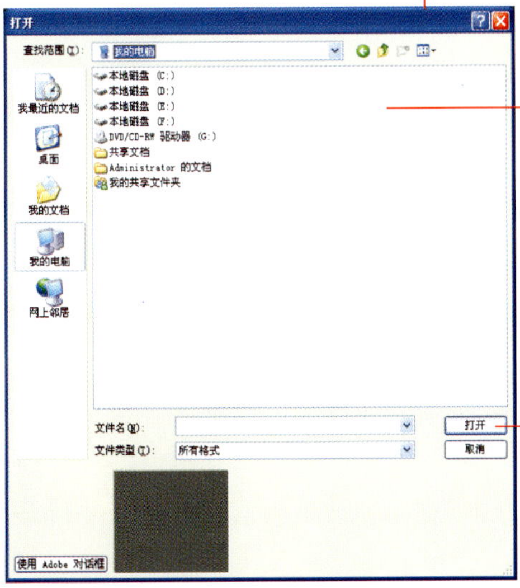

③

• 启动 **Adobe Illustrator** 后，在欢迎界面中，点击“打开文档”。

• 或执行菜单栏中【文件 / 打开】命令，快捷键“**Ctrl+O**”，随即弹出【打开】对话框。

• 在对话框上方“查找范围”内可以查找所需要文件在计算机中的位置。

• 在右上方的“查看”菜单中可以设置文件显示模式，方便查找文件。

• 在下方“文件类型”内可以设置所要找的文件类型，从而缩小文件查找范围。

• 在文件浏览框中点击选择所需要的文件。

• 点击“打开”。

3. 存储文件

在制作过程中和制作完成时都需要保存文件。

④

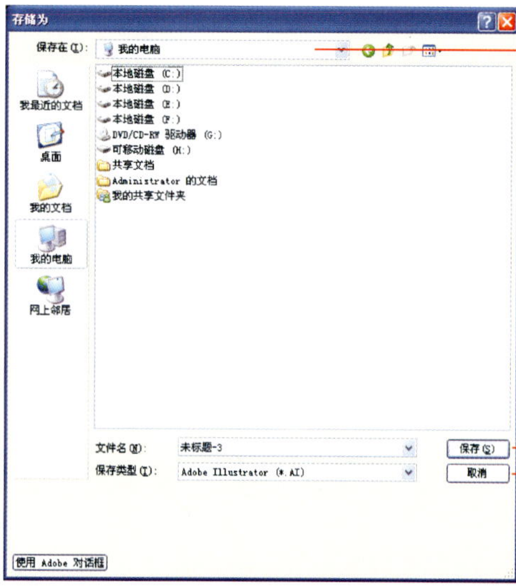

④

- 执行菜单栏中【文件/存储】命令，或【文件/存储为】命令。随即弹出【存储为】对话框。
- 在“保存在”框中设置文件保存位置。
- 在“文件名”框中设置保存文件的文件名。
- 在“保存类型”框中设置文件保存类型为 **Adobe Illustrator**（***AI**）。
- 点击“保存”。

（注意：每 **10min** 保存一次正在工作的文件，快捷键为“**Ctrl+S**”）

4. 导出文件

在制作过程中和制作完成时需要导出不同类型的文件。

⑤

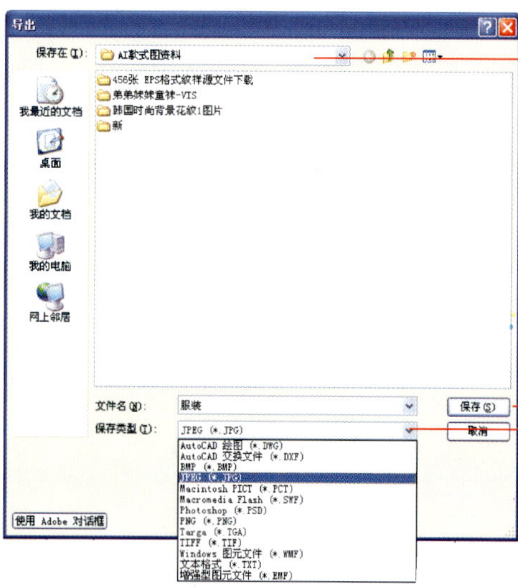

⑤

- 执行菜单栏中【文件/导出】命令，随即弹出【导出】对话框。
- 在“保存在”框中设置导出文件的保存位置。
- 在“文件名”框中设置导出文件的文件名。
- 在“文件类型”框中设置文件导出类型。
- 点击“保存”。

（注意：使用 **Illustrator** 绘制完成后的作品并不能直接进行浏览，若要在常用看图软件中浏览此作品效果，则需要以位图格式进行导出，其中的 **TIFF** 和 **JPEG** 格式是最常用的）

五、工作环境的认识与设定

1. 默认工作环境

当打开一个新文件时，**Adobe Illustrator** 通常会以默认工作区为界面设置。

①

• 单击菜单栏的窗口将出现下拉菜单，选择【工作区 / 默认】。

•默认工作区包括：图层、外观、工具、控制调板、描边、色板、颜色七个部分。

②

• 单击菜单栏里的视图将出现一个下拉菜单，选择【显示标尺】, 快捷键“Ctrl+R”。

①

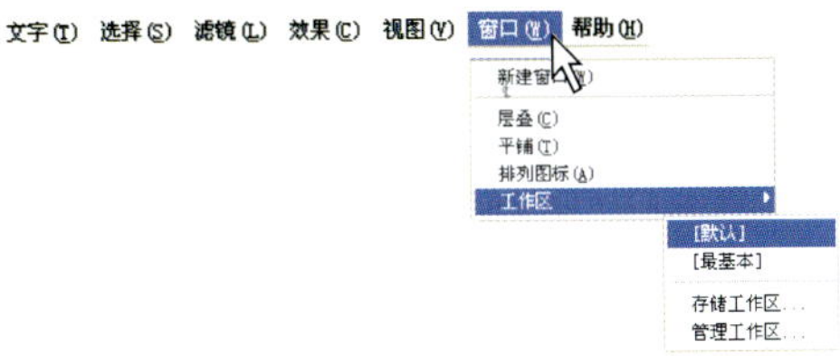

②

③

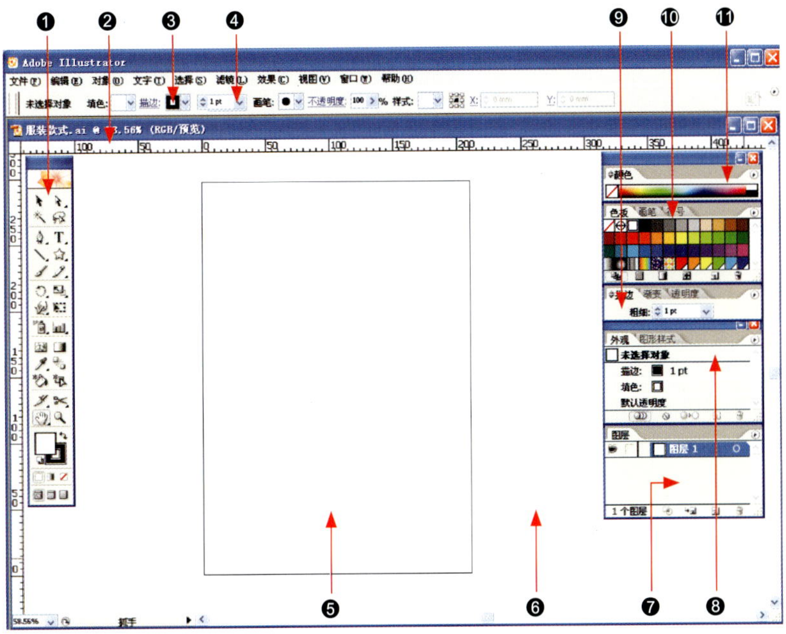

③

❶ 工具箱：它包含用来创建图形的工具。

❷ 标尺：可以从标尺中拖出参考线。

❸ 菜单栏：单击菜单项目激活带有命令的下拉菜单。

❹ 控制调板：这是快速进入面板和命令的有效方式。

❺ 绘图页面：是用于绘制图形的区域。

❻ 工作区：是绘图区域以外的区域，在绘图过程中，可以将暂时不用的图形放这里。

❼ 图层浮动面板：在 **Adobe Illustrator** 中，对象的组织、管理、显示与编辑是由图层进行的，一切有关层的操作都是通过图层浮动面板进行。

❽ 外观浮动面板：显示根据当前选择状态下的对象所有外观特征与操作效果。

❾ 描边浮动面板：有描边粗细的选项，选择你想要的端点和转角以及虚线选项。

❿ 色板浮动面板：提供一个简便的方法去选择和使用常用的颜色。其中，渐变和图案色板可创建（混合）自己的颜色、渐变和图案色板。

⓫ 颜色浮动面板：提供 **RGB**、**CMYK**、**HSB** 等不同颜色模式下的色彩选择，并提供数值输入或者滑块调整两种选择方式。

2. 工作环境的调整与设置

Adobe Illustrator 提供的浮动面板很多，若同时打开，就会影响整个视图区，因此一定要将一个干净整洁的视图区留给创作者。否则满屏幕的面板就会让创作者的作图区域大大减小。

④

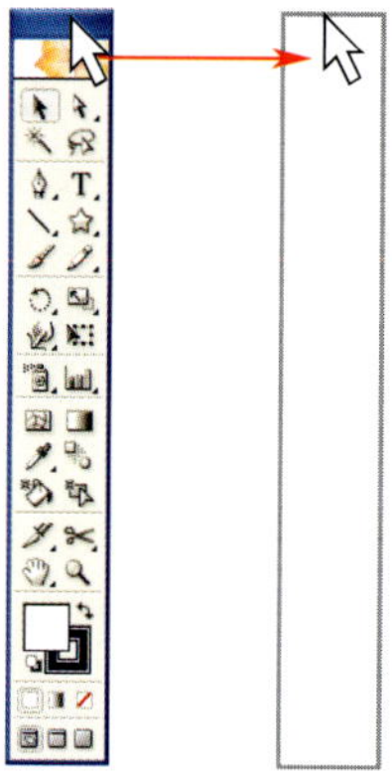

④

• 移动工具箱与浮动面板：单击的同时移动工具箱与浮动面板，可调整它们在工作区域的排放位置。

⑤

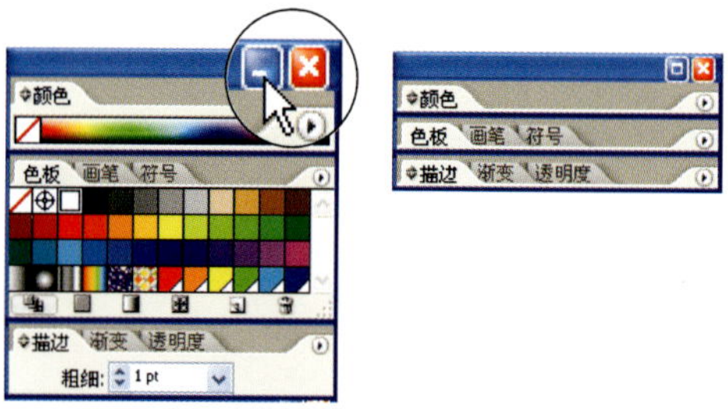

⑤

• 缩小或关闭暂时不用的浮动面板：单击暂时不用的浮动面板右上角 ，将其缩小到缩拢状态。单击右上角 ，则可关闭此浮动面板。

• 若要再次打开，则需要在窗口菜单中找到相应的面板名称。

⑥

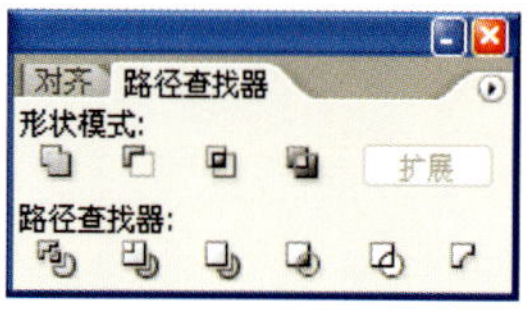

⑥

• 组合浮动面板：直接按住某个面板，然后直接拖曳到另一个面板上，此时出现一个边框的提示，然后释放鼠标即可。

• 恢复工作环境：执行菜单栏中【窗口 / 工作区 / 默认】命令，恢复到默认的 **Adobe Illustrator** 工作空间环境。

3. 标尺与测量单位的设置

为标尺、选项板、画笔等的设置测量单位，使用【编辑菜单 / 首选项 / 常规】来修改。

⑦

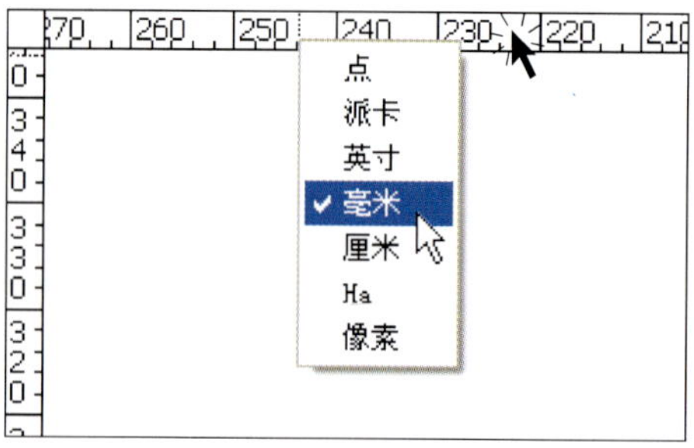

⑦

• 最简单的方法是将鼠标指针移至标尺上，然后单击鼠标右键，在弹出的快捷菜单中选择相应的单位即可。

六、Illustrator 常用工具与操作

1. 选择工具

①

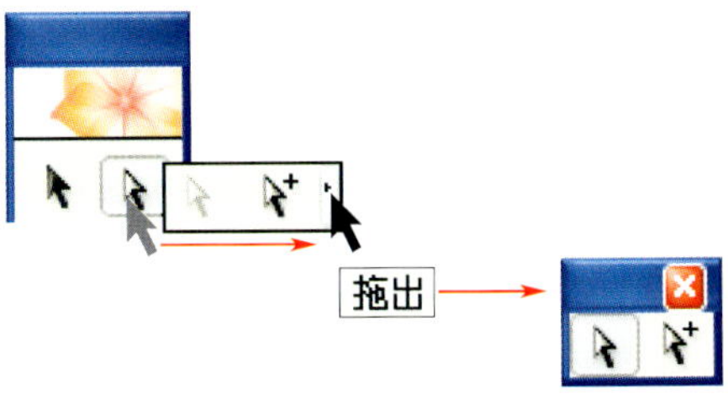

①

• 点击工具箱中【直接选择】工具不松，即可弹出子工具快捷选项，继续保持按下鼠标左键的状态，将鼠标移动到子工具右方箭头栏，进入拖出子工具选项。

②

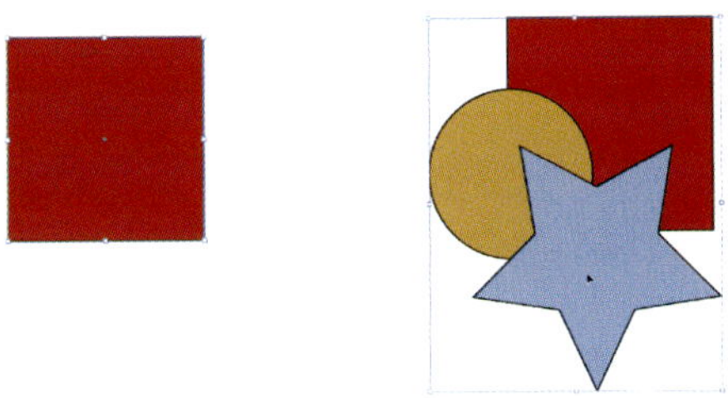

②

•【选择】工具：快捷键“**V**”，可以选取和移动单个对象或群组对象。

③

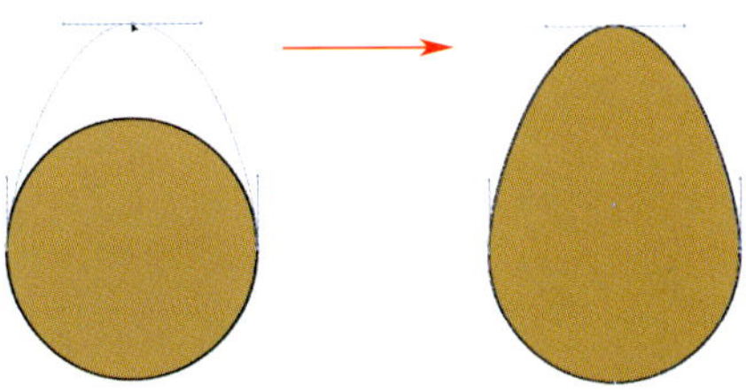

③

•【直接选择】工具：快捷键“**A**”，可以选取和控制锚点和手柄。

④

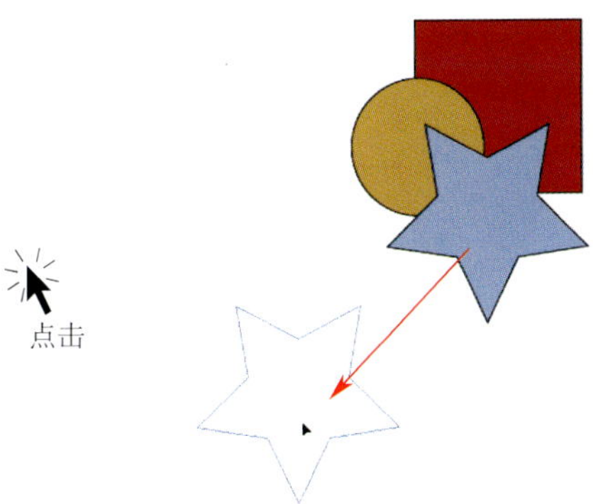

④

•【编组选择】工具：无快捷键，可以从编组对象里选取和移动单个对象。

（注意：在对象以外的工作区域点击，取消对象选择）

2. 填充与描边

切换填充和描边，快捷键“X”

⑤

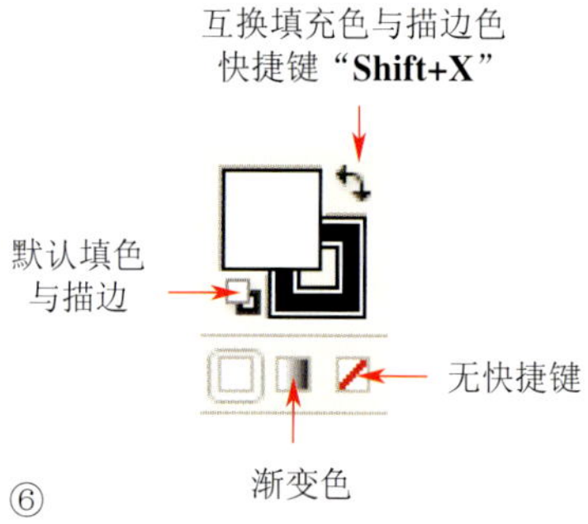

⑤
填充：形状内的纯粹区域。
描边：形状周围的轮廓。

⑥

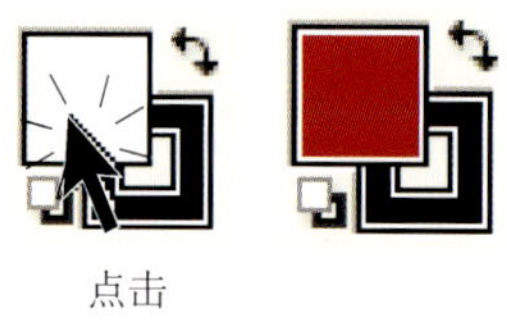

⑥
- 要激活填充或描边，在工具箱中点击对应的方框即可，则该框显示位于前方。
- 在【色板】浮动面板中点击选择颜色，则将填充或描边更改为新颜色。

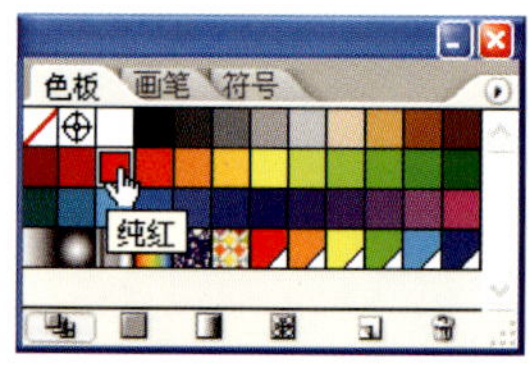

⑦

⑦
- “填充”框位于“描边”框前方。
- 此时可更改填充色。

⑧

⑧
- 按下键盘上快捷键“X”，使“描边”框位于“填充”框前方。
- 此时可更改描边色。

⑨

⑨
- 单击转角箭头 ，快捷键“Shift+X”。
- 互换填充色与描边色。

⑩

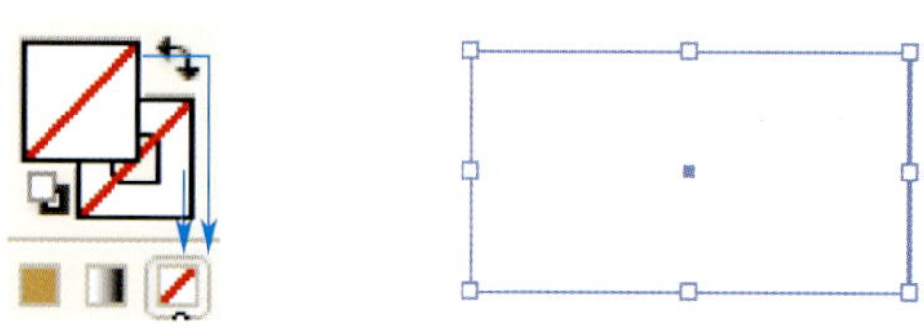

⑩
- 单击【色板】浮动面板或工具箱里的无填充框 ，或使用快捷键。
- 去除填充或描边。

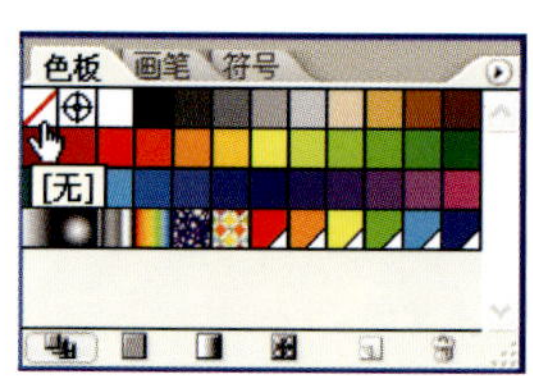

3. 形状工具

矩形工具，快捷键“**M**”
椭圆工具，快捷键“**L**”

圆角矩形工具，多边形工具和星形工具，这些工具没有快捷键

⑪

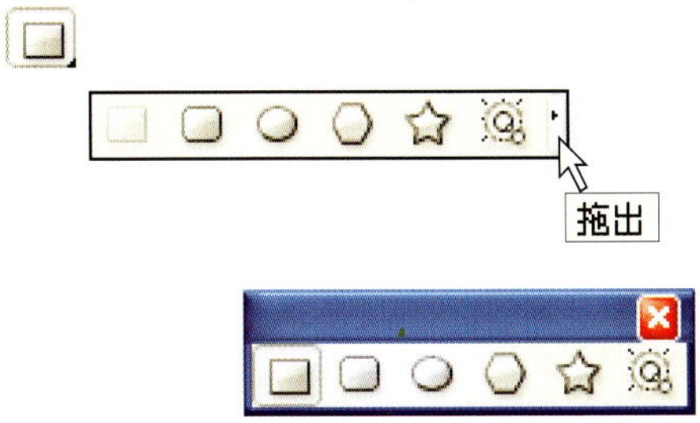

⑪
- 拖曳出形状选项。
- 包括五种形状工具：矩形工具、圆角矩形工具、椭圆工具、多边形工具、星形工具。

绘制矩形

⑫

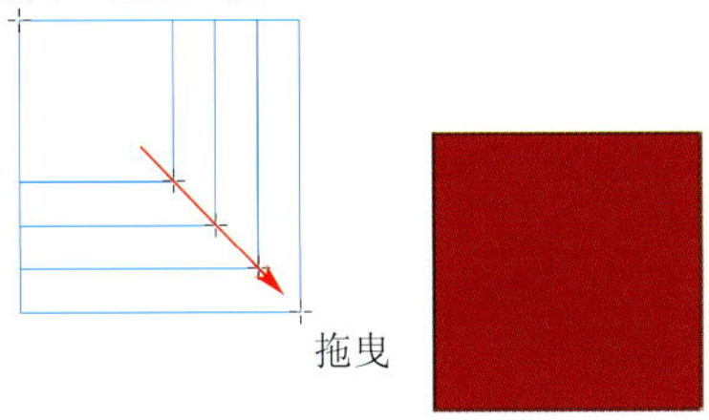

⑫
- 选择一个颜色作为填充色，设置描边色为黑色 。
- 单击选择工具箱中【矩形】工具，快捷键“**M**”。
- 在工作区域点击鼠标左键，不松并拖曳鼠标，绘制出一个矩形。
- 拖曳的同时按下键盘上“**Shift**”键，绘制出一个正方形。

⑬

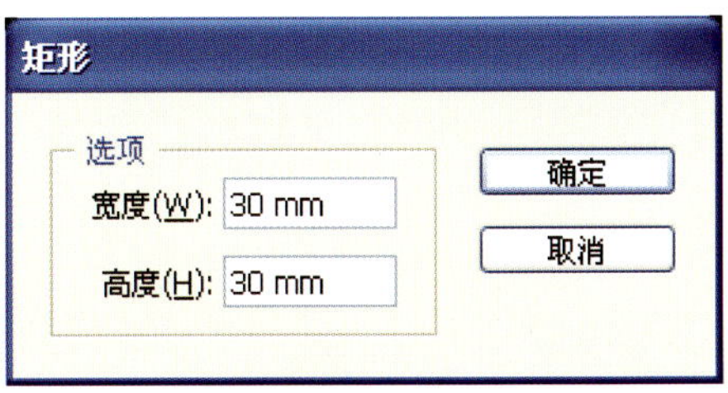

⑬
或者：
- 单击选择工具箱中【矩形】工具，快捷键“**M**”。
- 在工作区域点击鼠标左键。
- 随即弹出【矩形】对话框。
- 在对话框中设置矩形所需要的宽、高值。
- 点击“确定”。

绘制圆形

⑭

⑭
- 点击选择工具箱中【椭圆】工具，快捷键“**L**”。
- 在工作区域点击鼠标左键，不松并拖曳鼠标，绘制出一个椭圆。
- 拖拽的同时按下键盘上“**Shift**”键，绘制出一个正圆形。

⑮

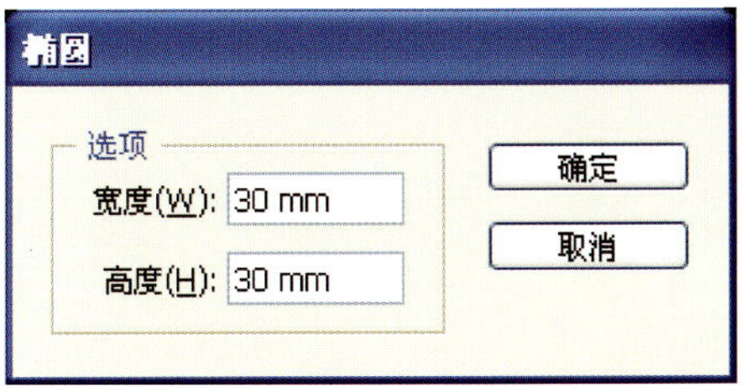

⑮
或者：
- 点击选择工具箱中【椭圆】工具，快捷键“**L**”。
- 在工作区域点击鼠标左键。
- 随即弹出【椭圆】对话框。
- 在对话框中设置椭圆所需要的宽、高值。
- 点击“确定”。

（注意：还原上一步操作，快捷键“**Ctrl+Z**”；重复上一步操作，快捷键“**Ctrl+Shift+Z**”）

绘制圆角矩形

⑯

⑯
- 点击选择工具箱中【圆角矩形】工具。
- 在工作区域点击鼠标左键，不松并拖曳鼠标，绘制出一个圆角矩形。
- 选择并开始拖曳的同时按下键盘上“**Shift**”键，绘制出一个等边圆角矩形。

⑰

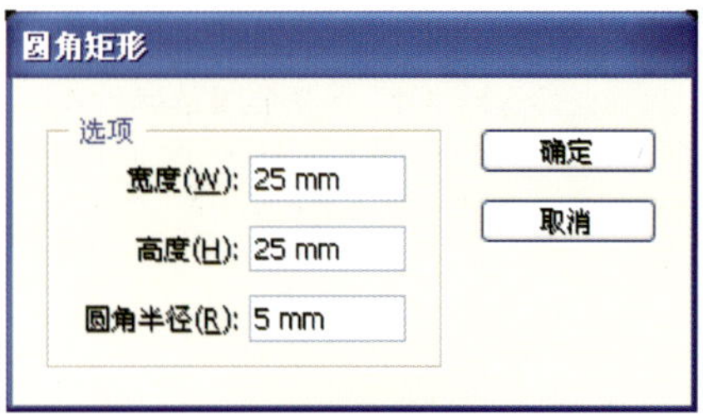

⑰
或者：
- 点击选择工具箱中【圆角矩形】工具。
- 在工作区域点击鼠标左键。
- 随即弹出【圆角矩形】对话框。
- 在对话框中设置圆角矩形所需要的宽、高值及圆角半径值。
- 点击“确定”。

绘制多边形

⑱

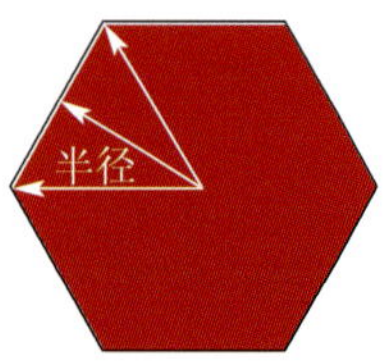

⑱
- 点击选择工具箱中【多边形】工具。
- 在工作区域点击鼠标左键，不松并拖曳鼠标，绘制出一个多边形。
- 选择并开始拖曳的同时按下键盘上“**Shift**”键，保持多边形水平方向。

⑲

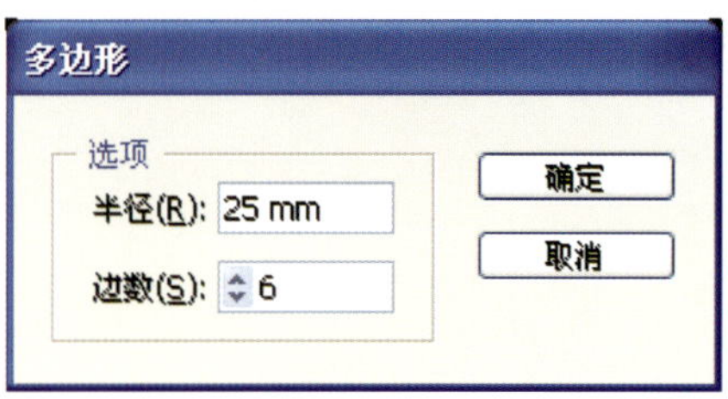

⑲
或者：
- 点击选择工具箱中【多边形】工具。
- 在工作区域点击鼠标左键。
- 随即弹出【多边形】对话框。
- 在对话框中设置多边形所需要的半径值及边数值。
- 点击“确定”。

绘制星形

⑳

⑳
- 点击选择工具箱中【星形】工具。
- 在工作区域点击鼠标左键，不松并拖曳鼠标，绘制出一个星形。
- 选择并开始拖曳的同时按下键盘上“**Shift**”键，保持星形水平方向。

㉑

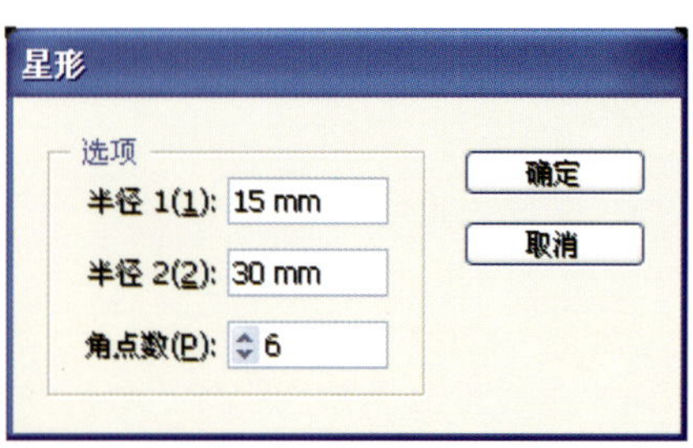

㉑
或者：
- 点击选择工具箱中【星形】工具。
- 在工作区域点击鼠标左键。
- 随即弹出【星形】对话框。
- 在对话框中设置星形所需要的半径 **1**、半径 **2** 的值及角点数值。
- 点击“确定”。

4. 选择和移动对象

选择工具，快捷键“V”

㉒

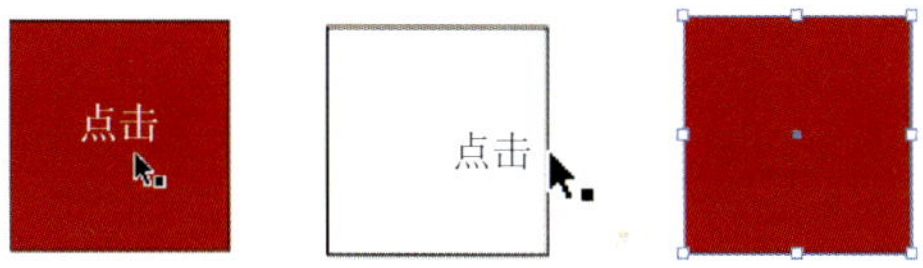

- 使用工具箱中【选择】工具，快捷键“**V**”，点击带有填充的对象的中心，或无填充对象的描边或轮廓，选择对象。

㉓

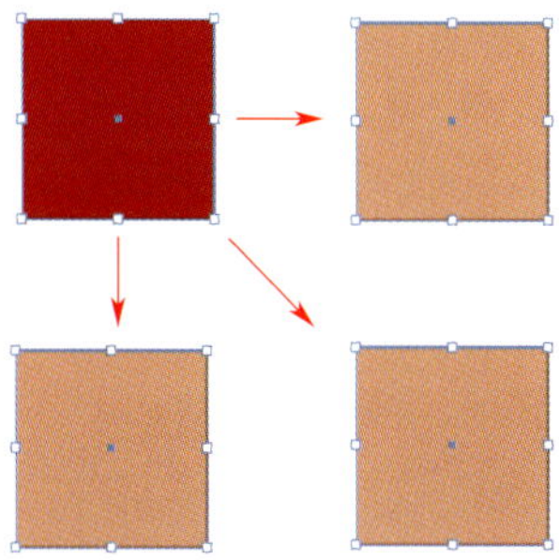

- 按下鼠标左键选择对象，同时拖曳选择对象。
- 选择并开始拖曳对象的同时，按下键盘上“**Shift**”键，可水平、垂直或倾斜 **45**° 移动对象。

㉔

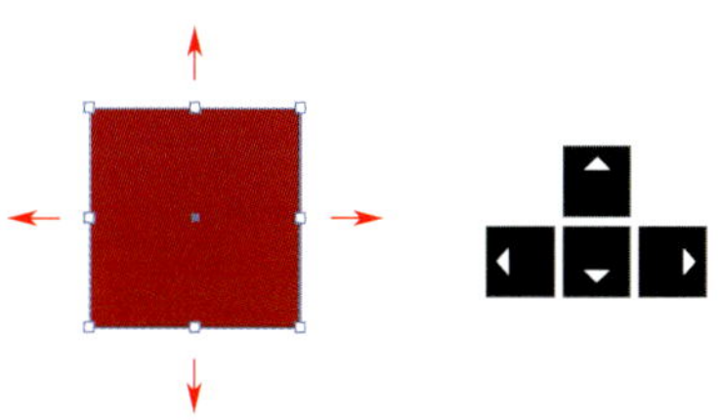

或者：

- 使用工具箱中【选择】工具，快捷键“**V**”，选择对象。
- 使用键盘上的方向键，向左、向右、向上或向下轻移对象。每次移动的距离可以在【首选项】对话框中的“键盘增量”中设置。

㉕

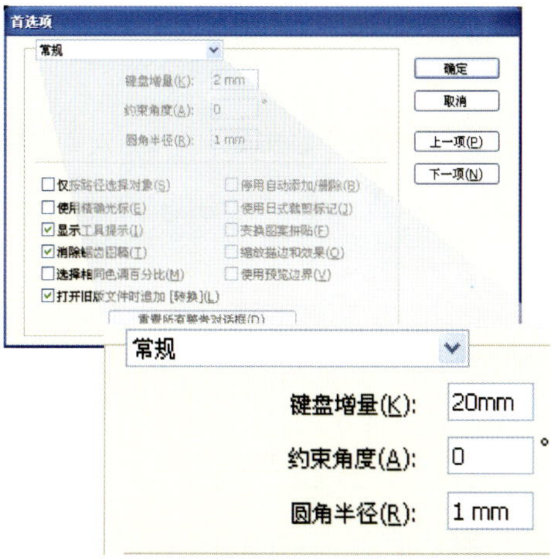

- 设置“键盘增量”。
- 执行菜单栏中【编辑 / 首选项 / 常规】命令，快捷键“**Ctrl+K**”。
- 随即弹出的【首选项】对话框。
- 在“键盘增量”后面的白色框中输入距离值 **20mm**。
- 点击“确定”。
- 此时再用键盘上方向键轻移对象时，每次移动的距离为 **20mm**。

㉖

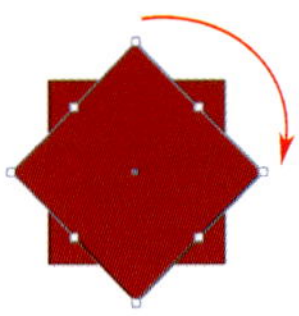

㉗

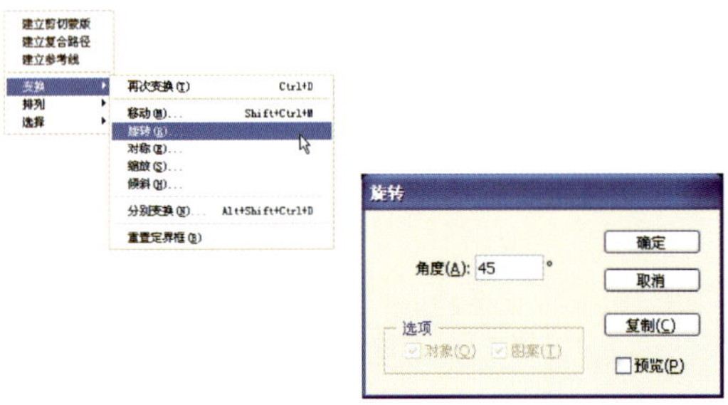

㉘

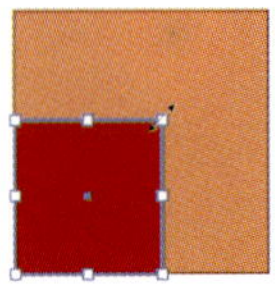

㉙

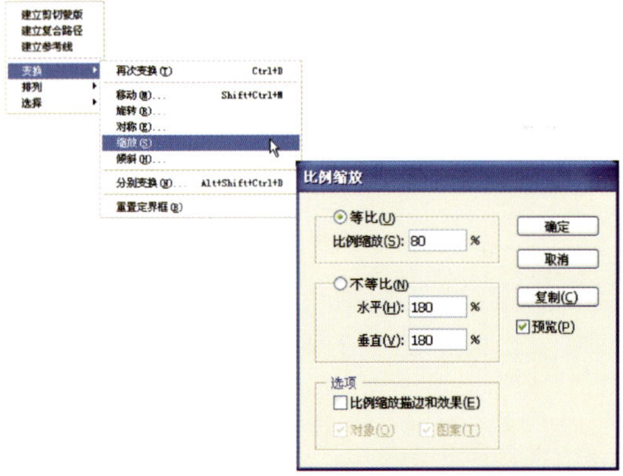

5. 旋转对象

选择工具，快捷键“V”
旋转工具，快捷键“R”

㉖

- 使用工具箱中【选择】工具，快捷键“**V**”，选择对象。
- 使用工具箱中【旋转】工具，快捷键“**R**”。
- 按下鼠标左键不松，向所需要的方向拖曳鼠标。
- 若需要以 **90**°、**180**° 或 **45**° 方向复制对象，则在选择并开始拖曳的同时，按下键盘上“**Shift**”键即可。

㉗

或者：

- 使用工具箱中【选择】工具，快捷键“**V**”，选择对象。
- 点击鼠标右键，随即弹出快捷菜单。
- 选择【变换】命令。
- 在随即弹出的子命令中选择【旋转】命令。
- 随即弹出【旋转】对话框，设置所需要旋转的角度为 **45**°。
- 点击“确定”。

6. 缩放对象

选择工具，快捷键“**V**”

㉘

- 使用工具箱中【选择】工具，快捷键“**V**”，选择对象。
- 将鼠标放置在对象控制框四角任意锚点（■）上。
- 鼠标变为两端箭头状态（⟷）。
- 向任意方向拖曳鼠标，则可缩放对象。
- 选择并开始拖曳鼠标的同时，按下键盘上“**Shift**”键，可等比例缩放对象。

㉙

或者：

- 使用工具箱中【选择】工具，快捷键“**V**”，选择对象。
- 点击鼠标右键，随即弹出快捷菜单。
- 选择【变换】命令。
- 在随即弹出的子命令中选择【缩放】命令。
- 随即弹出【比例缩放】对话框，设置所需要的缩放比例。
- 勾选对话框中“预览”选项，以便预览缩放效果。
- 点击“确定”。

7. 复制对象

选择工具，快捷键“V”

㉚

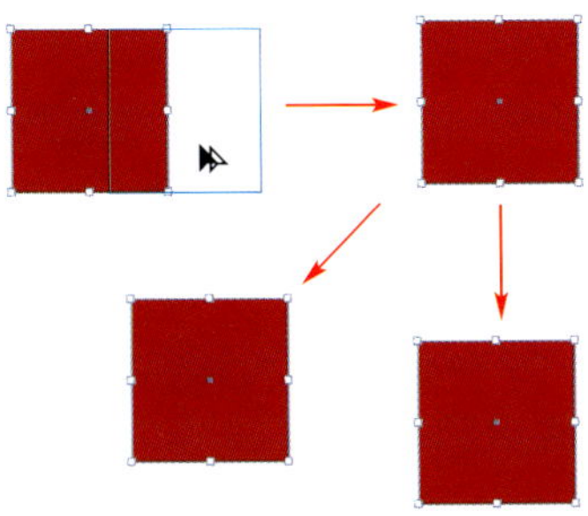

㉚
- 使用工具箱中【选择】工具，快捷键“**V**”，选择对象。
- 按下鼠标左键不松，拖曳对象。
- 选择并开始拖曳的同时，按下键盘上“**Alt**”键，鼠标变为双箭头状态（）。

（注意：在复制对象最后，要先松开鼠标左键，再松开“**Alt**”键）

- 若需要以 **90**°、**180**° 或 **45**° 方向复制对象，则在选择并开始拖曳的同时，按下键盘上“**Alt+Shift**”键即可。

或者：
- 使用工具箱中选择工具，快捷键“**V**”，选择对象。
- 原位向前复制对象。
  快捷键“**Ctrl+C**”，复制对象。
  快捷键“**Ctrl+F**”，粘贴对象到原对象前面。
- 使用键盘上方向键，向左、向右、向上或向下移动对象。

8. 旋转复制对象

选择工具，快捷键“**V**”
旋转工具，快捷键“**R**”

㉛

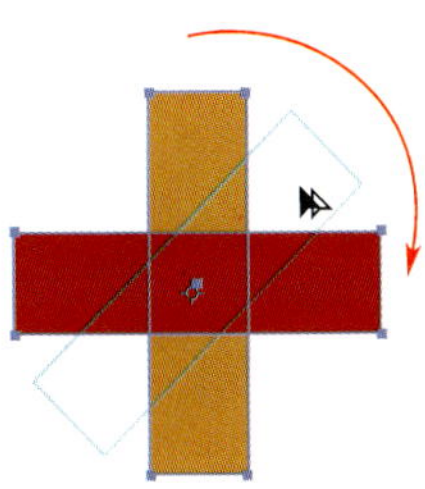

㉛
- 使用工具箱中【选择】工具，快捷键“**V**”，选择对象。
- 使用工具箱中【旋转】工具，快捷键“**R**”。
- 按下鼠标左键不松，拖曳对象，同时，按下键盘上“**Alt**”键，鼠标变为双箭头状态（）。
- 若需要以 **90**°、**180**° 或 **45**° 方向复制对象，则在选择并开始拖曳的同时，按下键盘上“**Alt+Shift**”键即可。

㉜

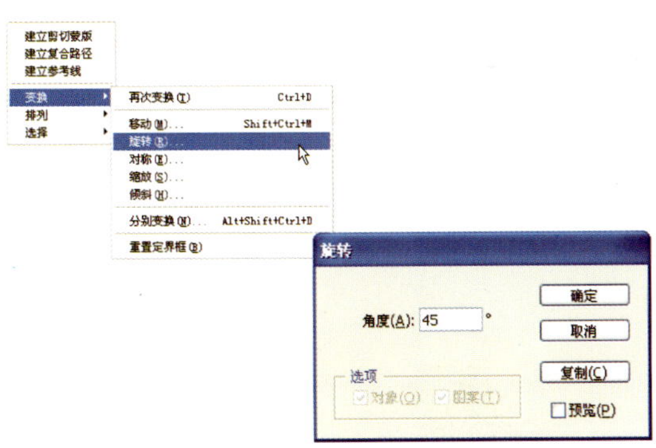

㉜
或者：
- 使用工具箱中【选择】工具，快捷键“**V**”，选择对象。
- 点击鼠标右键。
- 随即弹出快捷菜单。
- 执行【变换 / 旋转】命令。
- 随即弹出【旋转】对话框，设置所需要旋转的角度。
- 勾选对话框中“预览”选项，以便预览缩放效果。
- 点击“复制”。

9. 连续旋转复制对象

选择工具，快捷键“V”
旋转工具，快捷键“R”

㉝

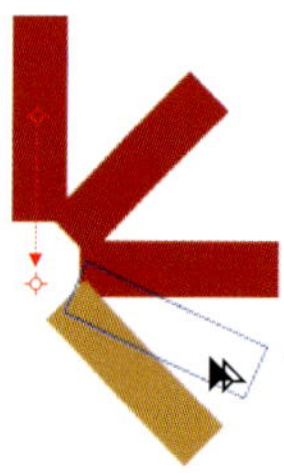

㉝

- 使用工具箱中【选择】工具，快捷键“**V**”，选择对象。
- 使用工具箱中【旋转】工具，快捷键“**R**”。
- 将鼠标放置在旋转中心点上（⌖），按下鼠标左键并拖曳至所需要的位置作为旋转中心点。
- 松开鼠标左键，保持对象被选择状态。
- 按下鼠标左键并拖曳对象。
- 拖曳对象的同时，按下键盘上“**Alt**”键，鼠标变为双箭头状态（⯈）。
- 若需要以 **90**°、**180**° 或 **45**° 方向复制对象，则在选择并开始拖曳的同时，按下键盘上“**Alt+Shift**”即可。

10. 群组对象

选择工具，快捷键“V”
编组选择工具，无快捷键

㉞

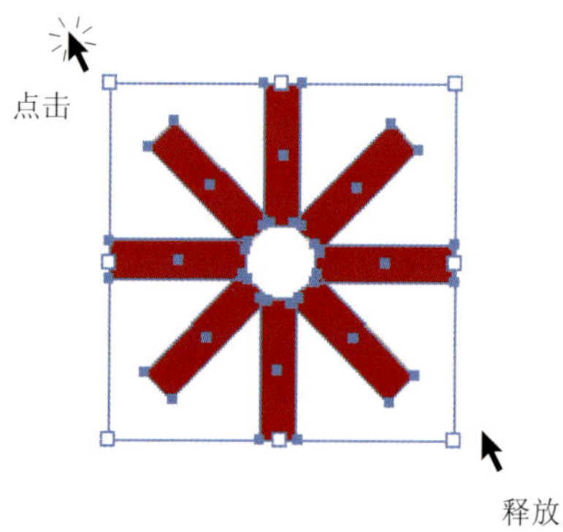

㉞

- 使用工具箱中【选择】工具，快捷键“**V**”，框选所有需要编组的对象。
- 点击鼠标右键。
- 随即弹出快捷菜单。
- 点击选择【编组】命令。
- 或简便地按下键盘上快捷键“**Ctrl+G**”，则可编组所有被选择的对象。

（提示：被编组后的所有对象可以被当作一个对象进行移动。如果编组的对象中有个别对象需要单独移动，在不取消编组的状态下，可以使用【编组选择】工具进行单独选择并移动）

㉟

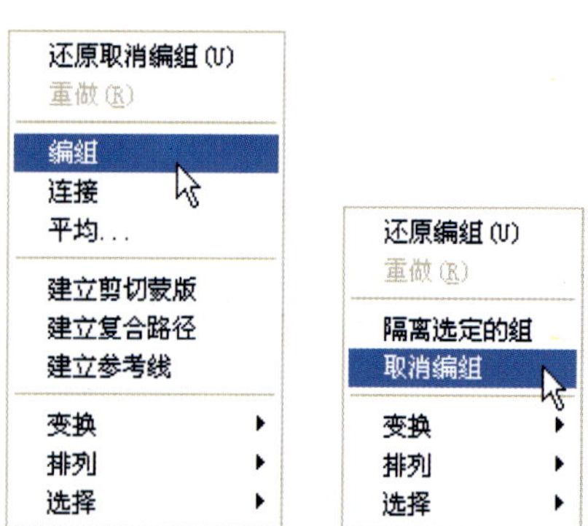

㉟

- 相反，将对象取消编组。
- 使用工具箱中【选择】工具，快捷键“**V**”，选择被编组的对象。
- 点击鼠标右键，随即弹出快捷菜单。
- 点击选择【取消编组】命令，或按下键盘上快捷键“**Ctrl+G**”，则可取消对象编组。

11. 排列对象图层顺序

矩形工具，快捷键“M”
椭圆工具，快捷键“L”
星形工具，无快捷键
选择工具，快捷键“V”

㊱

㊱

- 使用工具箱中形状工具，分别绘制一个矩形、一个圆形、一个星形。

（注意：在 **Adobe Illustrator** 中绘制对象时，会按照绘制的顺序排列对象所在图层的顺序。在图中可以看出矩形是在圆形和星形之前绘制的）

- 改变图层顺序：使用工具箱中选择工具，快捷键“V”，点击选择需要改变顺序的对象。
- 点击鼠标右键，随即弹出快捷菜单。
- 点击选择【排列】命令。

㊲

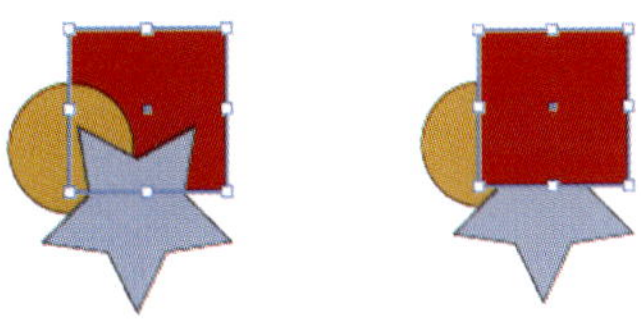

㊲

- 点击选择【置于顶层】命令，快捷键“**Ctrl+Shift+]**”。
- 直接将对象移至顶层。

㊳

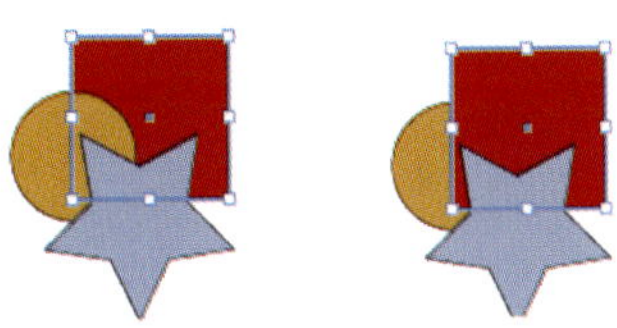

㊳

- 点击选择【前移一层】命令，快捷键“**Ctrl+]**”。
- 一次将对象前移一层。

㊴

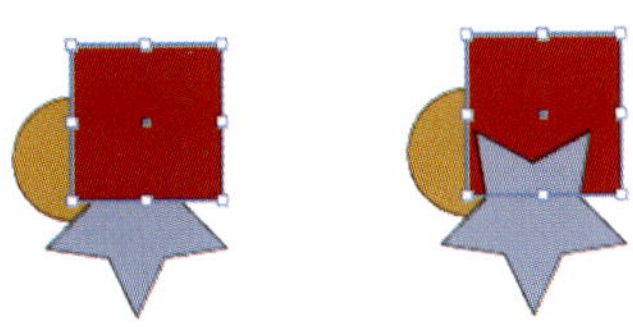

㊴

- 点击选择【后移一层】命令，快捷键“**Ctrl+[**”。
- 一次将对象后移一层。

㊵

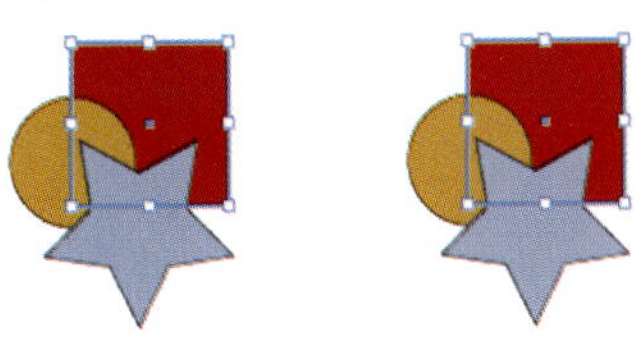

㊵

- 点击选择【置于底层】命令，快捷键“**Ctrl+Shift+[**”。
- 直接将对象移至底层。

㊶

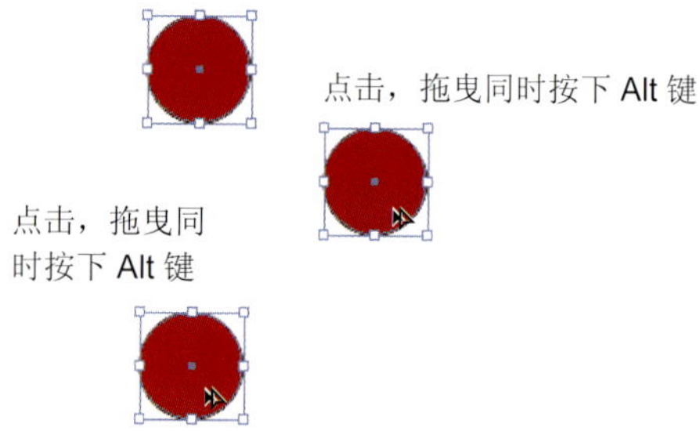

12. 对齐、分布

选择工具，快捷键“V”
椭圆工具，快捷键“L”

㊶
- 使用工具箱中【椭圆】工具，快捷键“**L**”，同时按下键盘上“**Shift**”键，绘制一个正圆形。
- 使用工具箱中【选择】工具，在圆形被选择的状态下，拖曳圆形，同时按下键盘上“**Alt**”键，鼠标变为双箭头状态（）,复制圆形。
- 重复上一步操作，再次复制一个圆形。

㊷

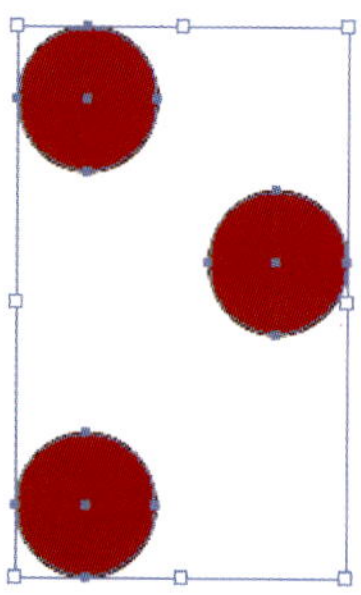

㊷
- 框选三个圆形。

㊸

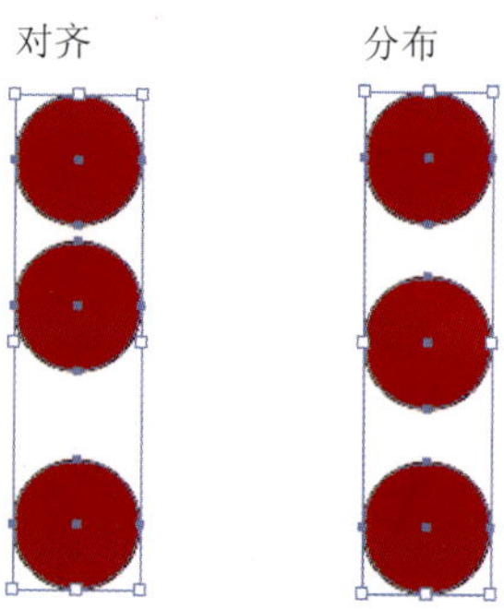

㊸
- 查看【对齐】浮动面板是否打开，如果没有，点击选择菜单栏中【窗口】。
- 随即弹出下拉菜单。
- 点击选择【对齐】命令。
- 打开【对齐】浮动面板后，点击“水平左对齐”按钮。
- 将对象左对齐。
- 均匀分布对象。

- 在【对齐】浮动面板中，点击“垂直居中分布”按钮，以顶端和底端对象作为基准在垂直方向上等距离分布对象。

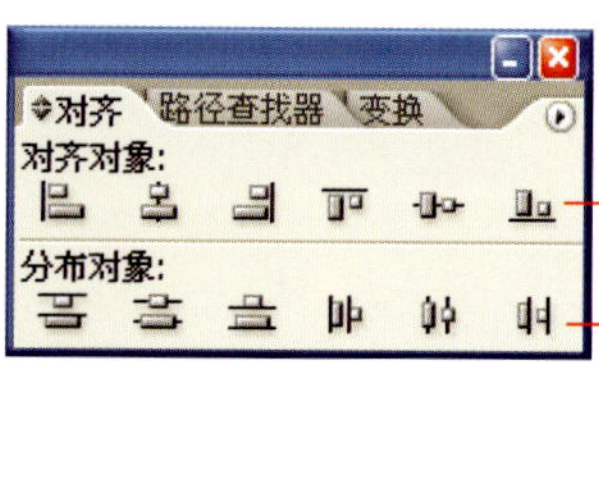

- 对齐对象：对齐对象在同一直线上。
- 分布对象：以单个对象的中心点作为基准，等距离分布对象。

㊹

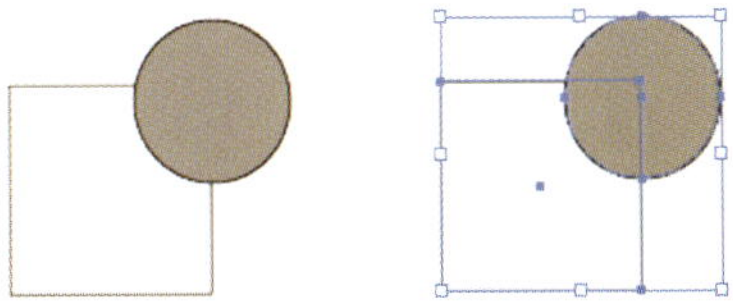

㊺

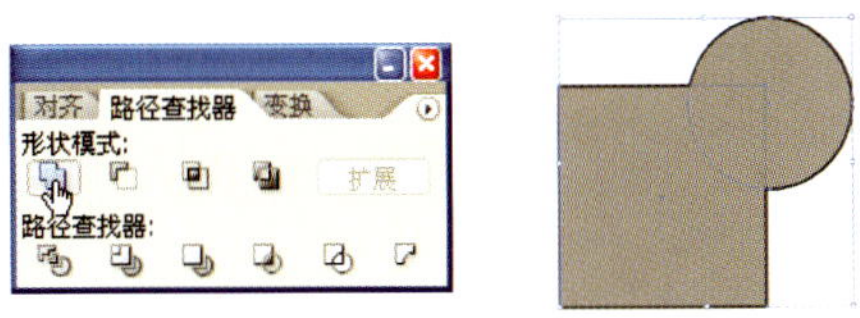

㊻

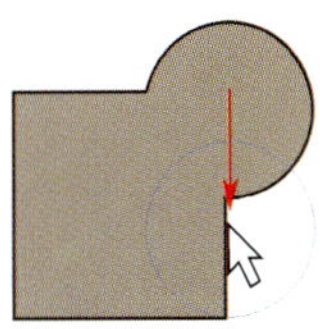

㊼

㊽

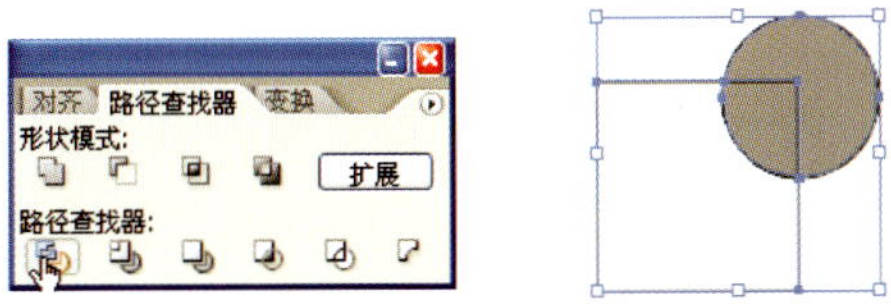

㊾

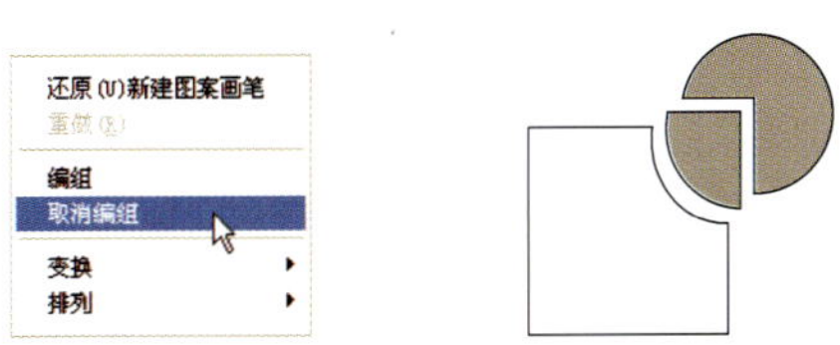

13. 添加形状和分割对象

矩形工具，快捷键“M”
椭圆工具，快捷键“A”
选择工具，快捷键“V”
编组选择工具，快捷键“A”

㊹

- 在工具箱中设置填充色为白色，描边色为黑色（ ）。
- 使用工具箱中【矩形】工具，快捷键“**M**”，绘制一个矩形。
- 使用工具箱中【选择】工具，快捷键“**V**”，在空白处点击，取消选择。
- 在工具箱中设置填充色为灰色，描边色为黑色（ ）。
- 使用工具箱中【椭圆】工具，快捷键“**L**”，绘制一个圆形。
- 使用工具箱中【选择】工具，快捷键“**V**”，框选矩形和圆形。

（注意：当打开【对齐】浮动面板时，【路径查找器】浮动面板会随之一起打开）

㊺

- 打开【路径查找器】浮动面板后，点击“与形状区域相加”按钮（ ），合并两个或更多形状为一个形状。

㊻

- 合并形状后，仍然可以使用工具箱中【编组选择】工具，选择移动其中的单个形状。

㊼

- 在【路径查找器】浮动面板中，点击“扩展”按钮（ ）。
- 扩展合并形状，形成一个单独形状。

㊽

- 重新绘制一个矩形和一个椭圆形。
- 使用工具箱中【选择】工具，框选矩形和圆形。
- 在【路径查找器】浮动面板中，点击“分割”按钮（ ），分割形状。分割后的形状是默认自动成组的。
- 取消分割形状的编组。

㊾

取消编组：

- 选择成组对象。
- 点击鼠标右键。
- 随即弹出快捷菜单。
- 点击选择【取消编组】命令。

或者：

- 按下键盘上快捷键“**Shift+Ctrl+G**”，取消编组。

⑩

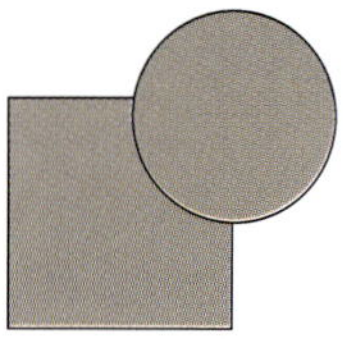

⑪

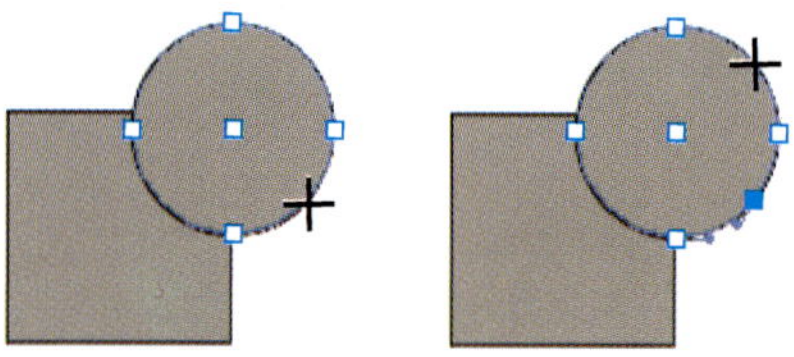

⑫

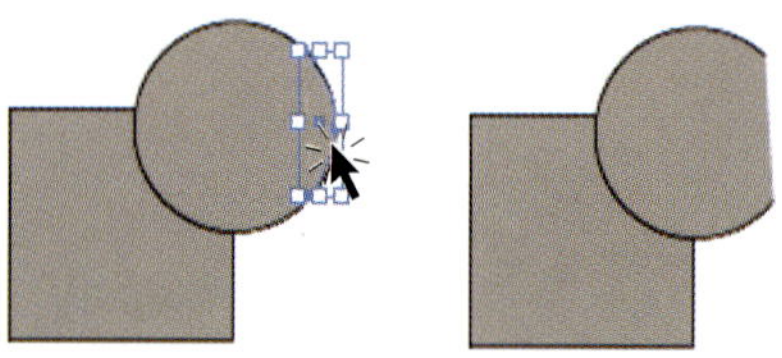

⑬

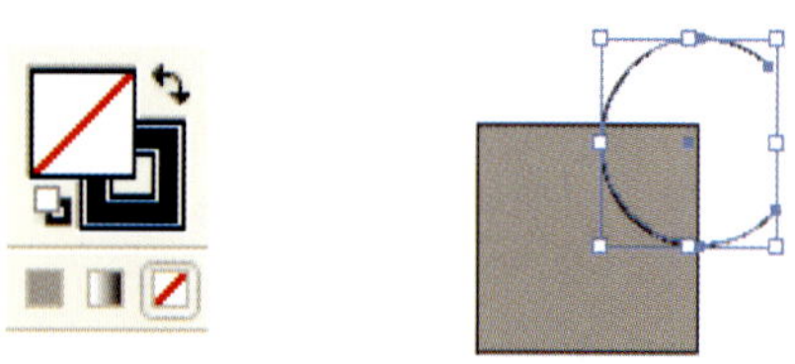

⑭

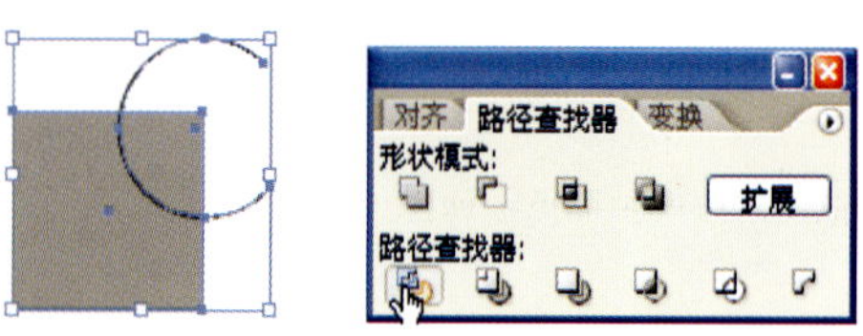

⑮

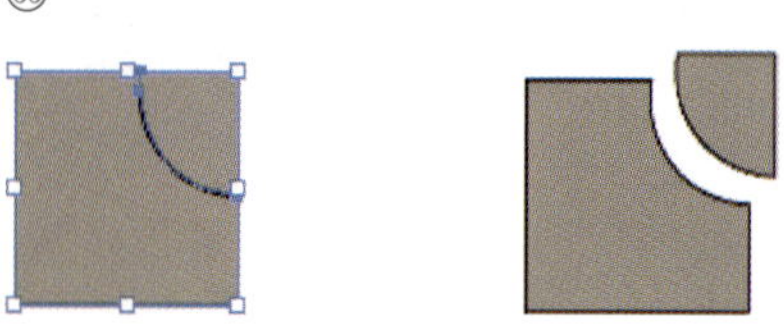

14. 连续添加形状和分割形状

矩形工具，快捷键“M”
椭圆工具，快捷键“A”
选择工具，快捷键“V”
剪刀工具，快捷键“C”
缩放工具，快捷键“Z”

⑩

- 在工具箱中设置填充色为灰色，描边色为黑色（▣）。
- 使用工具箱中【矩形】工具，快捷键“**M**”，绘制一个矩形。
- 使用工具箱中【椭圆】工具，快捷键“**A**”，绘制一个圆形。
- 使用工具箱中【选择】工具，快捷键“**V**”，点击选择圆形。
- 使用工具箱中【缩放】工具，快捷键“**Z**”，放大对象，快捷键“**Ctrl +**”。

⑪

- 使用工具箱中【剪刀】工具，快捷键“**C**”。
- 将鼠标放置在圆形路径上，在适当位置点击，剪切圆形。
- 移动鼠标到圆形路径的另一处适当位置，再次点击。

⑫

- 使用工具箱中【选择】工具，快捷键“**V**”，点击刚刚两个剪切锚点间的对象，按下键盘上“**Delete**”键，删除所选择部分。

⑬

- 使用工具箱中【选择】工具，快捷键“**V**”，选择剩余的圆形部分。点击工具箱中填色框至前部，并设置填充色为无，快捷键“ / ”。

⑭

- 使用工具箱中【选择】工具，快捷键“**V**”，框选矩形和部分圆形路径。

- 在【路径查找器】浮动面板中，点击“分割”按钮（▣）。
- 以部分圆形路径作为矩形的分割线，将矩形分割为两部分。矩形被分割的两部分默认自动成组。
- 取消分割对象的编组。

⑮

取消编组：

- 选择成组对象。
- 点击鼠标右键。
- 随即弹出快捷菜单。
- 点击选择【取消编组】命令。或按下键盘上快捷键“**Shift+Ctrl+G**”，取消编组。

（注意：分割两个形状与用路径分割形状是有区别的）

15. 钢笔工具选项

钢笔工具，快捷键“**P**”
添加锚点工具，快捷键“+”
删除锚点工具，快捷键“-”
转换锚点工具，无快捷键

⑸⑹

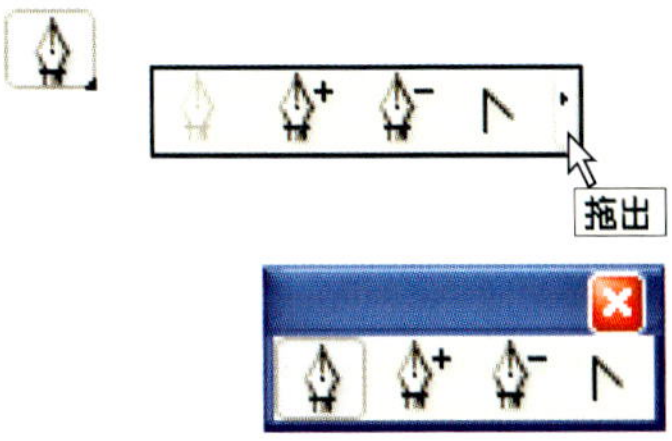

⑸⑹
- 选择工具箱中【钢笔】工具，快捷键“**P**”。
- 保持鼠标点击状态不松，即可弹出子工具快捷选项。

⑸⑺

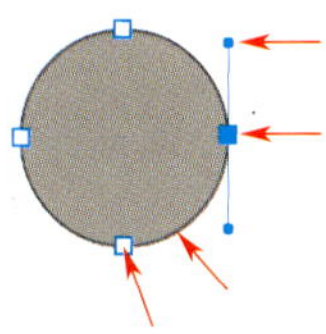

⑸⑺
- 图像是由描边和填充组成。
- 锚点连接形成路径，路径围合形成对象。
- 曲线路径由锚点一边或两边的手柄长度和方向决定。

添加锚点工具，快捷键“+”

⑸⑻

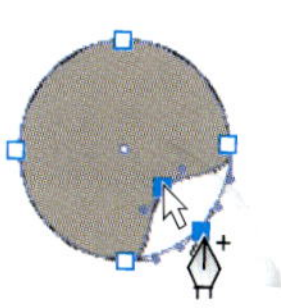

⑸⑻
- 【添加锚点】工具：现有路径上添加锚点，且添加的锚点可以根据需要进行自由设定。

删除锚点工具，快捷键“-”

⑸⑼

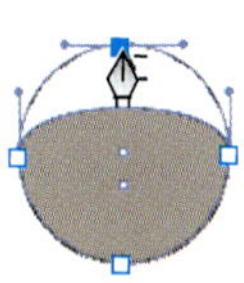

⑸⑼
- 【删除锚点】工具：删除对象上现有锚点。

转换锚点工具，无快捷键

⑹⑽

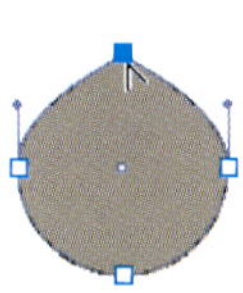

⑹⑽
- 【转换锚点】工具：可控制锚点及锚点手柄，在锚点上点击，取消锚点手柄，且锚点变为实点。对于无手柄的锚点，使用转换锚点工具，点击并拖曳，可产生锚点手柄。

⑹⑴

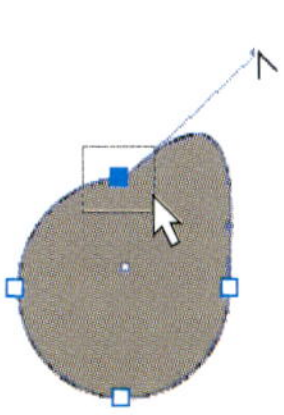

⑹⑴
- 使用工具箱中直接选择工具，快捷键“**A**”，框选需要修改的锚点，显示该锚点手柄。使用工具箱中转换锚点工具，分别单独控制锚点两边手柄。

（注意：直接选择工具和转换锚点工具都可以控制锚点手柄，但两者有所不同）

16. 绘制路径和直线路径

钢笔工具状态

⑥②

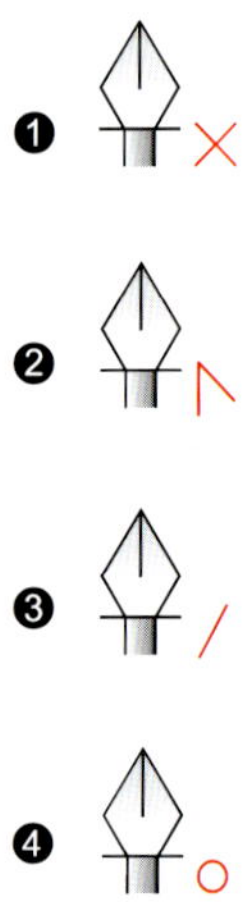

⑥②

【钢笔】工具共有四种不同状态，每个状态分别代表不同的可执行操作。

- 第一次点击选择【钢笔】工具，鼠标状态为右下角带叉号的钢笔。
- 【钢笔】工具仍被选择的状态下，将鼠标放置在最后一个锚点上，鼠标状态为右下角带箭头的钢笔。该鼠标状态下，点击锚点，可将锚点转变为可操作的实点。
- 如果用【钢笔】工具绘制未闭合路径后，取消【钢笔】工具选择状态，又再次选择【钢笔】工具，在路径被选择的状态下，将鼠标放置在路径的端点锚点上，鼠标状态为右下角带斜杠的钢笔。点击端点锚点，锚点变为可操作的实点，则可延原路径继续绘制。
- 当两个锚点可以被连接，或者形状可以被闭合的状态下，鼠标状态为右下角带圆圈的钢笔，点击即可连接锚点或闭合形状。

⑥③

⑥③

绘制直线形状

钢笔工具，快捷键“**P**”
选择工具，快捷键“**V**”

- 在工具箱中设置填充色为无，描边色为黑色（◪）。
- 使用工具箱中【钢笔】工具，快捷键“**P**”。
- 在工作区域点击鼠标左键，产生一个锚点。松开鼠标，按下键盘上“**Shift**”键，同时向右移动鼠标到适当距离并再次点击鼠标左键，产生第二个锚点。

（提示：在下一个锚点产生之前，按下键盘上“**Shift**”键，则可创建水平路径或垂直路径或**45**°路径）

⑥④

⑥④

- 松开鼠标，按下键盘上“**Shift**”键，同时向下移动鼠标到适当距离并再次点击鼠标左键，产生下一个锚点。

⑥⑤

⑥⑤

- 松开鼠标，点击工具箱中【选择】工具，取消【钢笔】工具的选择。

⑥⑥

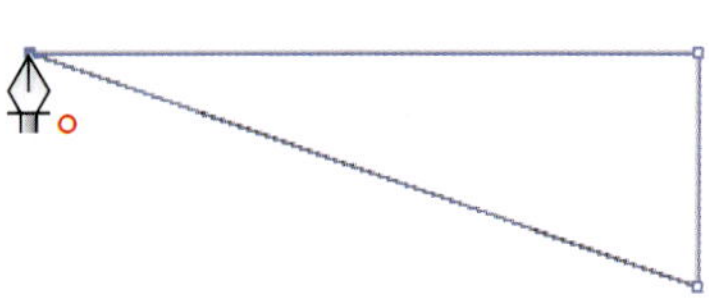

⑥⑥

- 再次点击选择【钢笔】工具，在路径被选择的状态下，将鼠标放置在最后一个锚点上，当鼠标转变为带斜杠的钢笔时，点击鼠标左键。再移动鼠标到第一个锚点上，当鼠标转变为带圆圈的钢笔时，点击鼠标左键，连接两个锚点，闭合形状。

⑰

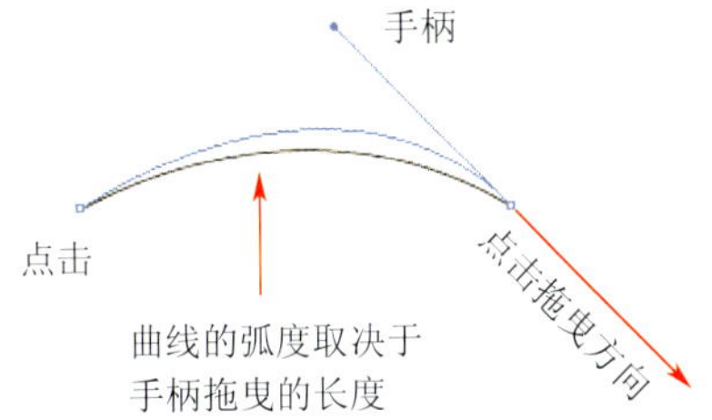

⑱

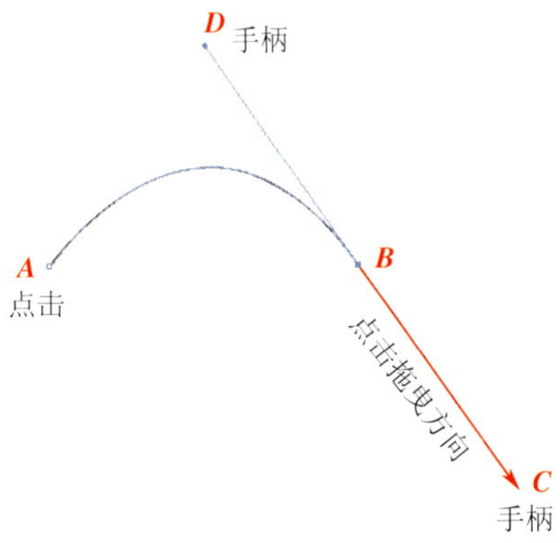

⑲

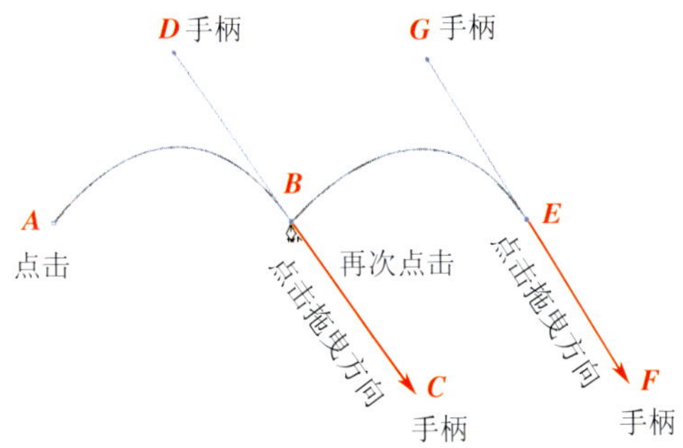

17. 绘制曲线和调整曲线

钢笔工具，快捷键“P”

⑰
使用工具箱中【钢笔】工具，同时点击并拖曳可绘制曲线，在点击后拖曳锚点，则在锚点两边分别产生手柄，所绘制的曲线形状取决于手柄的长度和方向。

• 在工具箱中设置填充色为无，描边色为黑色（）。

• 在工具箱中点击选择【钢笔】工具，快捷键“P”。

绘制带转折点曲线

钢笔工具，快捷键“P”
选择工具，快捷键“V”

⑱
• 使用工具箱中【钢笔】工具，快捷键“P”，在工作区域点击后松开鼠标，产生锚点 ***A***。

• 移动鼠标到适当位置点击不松，产生锚点 ***B***。
• 保持不松状态，沿所需要的方向拖曳鼠标，产生手柄 ***C***，确定曲线形状。

• 曲线的形状取决于由锚点拖曳出的对应手柄 ***D***。

⑲
• 当鼠标正好放置锚点 ***B*** 上时，鼠标转变为转换锚点状态。此时，在锚点 ***B*** 上再次点击，取消该锚点对应的一边手柄。

• 再次移动鼠标的另一适当位置点击不松，产生锚点 ***E***。

• 保持不松状态，沿所需要的方向拖曳鼠标，产生手柄 ***F***，确定曲线形状。

• 曲线的形状取决于由锚点拖曳出的对应手柄 ***G***。

• 通过锚点 ***B*** 的转换，创建转折锚点。

• 点击工具箱中【选择】工具，取消【钢笔】工具选择。

(70)

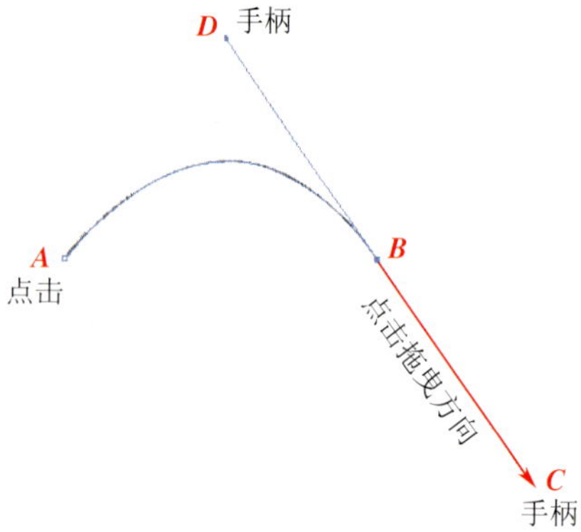

绘制平滑曲线

钢笔工具，快捷键“P”

(70)

- 使用工具箱中【钢笔】工具，快捷键“P”，在工作区域上点击，然后松开鼠标，产生第一个锚点 ***A***。
- 移动鼠标到适当位置点击不松，产生锚点 ***B***。
- 保持不松状态，沿所需要的方向拖曳鼠标，产生手柄 ***C***。
- 曲线的形状取决于由锚点拖曳出的对应手柄 ***D***。
- 下一段曲线的形状取决于手柄 ***C***。

(71)

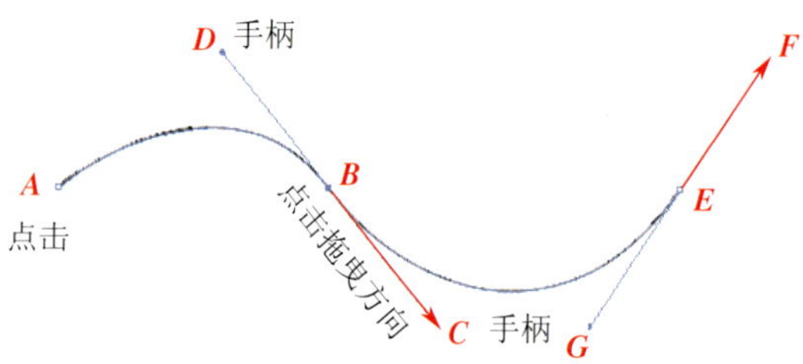

(71)

- 再次移动鼠标到适当位置点击不松，产生锚点 ***E***。
- 保持不松状态，沿所需要的方向拖曳鼠标，产生手柄 ***F***。
- 曲线的形状取决于由锚点拖曳出的对应手柄 ***G***。
- 下一段曲线的形状取决于手柄 ***F***。

转换曲线锚点

转换锚点工具，快捷键“Shift+C”
选择工具，快捷键“V”

- 使用工具箱中【转换锚点】工具，快捷键“Shift+C”。

(72)

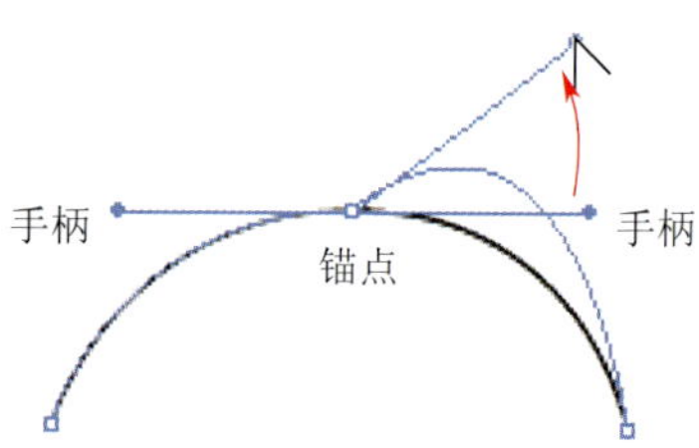

(72)

- 将鼠标放置在手柄末端，点击并拖曳手柄。

(73)

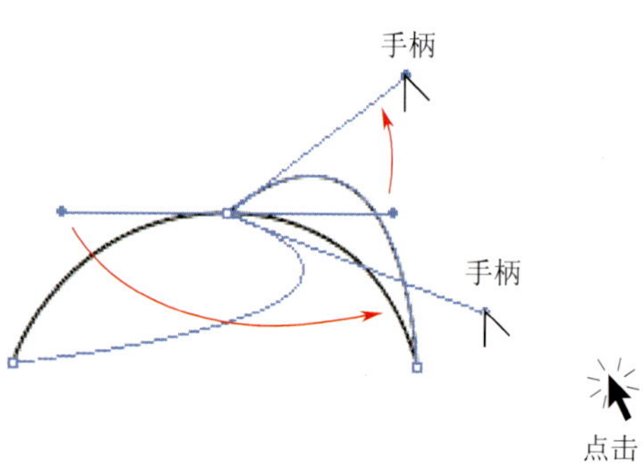

(73)

- 使用【转换锚点】工具可以分别单独控制锚点两边锚点，同时锚点也变为可操作的实点。
- 在操作完成后，使用工具箱中【选择】工具，快捷键“V”，在工作区域的空白处点击，取消当前所有选择。

18. 文字工具

文字工具，快捷键“T”
文字浮动面板，快捷键“Ctrl+T”

⑭

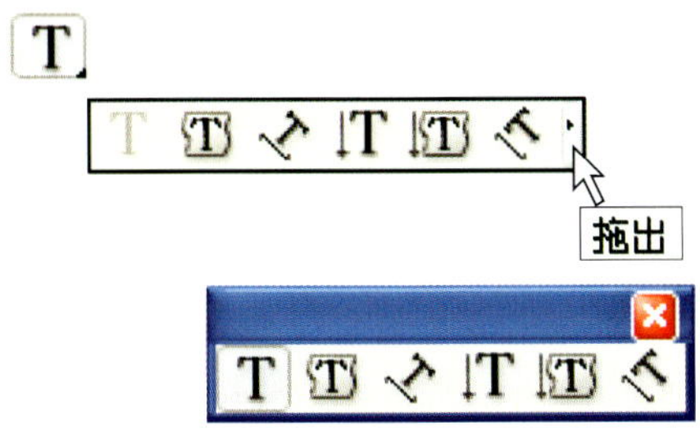

- 点击工具箱中【文字】工具不松，即可弹出文字工具选项，移动鼠标到选项末端箭头处。
- 松开鼠标，拖出【文字工具】浮动面板。

⑮

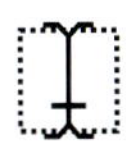

- 鼠标状态为文字符号，表示【文字】工具已被选择，但未被激活。

⑯

- 在工作区域点击，激活【文字】工具，出现光标。

⑰

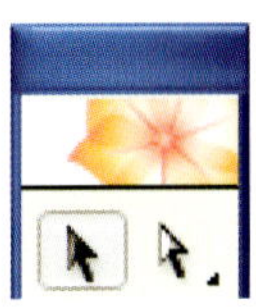

- 取消【文字】工具只能通过点击选择工具箱中的【选择】工具。
- 当【文字】工具被激活后，不能使用快捷键，否则会被作为要输入的信息。
- 文字工具包括六种不同的类型。

文字工具，快捷键“T”

⑱

- 最基本的文字工具，使用【文字】工具在工作区域点击便可以开始输入文字。

区域文字工具

⑲

- 【区域文字】工具可以在一个封闭的形状中添加文字。使用【区域文字】工具在形状边缘点击，当形状区域轮廓变为透明，则可以开始输入或粘贴文字。

路径文字工具

⑳

- 【路径文字】工具可沿着设定好的路径输入文字。使用【路径文字】工具在路径上点击，当路径变为透明，则可以开始沿路径输入文字。

直排文字工具

⑧1

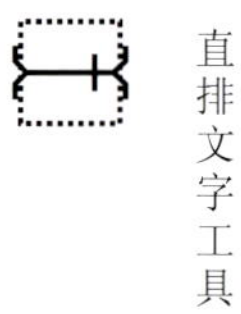

⑧1
- 【直排文字】工具可以沿垂直方向输入文字，使用【直排文字】工具在工作区域点击便可以开始输入文字。

直排区域文字工具

⑧2

⑧2
- 【直排区域文字】工具的功能与【区域文字】工具相似，但是在区域内垂直输入文字。

（注意：此工具是由右向左输入文字）

直排路径文字工具

⑧3

⑧3
- 【直排路径文字】工具的功能与【路径文字】工具相似，但是沿路径内垂直输入文字。

在路径上移动文字

选择工具，快捷键“V”
直接选择工具，快捷键“A”

⑧4

⑧4
- 使用工具箱中【选择】工具，快捷键“**V**”，选择文字。
- 使用工具箱中【直接选择】工具，快捷键“**A**”，将鼠标放置在路径文字开始细线标记处，当鼠标变为可移动状态时（），点击并拖曳文字。

（注意：此操作将沿路经移动文字）

⑧5

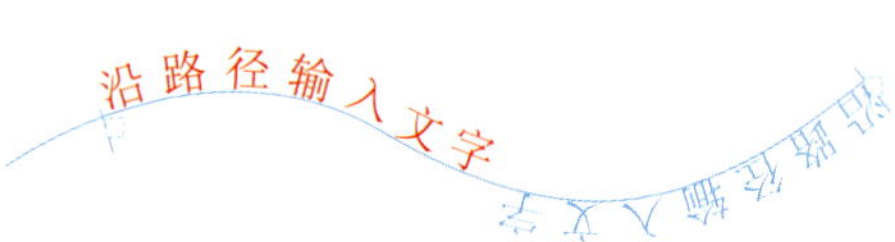

⑧5
- 放置鼠标在文字中间细线标记出，当鼠标变为可翻转状态时（），点击并拖曳文字，翻转文字到路径的另外一边。

打开文字工具浮动面板
文字工具浮动面板，快捷键“Ctrl+T”

⑧⑥

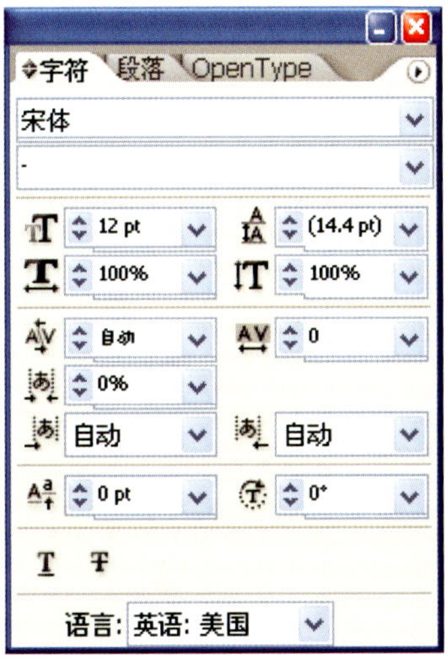

⑧⑥
- 按下键盘上快捷键“**Ctrl+T**”，打开【文字工具】浮动面板。
- 【文字工具】浮动面板有【字符】浮动面板和【段落】浮动面板。
- “字符”在这个浮动面板中可以设置当前选择文字的字体、字号和间距。

⑧⑦

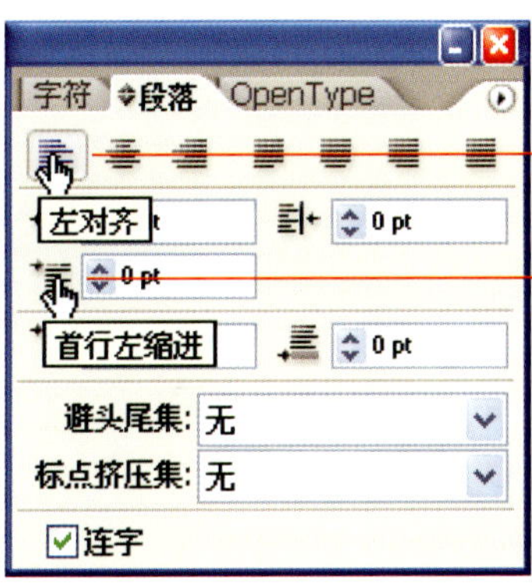

⑧⑦
- “段落”在这个浮动面板中可以设置当前选择文字段落的对齐方式和类型。
- 将鼠标放置在选项上，则自动显示该选项名称。
- 点击选项后方的数值框，则可输入选项的具体数值。
- 单击箭头将数值调大（▲）或调小（▼）。

（注意：软件默认设置【字符】浮动面板、【段落】浮动面板和【打开类型】浮动面板在同一个浮动面板中，它们同时打开）

七、简单练习

1. 设置参考线

选择工具，快捷键“V”

①

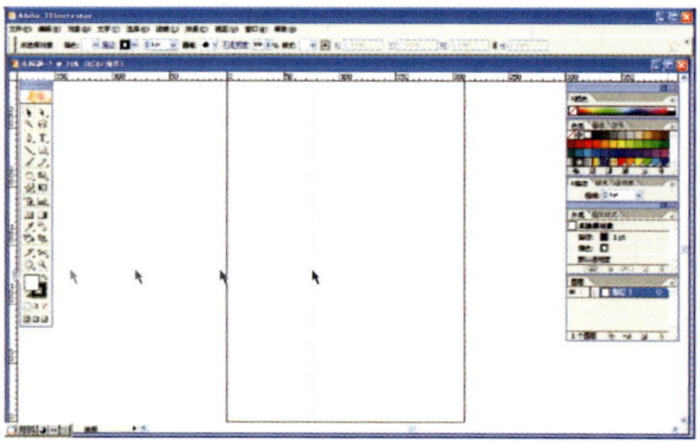

①
- 点击垂直标尺区域。
- 保持点击鼠标左键状态，并向右拖曳到适当位置，松开鼠标，出现参考线。
- 参考线的默认设置为自动锁定状态。
- 查看参考线状态：点击菜单栏中【视图】命令。
- 在随即弹出的下拉菜单中点击【参考线】命令。
- 在随即弹出的子菜单可以看到【锁定参考线】命令为勾选状态。

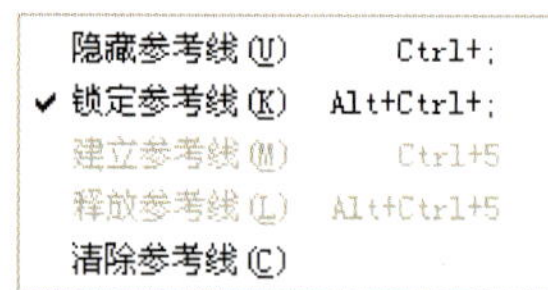

2. 绘制半个形状

钢笔工具，快捷键“P”
选择工具，快捷键“V”

②

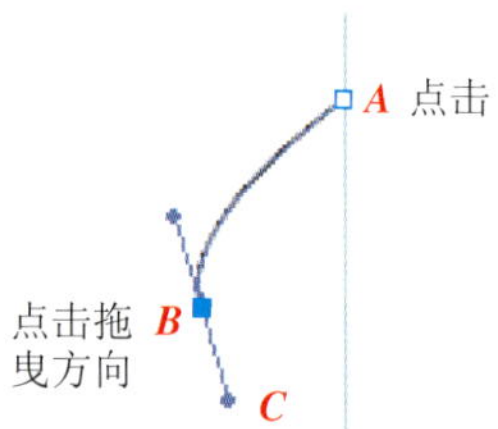

②
- 使用工具箱中【钢笔】工具，快捷键“**P**”。
- 在工具箱中设置填充色为无，描边色为黑色（）。
- 在锁定的参考线上点击，产生锚点 ***A***，松开鼠标。
- 移动鼠标到适当位置点击不松，产生锚点 ***B***。
- 保持不松状态，沿所需要的方向拖曳鼠标，产生手柄 ***C***，松开鼠标。

（注意：当拖曳手柄时，可看出曲线形状取决于所拖曳的手柄和另一边手柄，手柄 ***C*** 决定着接下来要创建部分的形状）

③

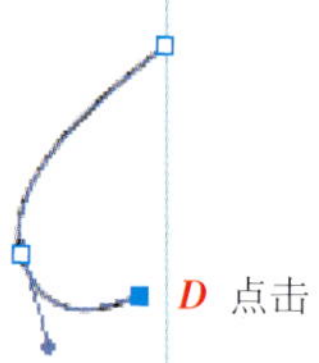

③
- 移动鼠标到适当位置点击，产生锚点 ***D***，松开鼠标。

④

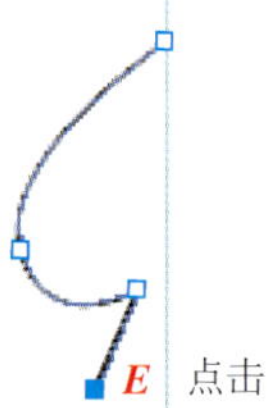

④
- 移动鼠标到适当位置点击，产生锚点 ***E***，松开鼠标。

⑤

⑤
- 按下键盘上“**Shift**”键，在参考线上点击，产生锚点 ***F***，创建一段水平路径。
- 半个形状绘制完成。
- 使用工具箱中选择工具，快捷键“**V**”，取消了【钢笔】工具的选择状态。在工作区域空白处点击，取消所有对象选择。

3. 镜像复制对象

选择工具，快捷键“V”

⑥

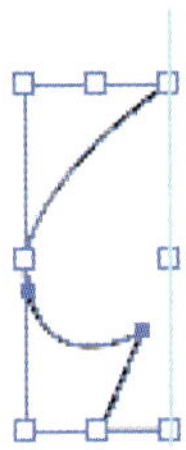

• 使用工具箱中【选择】工具，快捷键“V”，点击选择刚刚绘制的形状。
• 点击鼠标右键，随即弹出快捷菜单。
• 执行快捷菜单中【变换 / 对称】命令。

⑦

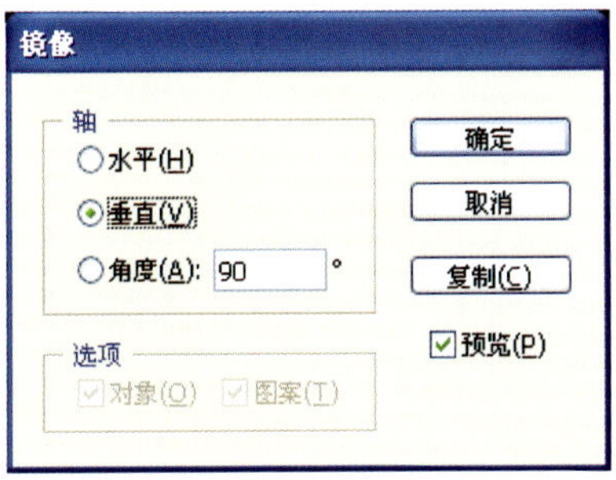

• 随即弹出【镜像】对话框。
• 在“轴”选项中选择“垂直”。

（注意：“垂直”镜像可以将对象由左向右复制，而“水平”镜像可以将对象由上向下复制）

• 点击勾选“预览”选项，预览镜像效果。
• 点击“复制”。
• 不要取消形状选择。

4. 移动形状

选择工具，快捷键“V”

⑧

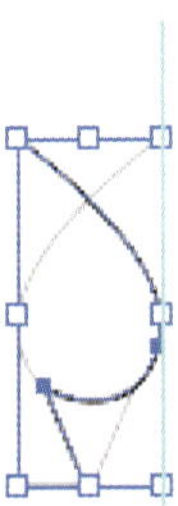

• 使用工具箱中【选择】工具，快捷键“V”，点击鼠标左键并开始向右拖曳刚刚镜像的形状。
• 在选择并开始拖曳形状的同时，按下键盘上“Shift”键，水平 180° 拖曳形状。

⑨

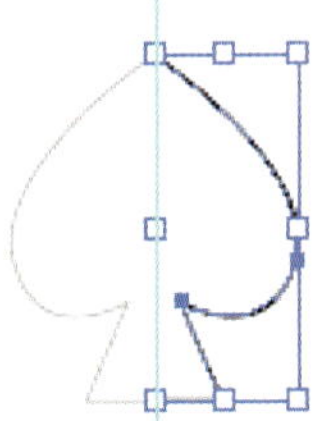

• 使用键盘上方向键轻移对象到适当位置。

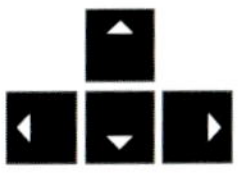

⑩

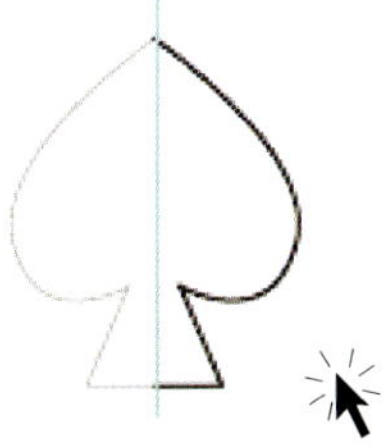

• 在空白处点击，取消选择。

⑪

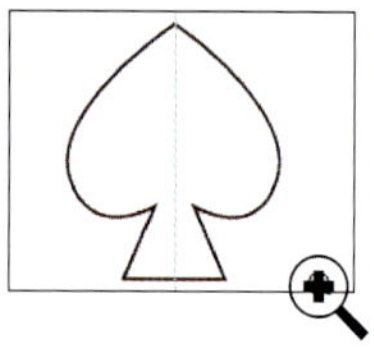

⑫

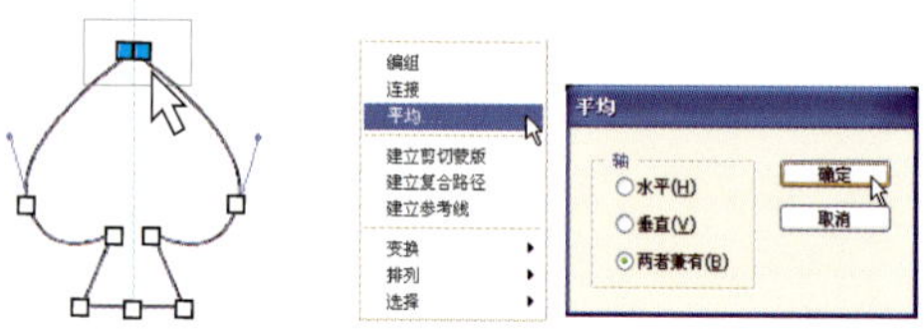

⑬

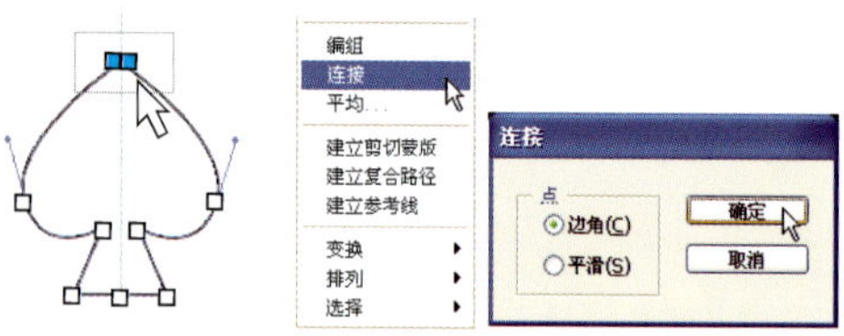

⑭

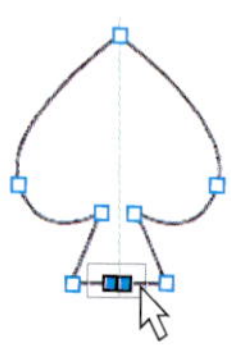

⑮

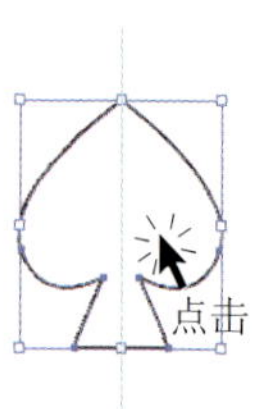

⑯

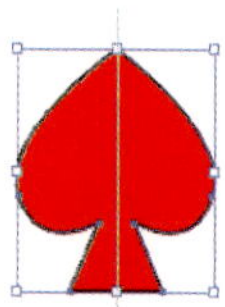

5. 平均两个一半形状

直接选择工具，快捷键“A”
缩放工具，快捷键“Z”

⑪
- 使用工具箱中【缩放】工具，快捷键“Z”，框选两个一半形状，将其放大。

⑫
- 使用工具箱中直接选择工具，快捷键“A”。
- 框选形状上方两个未连接的锚点。
- 点击鼠标右键。
- 随即弹出快捷菜单。
- 执行快捷菜单中【平均】命令。
- 在随即弹出的平均对话框中选择“两者兼有”，点击“确定”，使两个锚点重合于形状顶部。
- 不要取消形状选择。

6. 连接两个一半形状

直接选择工具，快捷键“A”
选择工具，快捷键“V”

⑬
- 形状底端两个锚点处于被选择状态。
- 点击鼠标右键。
- 随即弹出快捷菜单。
- 执行快捷菜单中【连接】命令。
- 在随即弹出的【连接】对话框中选择“边角”，连接两个锚点。
- 点击“确定”。
- 在空白处点击，取消选择。

⑭
- 对形状底端的两个未连接锚点重复进行以上操作，连接两个锚点。
- 完成以上操作后，两个一半形状成为一个闭合形状。

⑮
- 使用工具箱中【选择】工具，快捷键“V”，点击形状描边（路径），选择形状。

⑯
- 在色板浮动面板中，选择颜色作为填充色。
- 移除参考线，执行菜单栏中【视图 / 参考线】命令。
- 随即弹出子菜单选项。
- 执行子菜单中【清除参考线】命令。

第二章

Illustrator 绘制服装款式图技法

结合第一章所学的知识，绘制精美的常用服装款式图的轮廓；利用画笔设置，绘制重复且复杂的服装附件与局部细节；利用色板添加创建各色图案与面料填充的服装款式图。

一、连衣裙的绘制

1. 描摹并创建女人体模板

新建文档

①

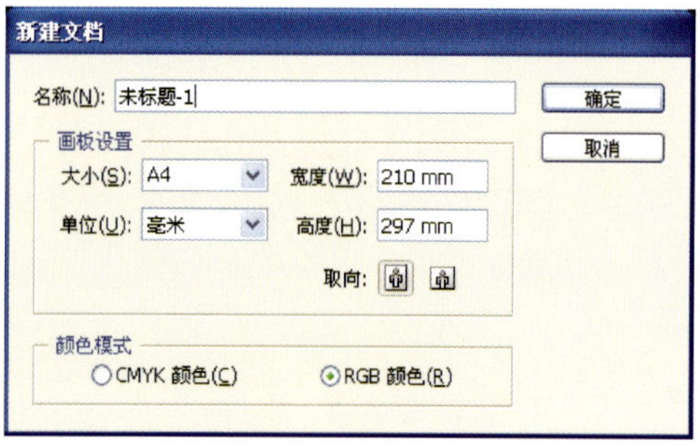

①

- 在 **Adobe Illustrator** 中执行菜单栏中【文件 / 新建】命令，快捷键“**Ctrl+N**”。随即弹出【新建文档】对话框，设置：“名称”为连衣裙；“大小”为 **A4**；“取向”为纵向（）；选择“**RGB** 颜色”（⊙）。
- 点击“确定”按钮。

置入扫描草图

②

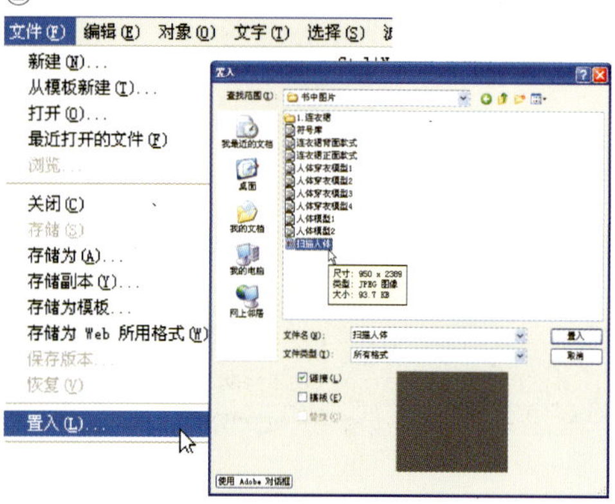

②

- 执行菜单栏中【文件 / 置入】。命令。
- 随即弹出【置入】对话框中。
- 选择“扫描人体”文件。

文件 → 置入 → 光盘（**F:**）→ 第二章 → 练习 **1** 连衣裙——扫描人体

（注意：此操作将扫描图像置入已打开的文档中）

描摹扫描图像

③

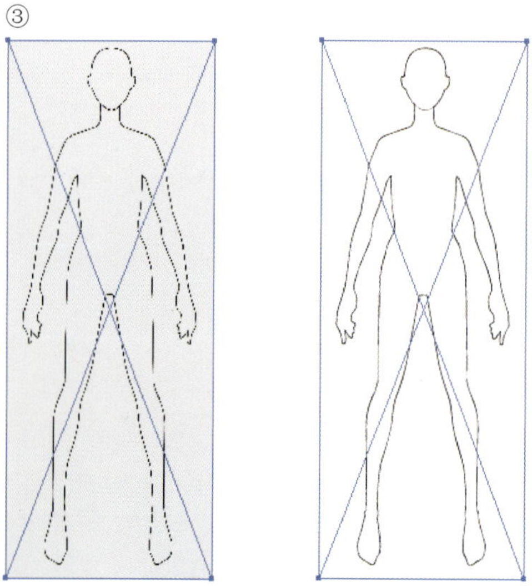

③

- 选择扫描的位图图像。
- 点击控制面板中“实时描摹”右边的箭头。

- 在随即弹出的快捷菜单中选择【漫画图稿】命令。

④

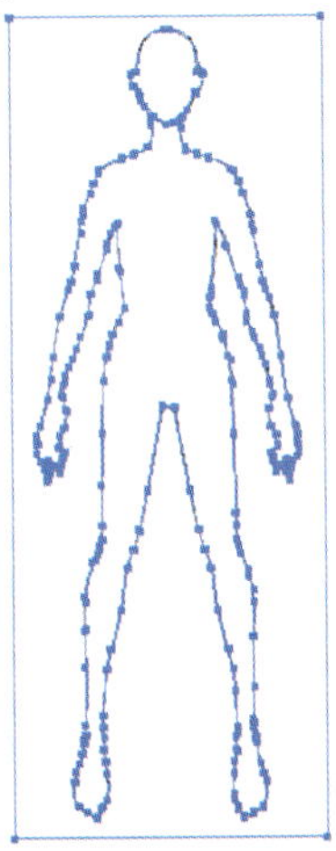

扩展描摹图像

④
- 图像被描摹，需要扩展图像为矢量图。
- 图像被描摹后，“扩展”选项将会出现在控制面板上。

- 点击“扩展”选项，将图像变为矢量图。
- 在画板空白处点击，取消图像选择。

⑤

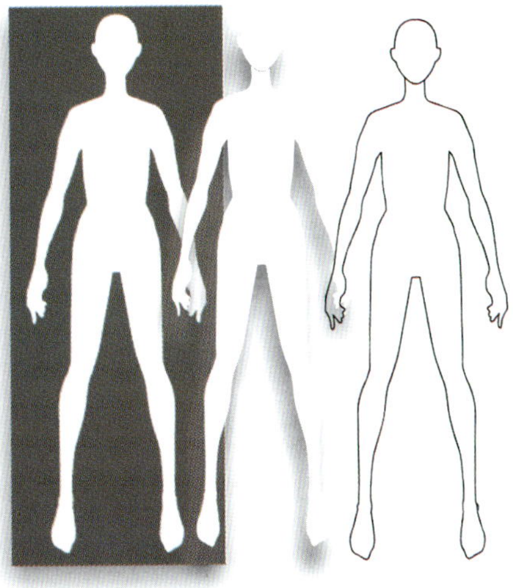

⑤
- 描摹图像的组成。

（注意：一旦图像被描摹并扩展，则可以解组为不同的形状图层）

- 背景图层：所扫描的整个区域。
- 身体图层：轮廓的内部填充部分。
- 轮廓图层：身体的轮廓线。

（注意：这不是描边，放大后观察此图，是一个填充了的形状）

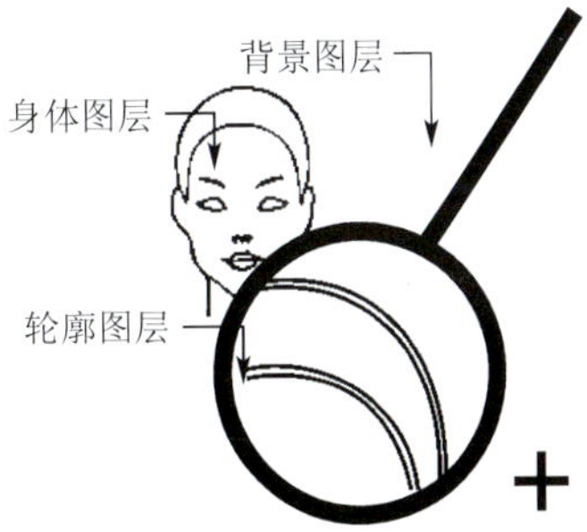

⑥

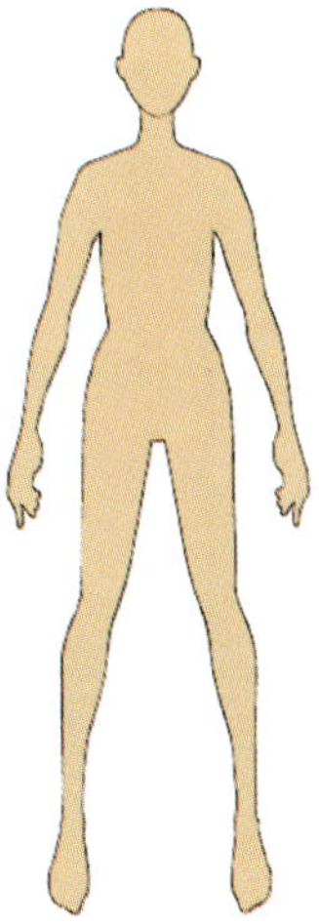

改变图像颜色

使用选择工具，即快捷键“**V**”

⑥
- 执行菜单栏中【对象/取消编组】命令，快捷键“**Ctrl+Shift+G**”。
- 使用工具栏中【选择】工具，快捷键“**V**”，选择背景图层，按下键盘上“**Delete**”键删除。
- 使用工具栏中【选择】工具，快捷键“**V**”，点击身体部分，同时按下键盘上“**Shift**”键，点击头部，使身体和头部处于被选择状态。
- 在【色板】浮动面板中选择皮肤颜色。

一、连衣裙的绘制

⑦

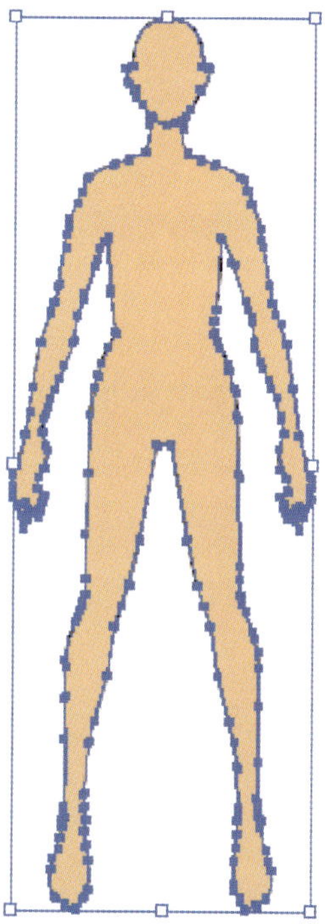

⑧

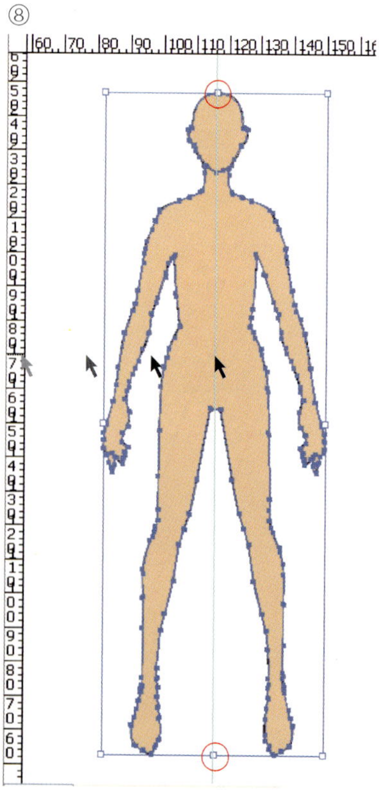

2. 设置创建、锁定图层和辅助线

新建图层

- 在图层浮动面板中，点击“新建图层”按钮（ ），创建新图层。
- 女装图层被建立。
- 新建图层为当前图层，显示为蓝色。

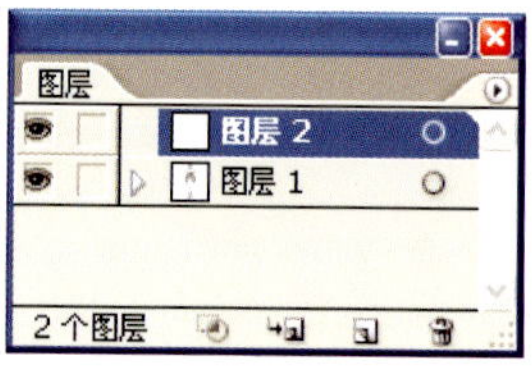

辅助线和图层锁定

选择工具，快捷键“V”

⑦

- 单击“图层 **1**”右边的圆形，选择“图层 **1**”内所有对象，此时呈现出控制框。

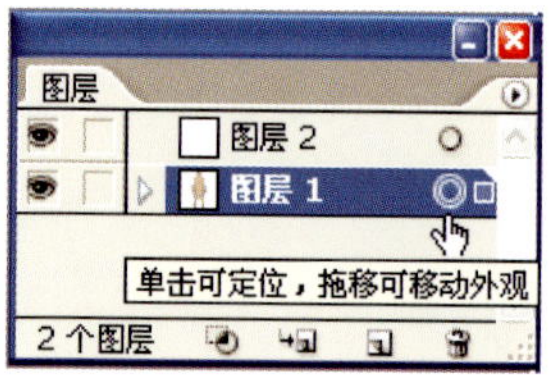

- 执行菜单栏中【视图 / 显示标尺】命令，快捷键“**Ctrl+R**”。

⑧

- 以控制框为参考，将鼠标放在垂直标尺上，点击并拖曳出辅助线到选择对象的中心位置。
- 点击选择图层中切换锁定，锁定“图层 **1**”（ ）。

（注意：当“锁定框”出现时图层将不能被编辑）

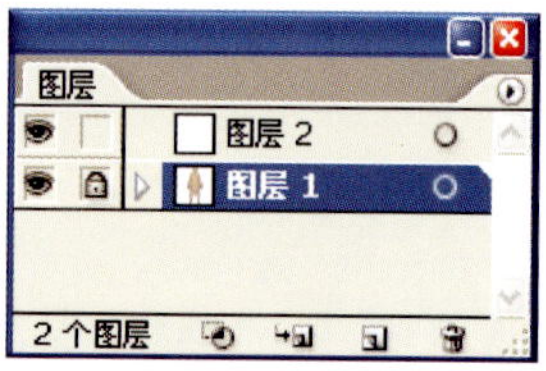

- 点击选择“图层 **2**”，开始绘制女装。

3. 连衣裙款式外形绘制

⑨

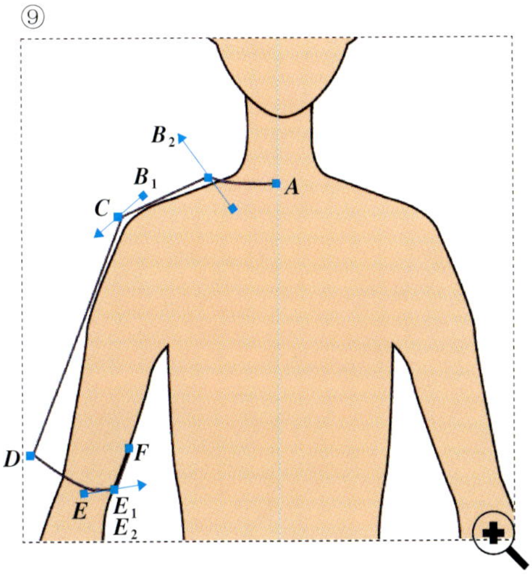

开始绘制连衣裙款式外形

钢笔工具，快捷键“P”

- 使用工具箱中【钢笔】工具，快捷键“P”。
- 在工具箱中设置“填充”框内无填充色，快捷键“/”，“描边”框内为黑色。

⑨

- 在辅助线的适当位置点击产生锚点 *A*，松开鼠标。
- 移动鼠标到适当位置，点击并拖曳产生锚点 B_1，松开鼠标。
- 在锚点 B_1 的相同位置再次点击，产生锚点 B_2，形成转角。
- 移动鼠标到适当位置，点击产生锚点 *C*，松开鼠标。
- 移动鼠标到适当位置，点击产生锚点 *D*，松开鼠标。
- 移动鼠标到适当位置，点击产生锚点 *E*，松开鼠标。
- 移动鼠标到适当位置，点击并拖曳产生锚点 E_1，松开鼠标。
- 在锚点 E_1 的相同位置再次点击，产生锚点 E_2，形成转角。
- 移动鼠标到适当位置，点击并拖曳产生锚点 *F*，松开鼠标。

⑩

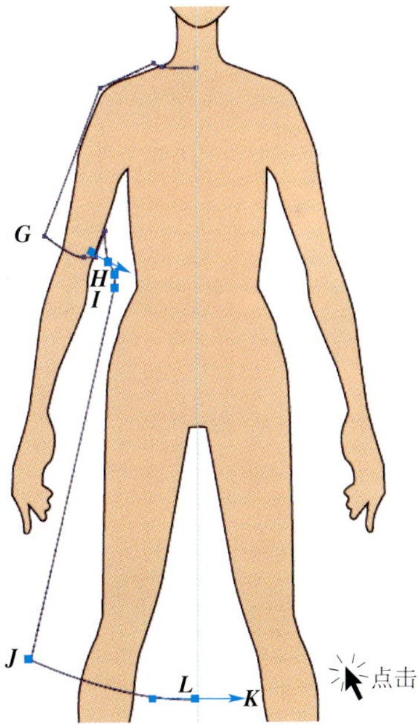

完成半件连衣裙

钢笔工具，快捷键“P”
选择工具，快捷键“V”
抓手工具，快捷键“H”

⑩

- 移动鼠标到适当位置，点击并拖曳产生锚点 *G*，松开鼠标。
- 移动鼠标到适当位置，点击产生锚点 *H*，松开鼠标。
- 移动鼠标到适当位置，点击产生锚点 *H*，松开鼠标。
- 移动鼠标到适当位置，点击产生锚点 *I*，松开鼠标。
- 移动鼠标到适当位置，点击产生锚点 *J*，松开鼠标。
- 移动鼠标到辅助线的适当位置，点击产生锚点 *L*，不松鼠标，同时按下键盘上“shift”键，向右拖曳鼠标，产生手柄 *K*，松开鼠标。
- 使用工具箱中【选择】工具，快捷键“V”。
- 移动鼠标至画板空白处点击，取消刚刚绘制的女装路径的选择状态。
- 在工具箱中点击选择【抓手】工具，或按下键盘上空格键，移动画板。

⑪

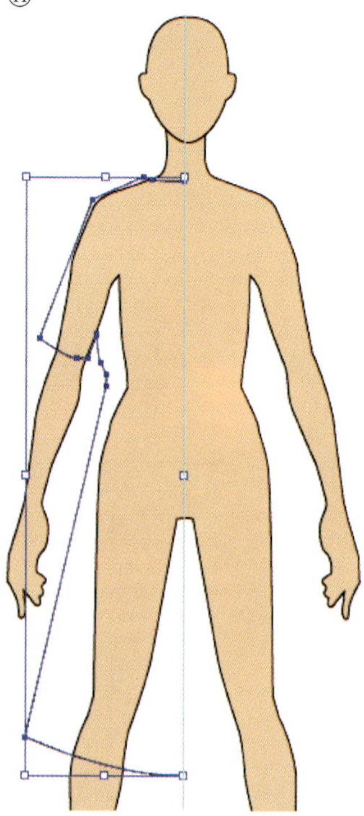

镜像复制半边连衣裙

选择工具，快捷键“V”

⑪

- 使用工具箱中【选择】工具，快捷键“V”，选择刚刚绘制的半件连衣裙。
- 点击鼠标右键，随即弹出快捷菜单。
- 执行【变换/对称】命令。

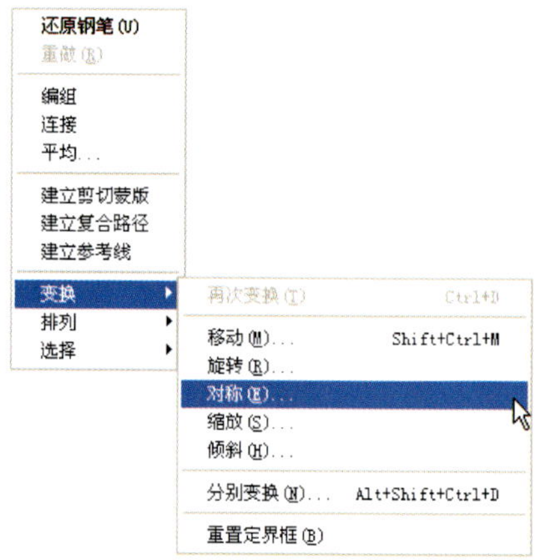

⑫

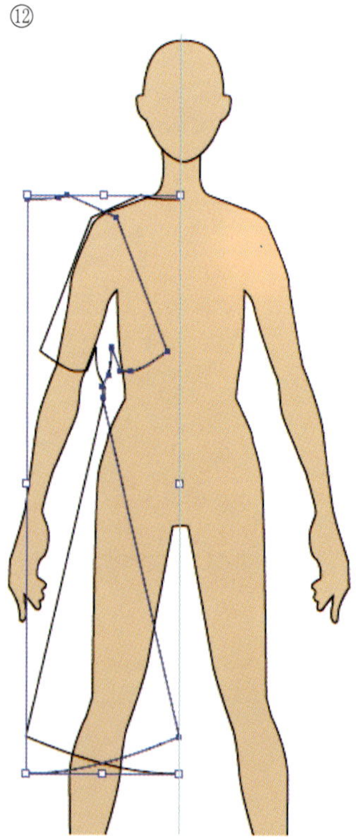

⑫

- 随即弹出【镜像】对话框。
- 在“轴”选项中选择“垂直”(◉)。
- “角度”值将自动显示为**90**°。
- 勾选“预览”选项，预览操作结果。
- 点击“复制”按钮。

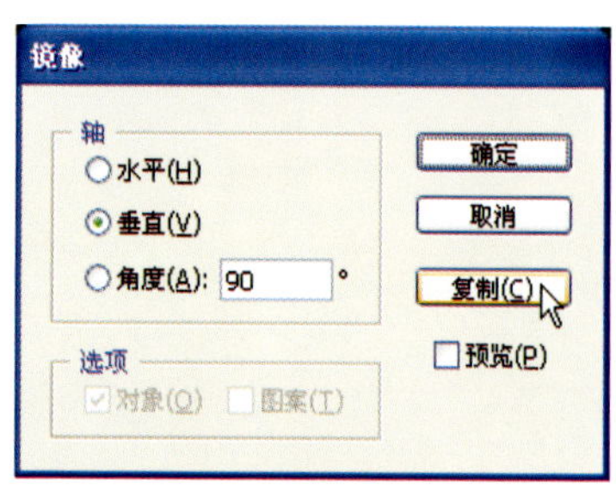

- 保持复制路径的被选择状态。

⑬

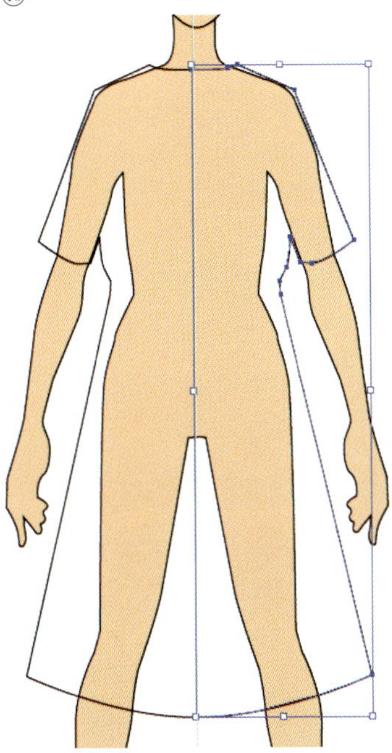

选择工具，快捷键“V”

移动半边连衣裙到辅助线另一边

⑬

- 在被选择的路径上移动鼠标，当鼠标变为移动状态（▸），向右拖曳鼠标，移动路径。
- 选择路径后开始移动路径，同时按下键盘上“**Shift**”键，拖曳鼠标水平 **180**° 移动。
- 使用键盘上的箭头键轻移路径，直至快接近中心线位置。

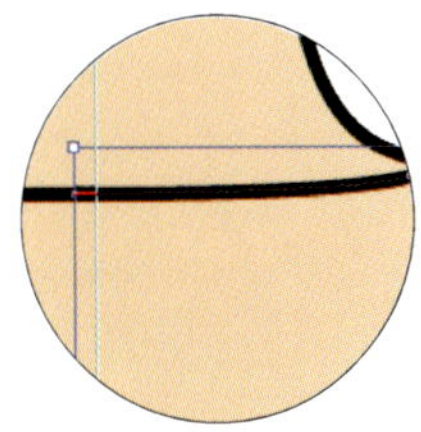

⑭

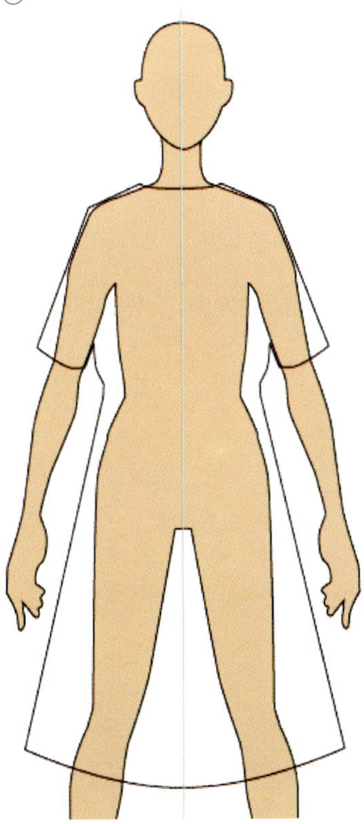

⑭

- 使用工具栏中【选择】工具，按下键盘上“**Shift**”键，分别点击左右两处半边连衣裙，使它们处于被选择状态。
- 在【路径查找器】浮动面板中，点击“与形状区域相加”按钮（），再点击“扩展”按钮（扩展）。

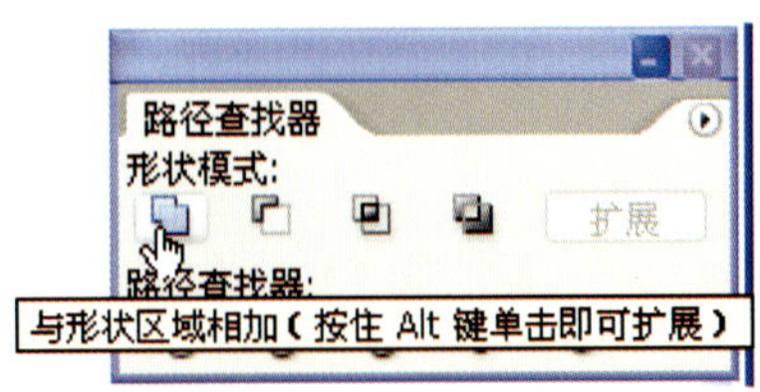

- 在画板空白处点击，取消所有选择。

4. 结构线与缝纫线的添加

隐藏草图图层

选择工具，快捷键“V”

- 连衣裙基本形状已经完成，人体图层暂时不需要，可将其隐藏。
- 在【图层】浮动面板中，保持“图层 **1**”被锁定状态，点击“眼睛框”（👁）。
- “图层 **1**”被隐藏（□）。

（注意：隐藏图层不能被印刷）

- 点击“图层 **2**”，继续其他操作。

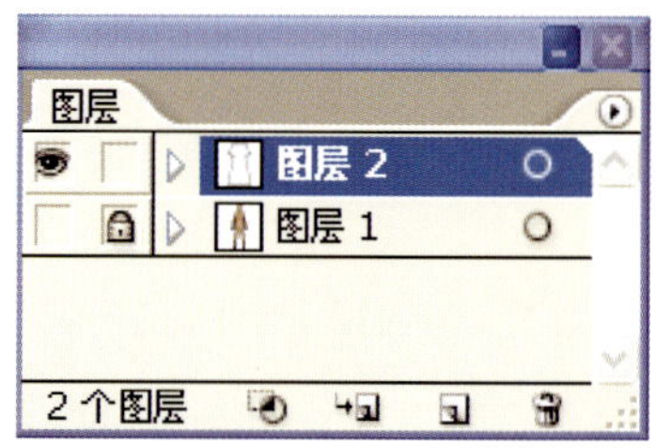

圆滑脖子部分的连接

缩放工具，快捷键“Z”
直接选择工具，快捷键“A”
转换锚点工具，快捷键“Shift+C”

⑮
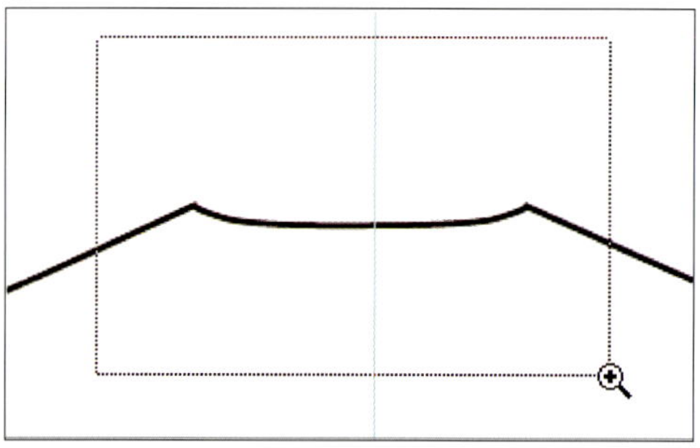

⑮
- 使用工具箱中的【缩放】工具，快捷键“**Z**”，放大领口中间部分的连接。

⑯
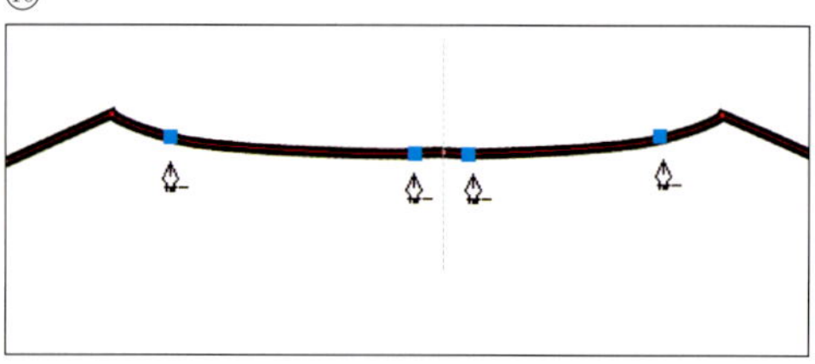

⑯
- 使用工具箱中的【直接选择】工具，快捷键“**A**”，点击领口即呈现路径上的锚点。
- 使用工具箱中的【删除锚点】工具，点击选择领口上中间位置锚点以外的所有锚点，进行删除。

⑰
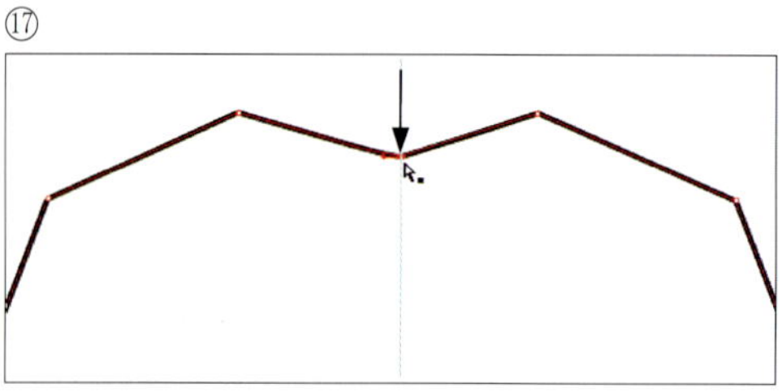

⑰
- 使用工具箱中的【直接选择】工具，快捷键“**A**”，点击选择中间的锚点，同时按下键盘“**Shift**”键，向下拖曳鼠标指针，移动锚点。

⑱
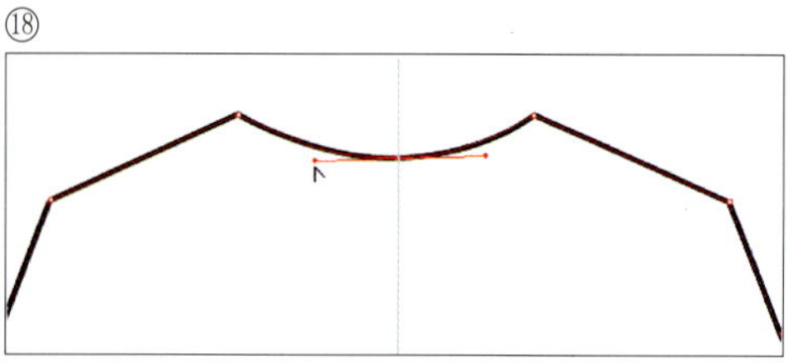

⑱
- 使用工具箱中的【转换锚点】工具，快捷键“**Shift+C**”，点击中心锚点，按下键盘上“**Shift**”键，向左拖曳鼠标指针，在锚点两边产生手柄，按下键盘上“**Shift**”键，从而使产生水平手柄。

一、连衣裙的绘制

添加领口缝纫线

钢笔工具，快捷键 **“P”**

⑲

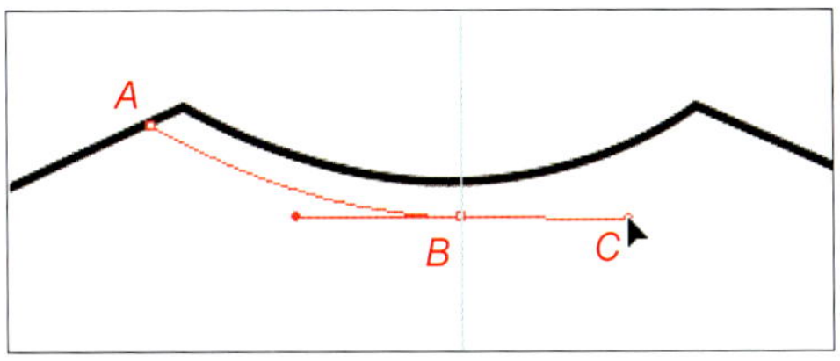

⑲

- 使用工具箱中【钢笔】工具，快捷键 **“P”**。
- 在左肩的适当位置点击，产生锚点 *A*。
- 在中心辅助线的适当位置点击，产生锚点 *B*。
- 保持点击鼠标左键状态，同时按下键盘上 **“Shift”** 键，向右拖曳鼠标，产生手柄 *C*，创建一条对称曲线。

⑳

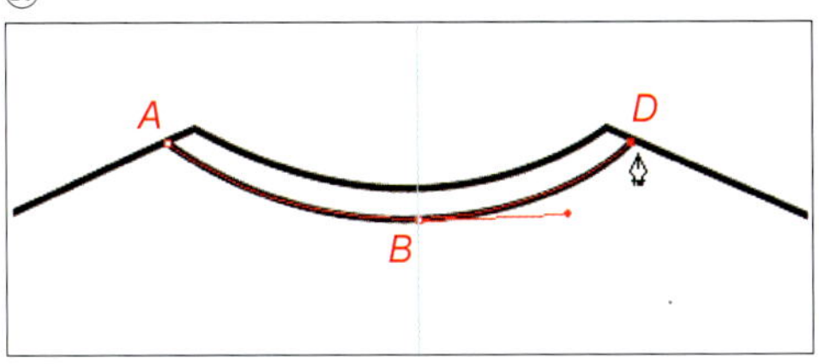

⑳

- 松开 **“Shift”** 键。
- 在左肩的适当位置点击，产生锚点 *D*。

创建虚线

选择工具，快捷键 **“V”**

㉑

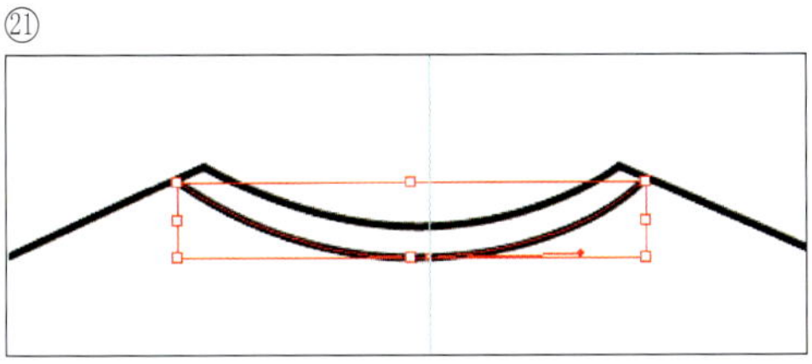

㉑

- 使用工具箱中【选择】工具，快捷键 **“V”**。
- 点击选择刚刚绘制的路径。

㉒

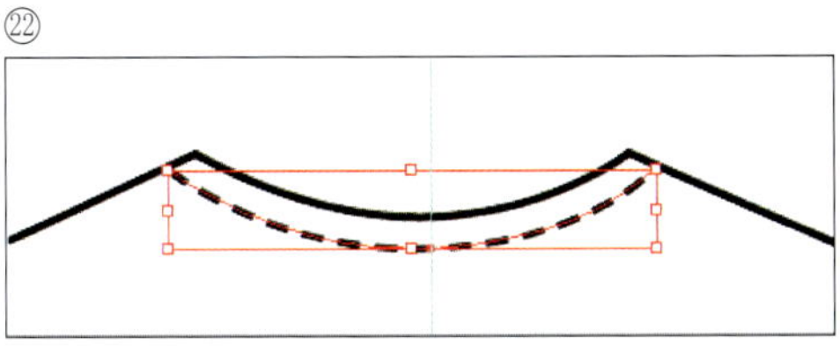

㉒

- 在【描边】浮动面板中，创建虚线。
- 勾选“虚线”选项（☑）。
- 在“虚线”和“间距”选项中填入适当数值。
- 例如，“虚线”值为 **3pt**，“间距”值为 **2pt**。
- 点击选择“圆头端点”按钮（）。
- 设置描边“粗细”为 **1pt**。

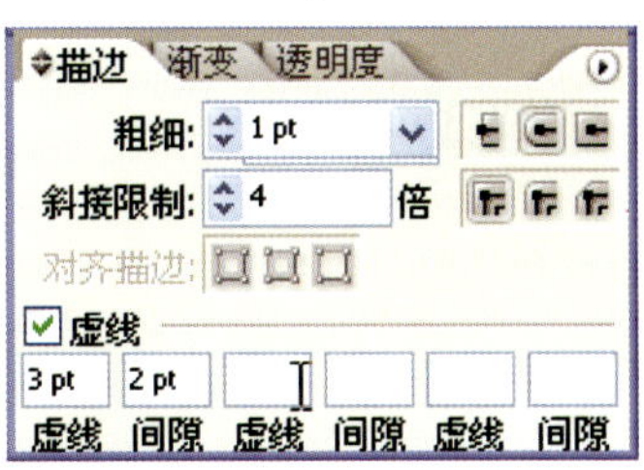

- 移动鼠标至画面空白处点击，取消路径的选择状态。
- 点击取消“虚线”选项的选择（☐）。

填充颜色

选择工具，快捷键“V”

㉓

㉓
- 使用工具箱中【选择】工具，快捷键“V”。
- 点击选择连衣裙。
- 在【色板】浮动面板中选择适当的填充颜色（）。

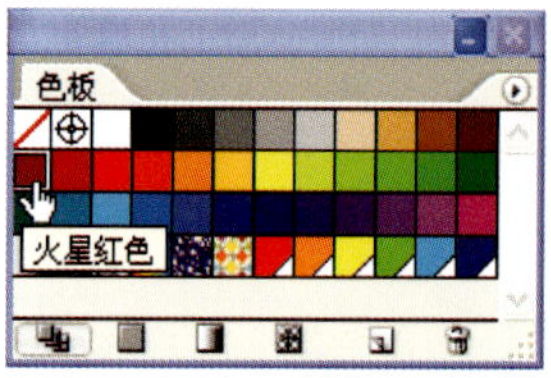

- 移动鼠标至画面空白处点击，取消选择。

添加分割线

钢笔工具，快捷键 P

㉔

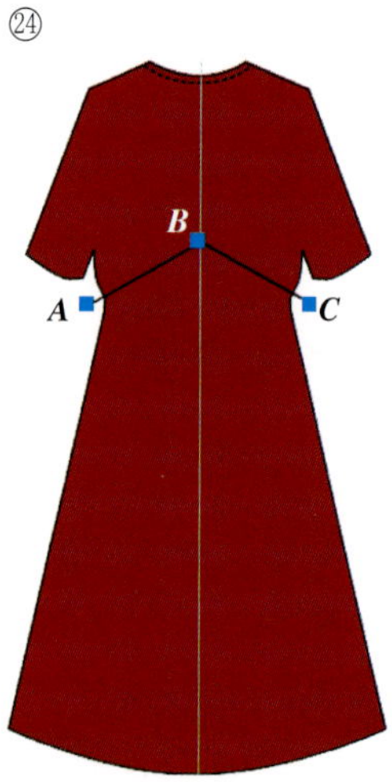

㉔
- 使用工具箱中【钢笔】工具，快捷键“P”。
- 在连衣裙左胸下适当位置点击，产生锚点 *A*。
- 在中心辅助线的适当位置点击，产生锚点 *B*。
- 在连衣裙右胸下适当位置点击，产生锚点 *C*，创建一条对称直线。

（注意：通过这条直线将连衣裙分割为上衣和下裙两部分）

一、连衣裙的绘制

㉕

分割上衣

选择工具，即快捷键“V”

㉕
- 使用工具箱中【选择】工具，快捷键“V”。
- 以按下鼠标拖曳划定选区的方式，选择连衣裙和分割线。

㉖

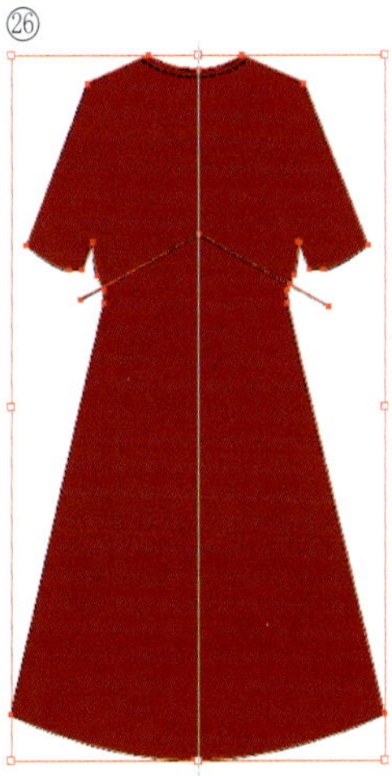

㉖
- 在【路径查找器】浮动面板中点击“分割”按钮（ ）。
- 连衣裙和分割线被选择。

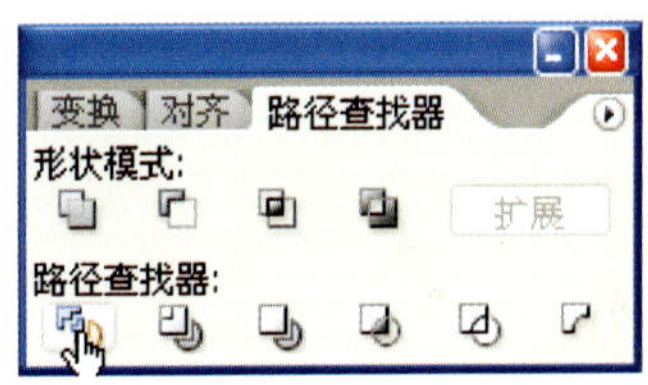

将女装形状取消编组

选择工具，快捷键“V”

㉗

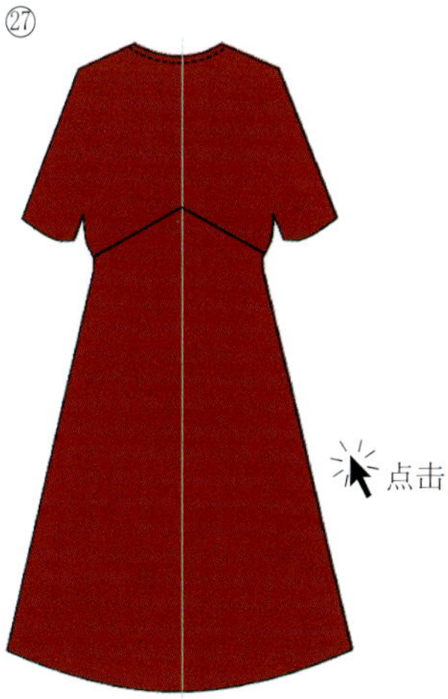

㉗
- 此时的连衣裙由上衣和下裙两部分组成，这两部分被编组。
- 点击选择女装。
- 点击鼠标右键，随即弹出快捷菜单。
- 点击选择【取消编组】命令。
- 或者按下快捷键“**Shift+Ctrl+G**”。

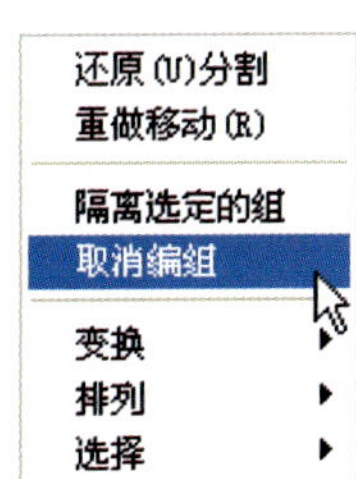

- 移动鼠标至画面空白处点击，取消选择。
- 女连衣裙取消选择。

一、连衣裙的绘制

填充颜色

选择工具，快捷键“V”

㉘

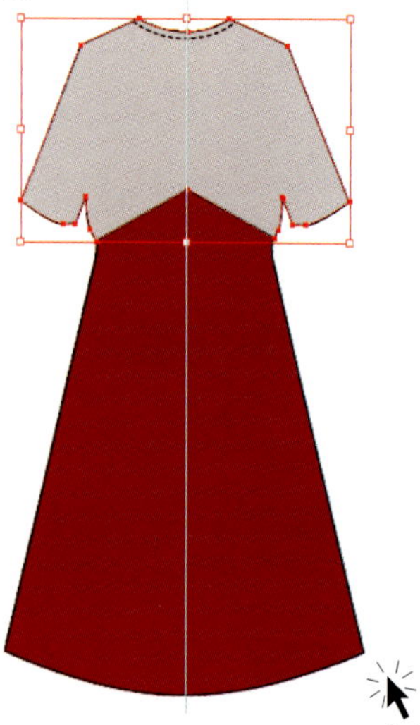

㉘
- 使用工具箱中【选择】工具，快捷键“**V**”。
- 点击选择连衣裙。
- 在【色板】浮动面板中选择适当的填充颜色（）。

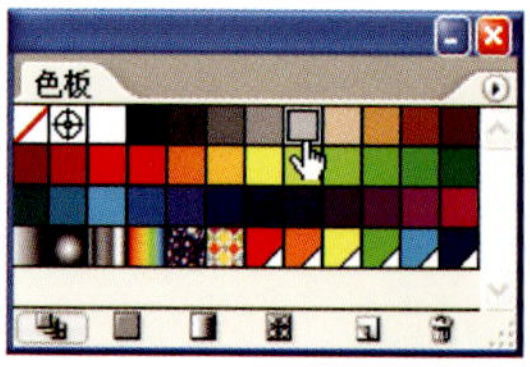

- 移动鼠标至画板空白处点击，取消选择。

预览模式与轮廓模式的区别

- 目前为止这些操作都只是在预览模式下进行的，显示彩色对象和所有属性包括颜色、描边粗细、虚线等。预览模式是绘制最终结果的真实再现。虽然易于操作，但是不能看到位于绘制对象后面的对象。

㉙

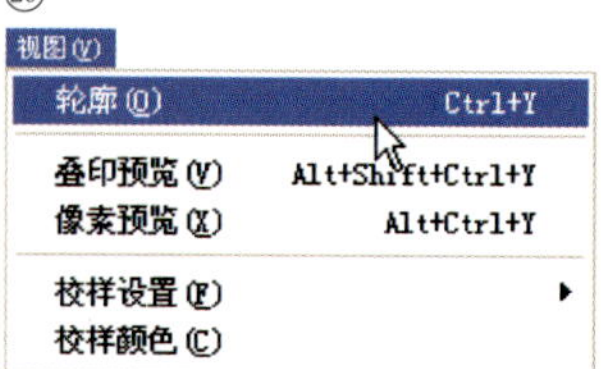

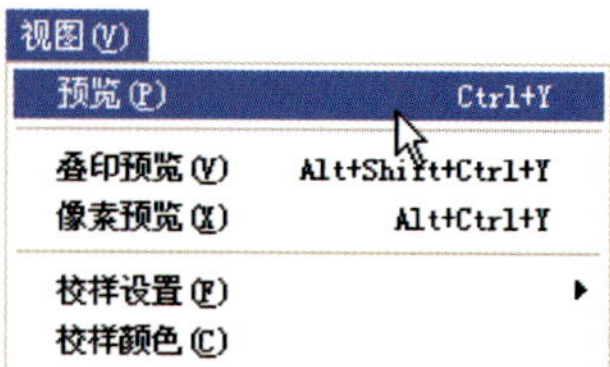

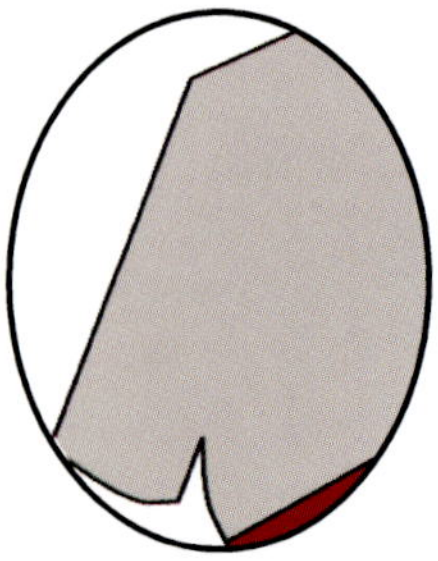

预览模式

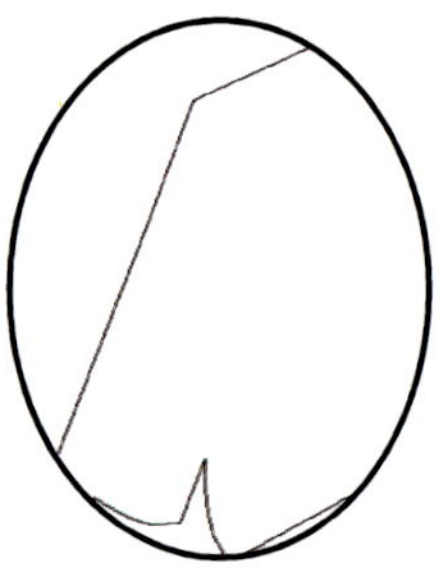

轮廓模式

㉙
- 执行菜单栏中【视图】命令。
- 随即弹出快捷菜单。
- 点击选择【轮廓】命令。
- 预览模式与轮廓模式间相互转换，快捷键“**Ctrl+Y**”。

（注意：在轮廓模式下，所有的游离点都将被显示。游离锚点为没有与其他锚点相连的独立锚点）

绘制袖部分割线

钢笔工具，快捷键“P”
选择工具，快捷键“V”

- 使用工具箱中【钢笔】工具，快捷键“P”。
- 在工具箱中设置“填充”框内无填充色即快捷键“/”，“描边”框内为黑色（）。

㉚

- 在连衣裙肩部外侧适当位置点击产生锚点 *A*，松开鼠标。
- 移动鼠标到适当位置，点击并拖曳产生锚点 *B*，松开鼠标。
- 移动鼠标到适当位置，点击并拖曳产生锚点 *C*，松开鼠标。
- 移动鼠标到适当位置，点击产生锚点 *D*，松开鼠标。
- 袖部分割线产生。
- 使用工具箱中【选择】工具。

㉚

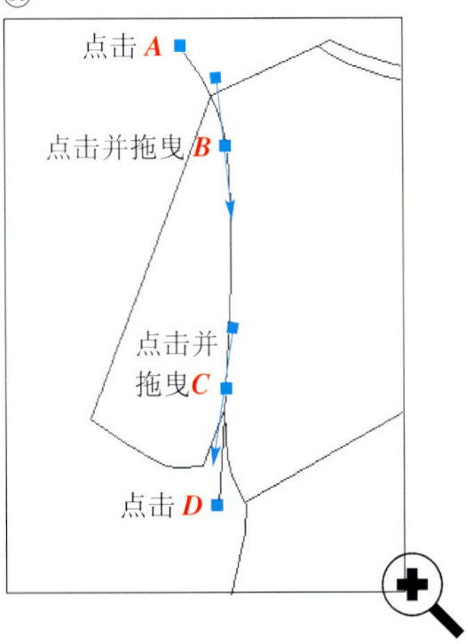

镜像复制袖窿线

选择工具，快捷键“V”

㉛

- 使用工具箱中【选择】工具，快捷键“V”，选择袖部分割线。
- 点击鼠标右键，随即弹出快捷菜单。
- 执行【变换 / 对称】命令。
- 随即弹出【镜像】对话框。
- 选择“垂直”快捷键，“角度”值为 **90**°。
- 预览操作结果，勾选“预览”选项（☑）。
- 点击“复制”按钮。

㉛

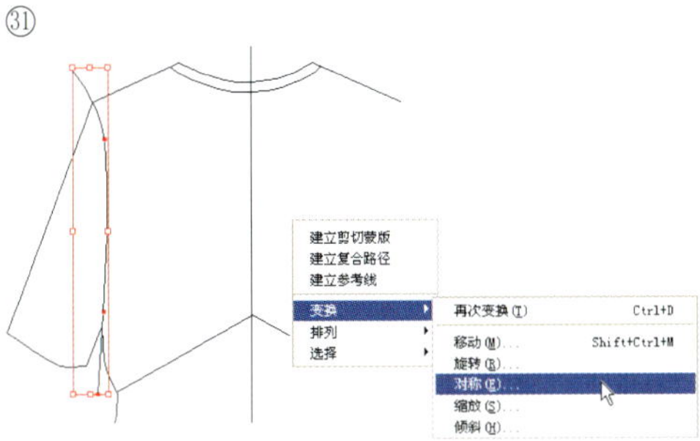

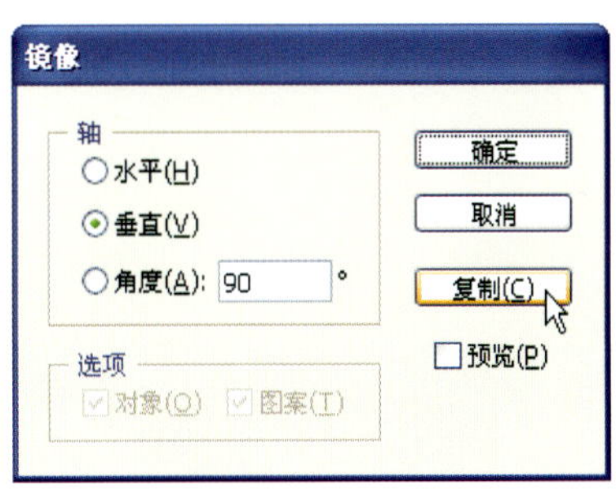

㉜

- 保持镜像复制路径的被选择状态。

㉜

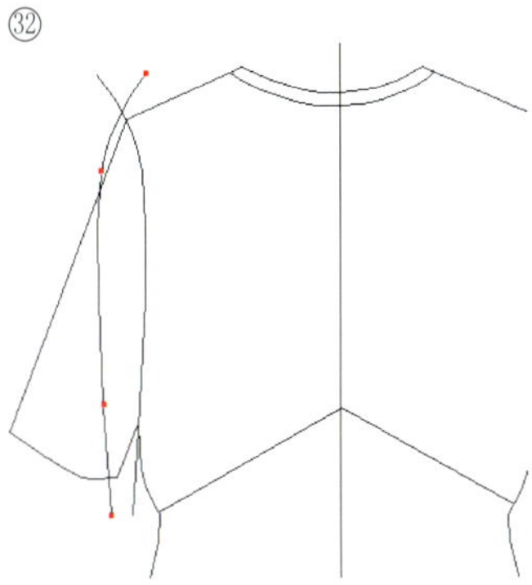

一、连衣裙的绘制

水平移动袖窿线

选择工具，快捷键“V”

㉝

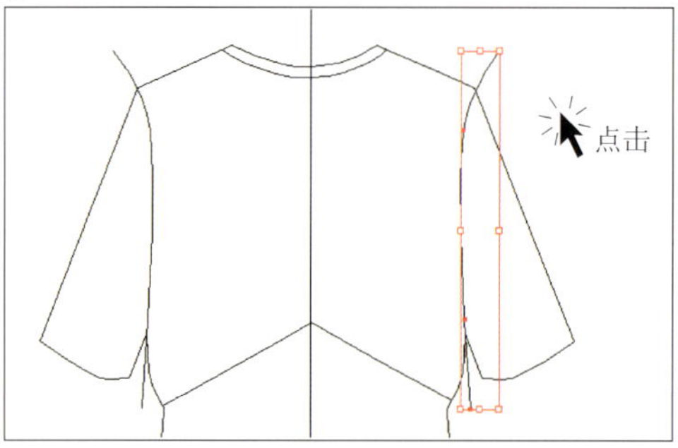

㉝

- 点击并向右拖曳鼠标。
- 选择路径后开始移动路径，同时按下键盘上“**Shift**”，拖曳鼠标水平 **180**° 移动。
- 使用键盘上的箭头键轻移路径。
- 移动鼠标至画板空白处点击，取消选择。

㉞

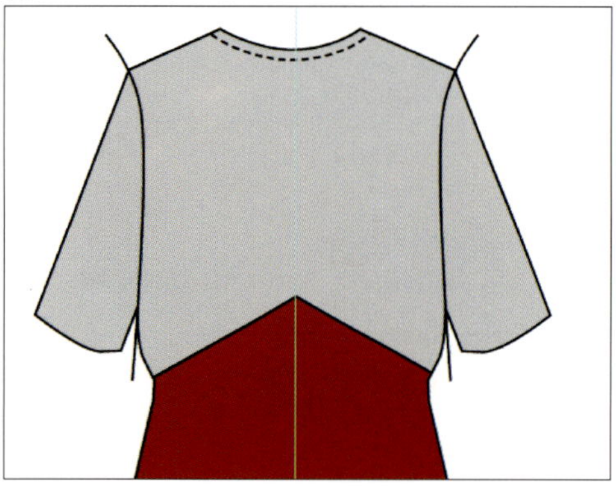

㉞

- 执行菜单栏中【视图】命令。
- 随即弹出的快捷菜单。
- 点击选择【预览】命令，快捷键“**Ctrl+Y**”。

选择上衣和袖窿线

选择工具，快捷键“V”

㉟

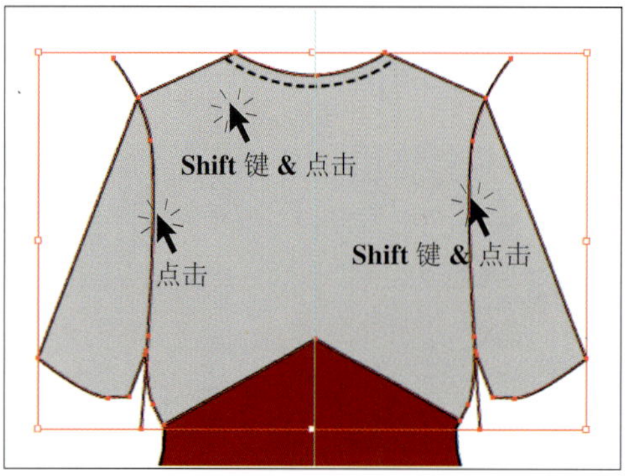

㉟

- 使用工具箱中【选择】工具，快捷键“**V**”，点击选择左袖窿线。
- 按下键盘上“**Shift**”键，同时点击选择右袖窿线。
- 按下键盘上“**Shift**”键，同时点击选择女装。

（注意：按下键盘上“**Shift**”键，可以同时选择多个之前未被选择的对象）

- 此时工具箱中“填充框”内出现如何填充的疑问，显示为“”。这是为了提醒操作者连衣裙是有填充色的形状，而分割线是没有填充的路径。

㊱

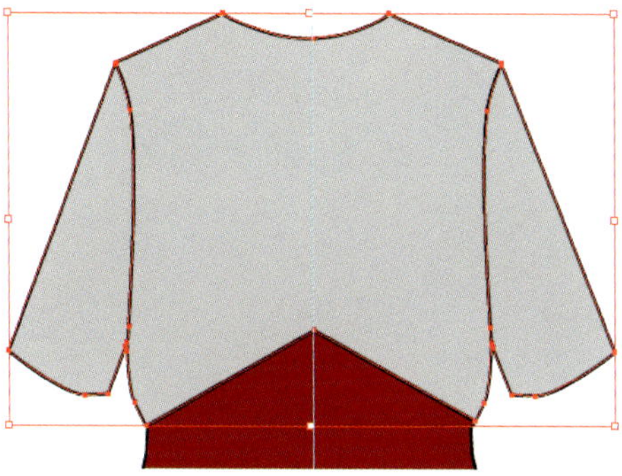

分割上衣

选择工具，即快捷键“V”

㊱

- 在上衣和两条袖窿线被选择的状态下，在【路径查找器】浮动面板中，点击“分割”按钮（ ）。

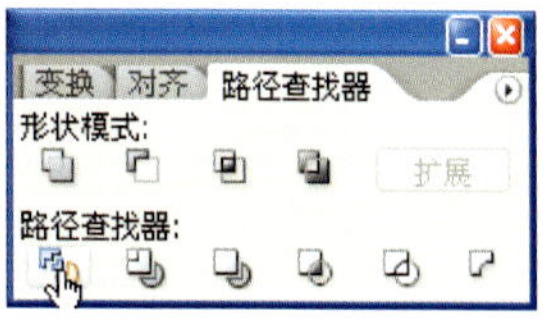

- 此时的女装由两部分组成，这两部分被编组。
- 点击选择女装。
- 点击鼠标右键，随即弹出快捷菜单。
- 点击选择【取消编组】命令。

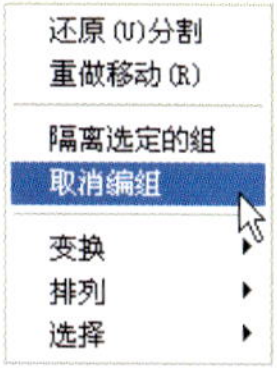

㊲

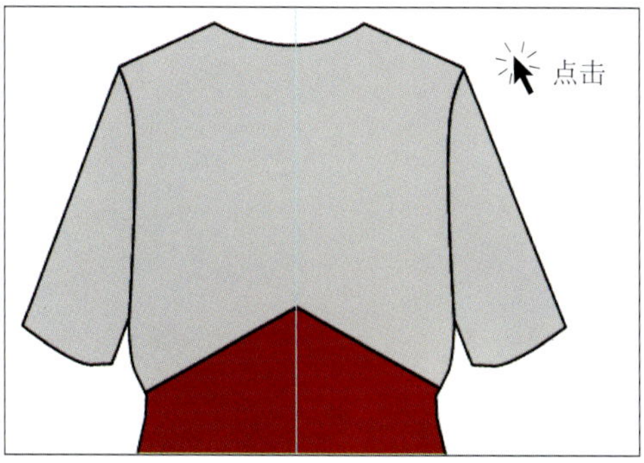

㊲

- 移动鼠标至画板空白处点击，取消选择。

选择左右两只袖子

选择工具，快捷键“V”

㊳

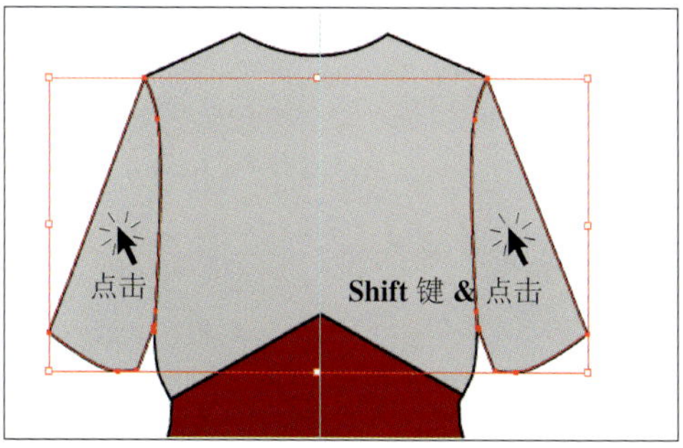

㊳

- 使用工具箱中【选择】工具，快捷键“V”，选择左袖窿线。
- 点击选择左侧袖子。
- 按下键盘上“Shift”键，同时点击选择右侧袖子。

一、连衣裙的绘制

㊴

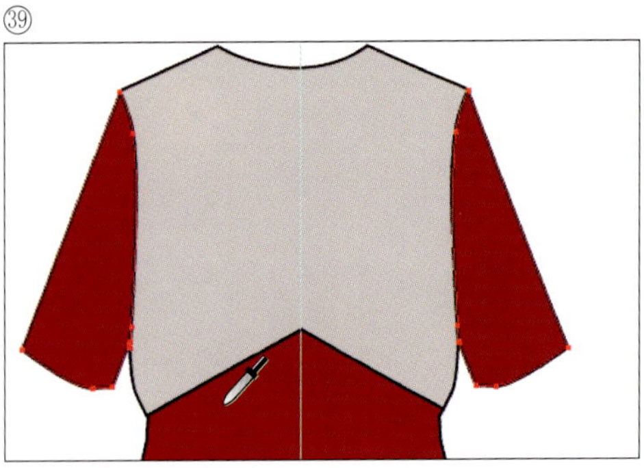

改变袖子的填充属性

吸管工具，快捷键“I”

㊴

- 使用工具箱中【吸管】工具，快捷键“**I**”。
- 移动鼠标至裙子处点击。
- 裙子部分的填充属性被吸取到袖子。

㊵

改变裙身排列位置

选择工具，快捷键“V”

㊵

- 点击选择裙身部分。
- 点击鼠标右键，随即弹出快捷菜单。
- 点击选择【排列 / 置于底层】命令。

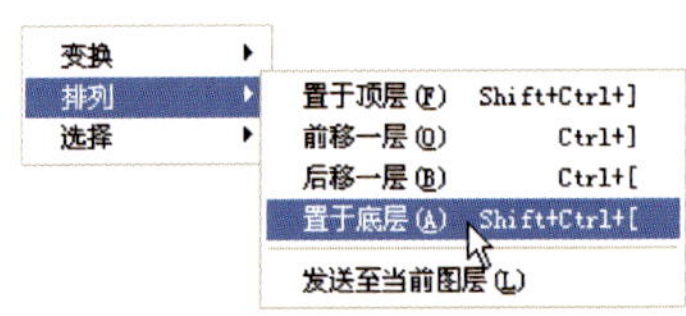

㊶

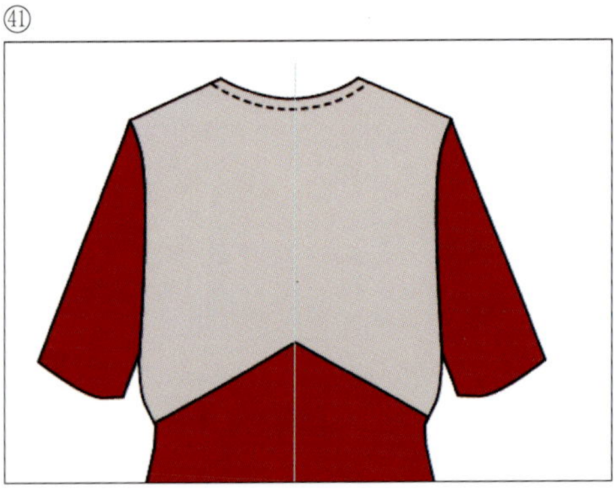

㊶

- 裙身处于最底层，领口弧线随即处于裙身上层位置。

添加缝纫线

钢笔工具，快捷键“P”

㊷

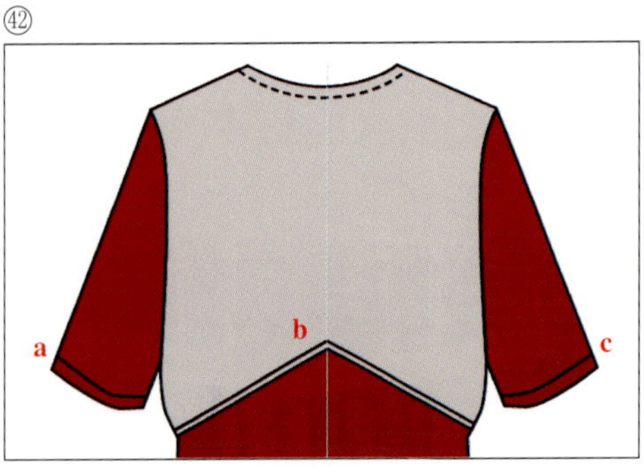

㊷

- 使用工具箱中【钢笔】工具，快捷键“**P**”。
- 分别在袖口和衣身与裙身结合处创建 **a**、**b**、**c** 三条缝纫线。

改变缝纫线属性

选择工具，快捷键“V”
吸管工具，即快捷键“I”

㊸

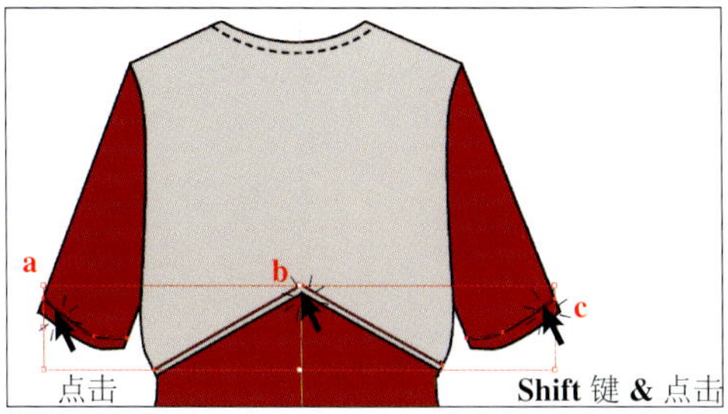

㊸
- 使用工具箱中【选择】工具，快捷键“**V**”。
- 点击选择 **a** 缝纫线。
- 按下键盘上“**Shift**”键，同时点击选择 **b** 缝纫线。
- 按下键盘上“**Shift**”键，同时点击选择 **c** 缝纫线。
- 三处缝纫线同时处于被选择状态。

㊹

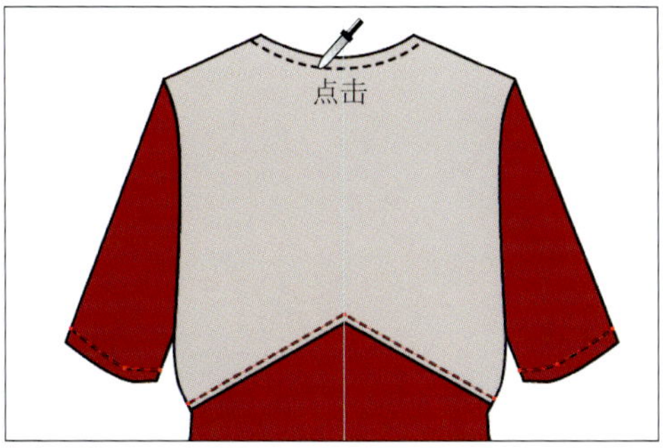

㊹
- 使用工具箱中【吸管】工具，快捷键“**I**”。
- 移动鼠标至领口弧线处点击。

㊺

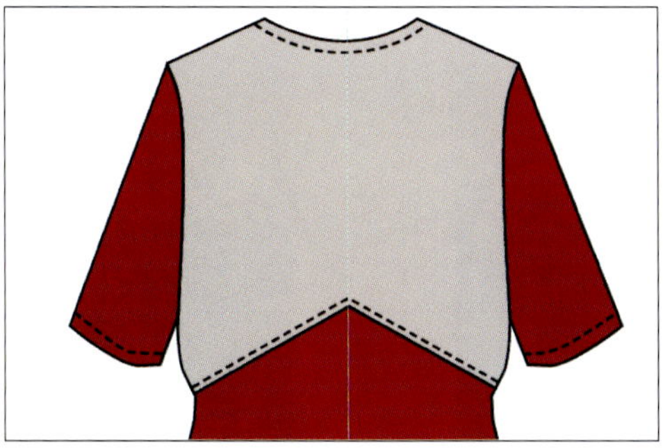

㊺
- 领口弧线的属性被吸取到被选中的缝纫线部分。

一、连衣裙的绘制

添加锚点

添加锚点工具，快捷键“+”

⑯

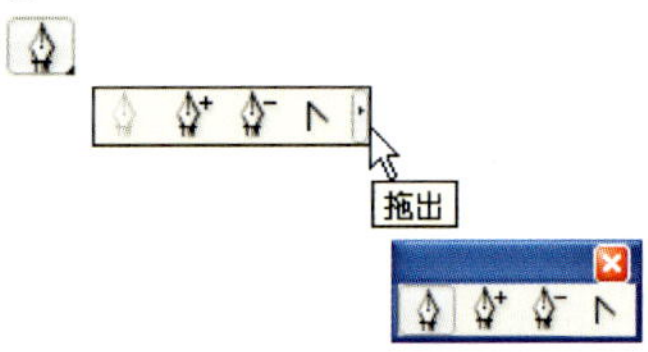

- 从工具箱中拖曳出所有【钢笔】工具选项窗口。
- 使用工具箱中【添加锚点】工具。

⑰

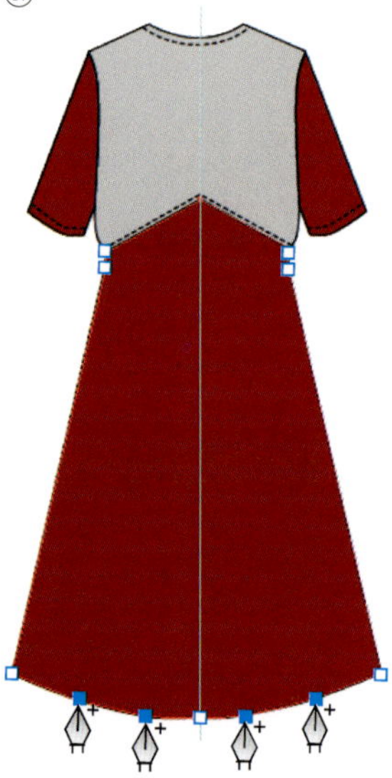

- 在裙身下边缘的适当位置点击添加一个锚点。
- 添加锚点时必须将【添加锚点】工具放置在描边路径上，才可以添加锚点。当前锚点显示为实心方框“■”，未被选择的锚点则显示为空心方框“□”。
- 分别添加其他锚点。

（注意：每添加一个新锚点，则其他锚点会自动显示为未被选择状态）

删除锚点

删除锚点工具，快捷键“-”

⑱

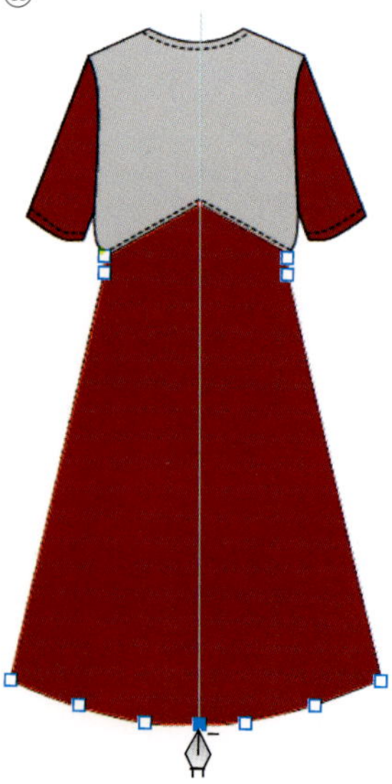

- 使用工具箱中【删除锚点】工具，快捷键“-”。
- 在裙子下边缘描边的中心锚点上点击，删除该锚点。
- 取消【删除锚点】工具的选择。

⑲

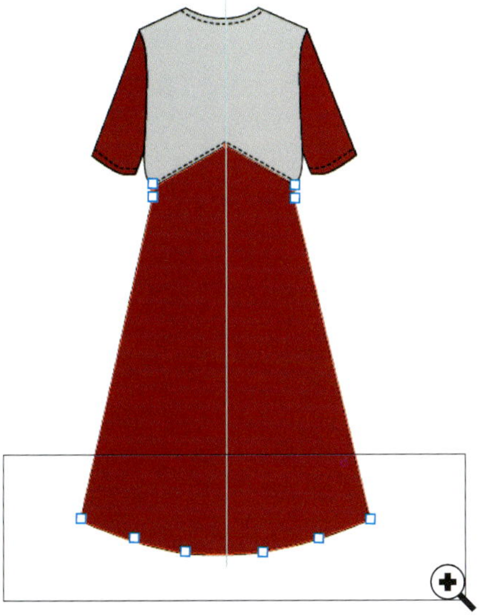

调整锚点

缩放工具，快捷键“Z”
直接选择工具，快捷键“A”
转换锚点工具，快捷键“Shift+C”

⑲

- 使用工具箱中【缩放】工具，快捷键“Z”。框选放大裙子下边缘。
- 使用工具箱中【直接选择】工具，快捷键“A”。
- 在裙子下边缘上的锚点上点击则可选择该锚点。
- 沿裙子边缘移动【直接选择】工具状态下的鼠标到裙子下边缘上的第二个锚点，当鼠标右下角出现空心方块时，点击鼠标左键，则可选择该锚点。

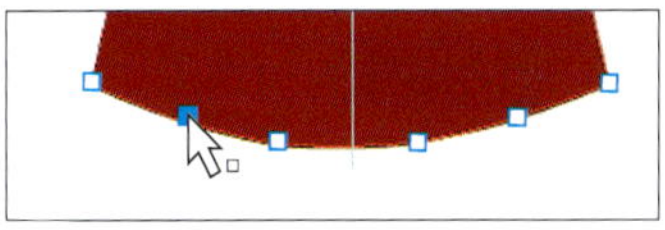

⑳

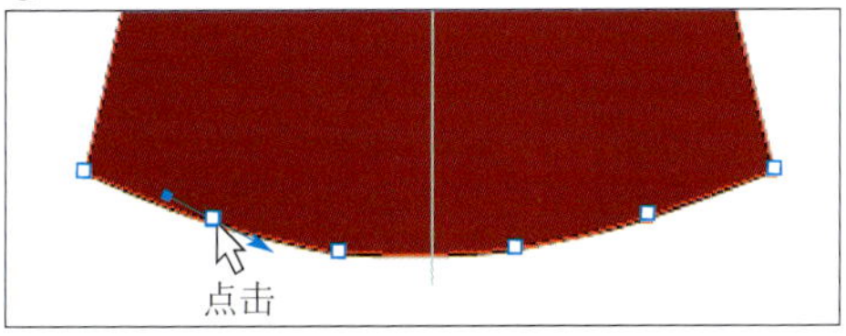

⑳

- 点击选择锚点后，自动显示该锚点的手柄。

㉑

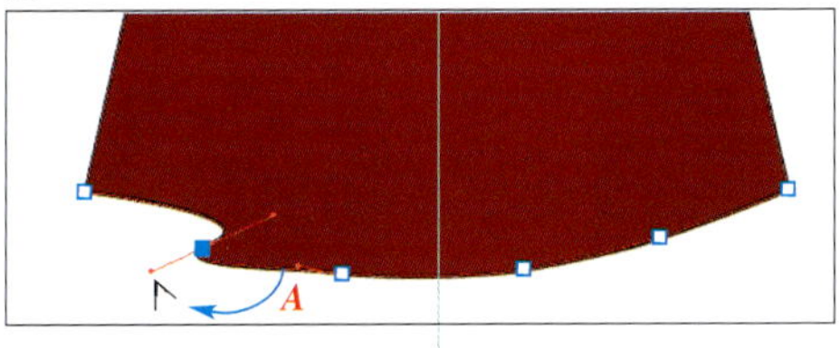

㉑

- 使用工具箱中【转换锚点】工具，快捷键“Shift+C”。
- 在裙子下边缘的第一个锚点 *A* 上直接点击并拖曳手柄。

㉒

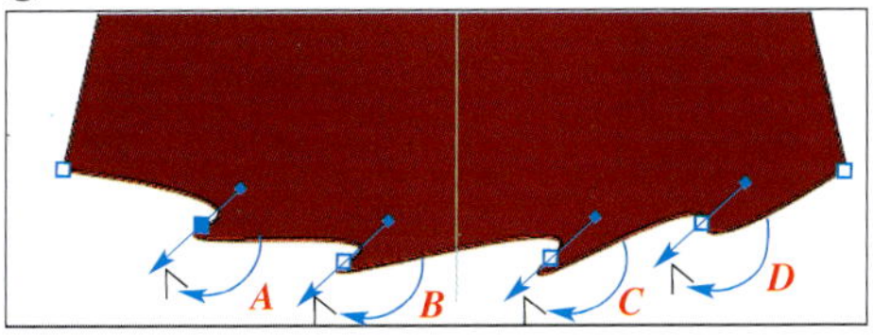

㉒

- 在裙子下边缘的其他锚点上分别重复采用上一操作。

一、连衣裙的绘制

取消所有选择

使用选择工具，快捷键“V”

⑤③

⑤③

- 按下键盘上“**Ctrl**”键不松，多次按下键盘上减号键，逐步缩小画板到所需要的大小。
- 在画板空白处点击，取消所有对象的选择。

画笔浮动面板

⑤④

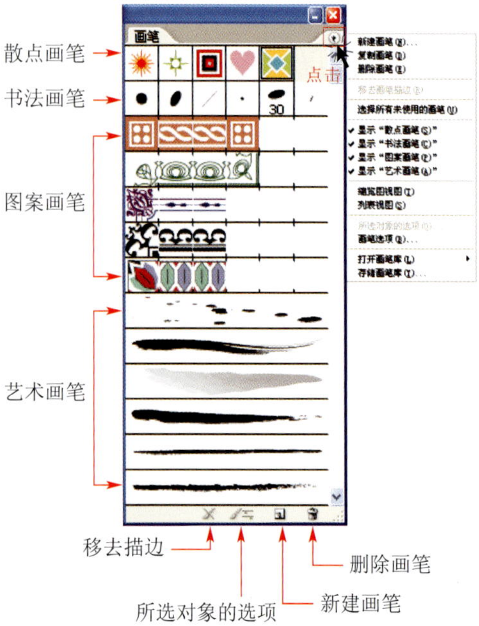

⑤④

- 【画笔】浮动面板：当要绘制双排或锁边缝纫线或特殊细节缝纫线时需要用到【画笔】工具，同时也需要用到【画笔】浮动面板。

  【画笔】浮动面板中包含四种画笔类型选项：
- “书法画笔”：书法画笔是模拟现实书法笔尖效果，这类画笔常用于绘制手绘效果。
- “散点画笔”：沿路径重复散布装饰对象。
- “艺术画笔”：艺术画笔可用特殊设计的效果连接锚点间的路径。
- “图案画笔”：沿路径重复排放图案。

一、连衣裙的绘制

绘制双缝纫线

钢笔工具，快捷键“**P**”
选择工具，快捷键“**V**”
矩形工具，快捷键“**M**”

(55)

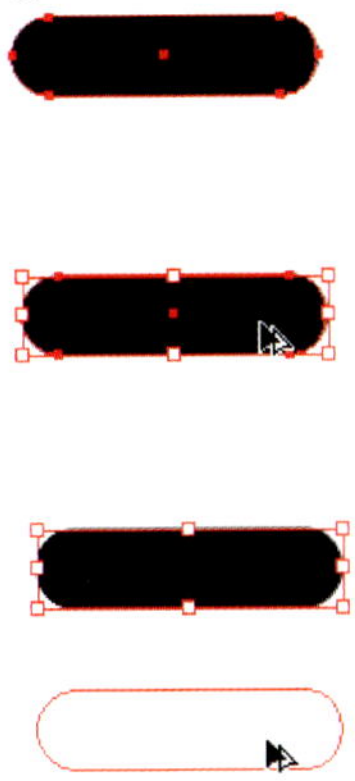

(55)

- 双击工具箱中【圆角矩形】工具，随即弹出【圆角矩形】对话框。
- 在【圆角矩形】对话框中设置“宽度”为 **4pt**，“高度”为 **1pt**，“圆角半径”为 **12pt**，点击“确定”，绘制出圆角矩形。

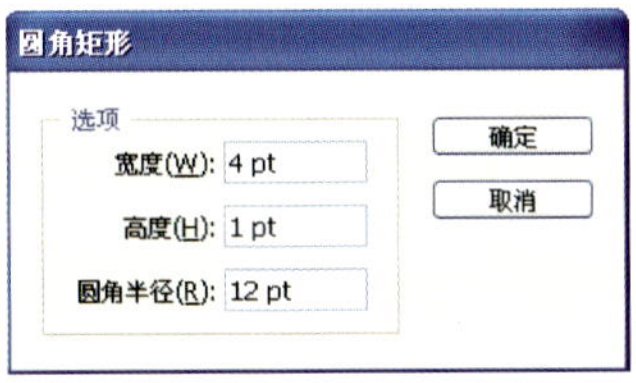

- 使用工具箱中【选择】工具，按下键盘上“**Alt**”键，出现双箭头状态（▶），向下拖曳，移动复制刚刚绘制的圆角矩形到适当位置。

(56)

(56)

- 使用工具箱中【矩形】工具，快捷键“**M**”。
- 设置工具箱中填充色为红色，无描边色（■）。
- 在刚刚绘制的两个圆角矩形的位置，绘制适当大小的矩形。
- 点击选择工具箱中【选择】工具，取消【矩形】工具的选择状态。
- 点击选择刚刚绘制的矩形，点击鼠标右键，随即弹出快捷菜单。
- 执行快捷快捷菜单中【排列 / 置于底层】命令。

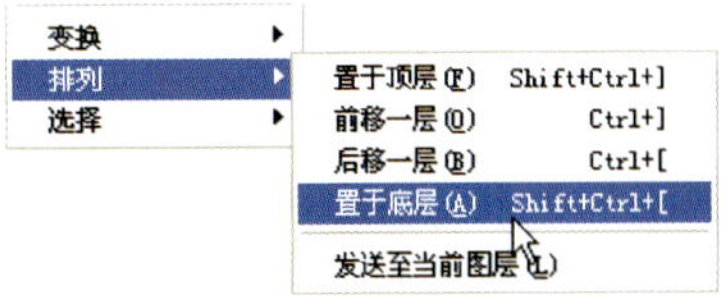

(57)

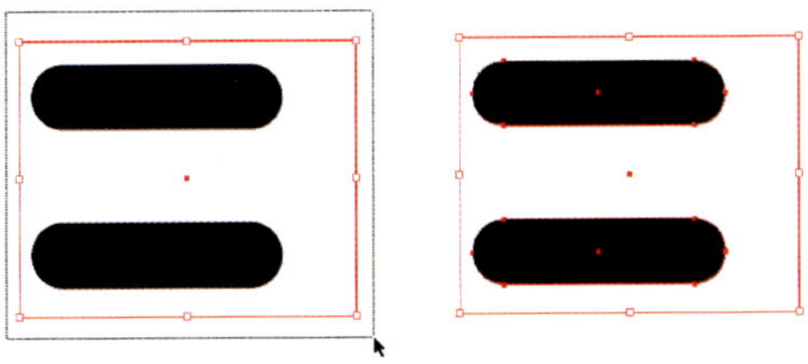

(57)

- 在矩形被选择的状态下，更改工具箱中的填充色为无（☒），则矩形变为全透明的矩形。
- 选择刚刚绘制的三个对象，使用工具箱中【选择】工具，快捷键“**V**”，框选透明矩形和两个圆角矩形。

新建（双缝纫线）图案画笔

⑱

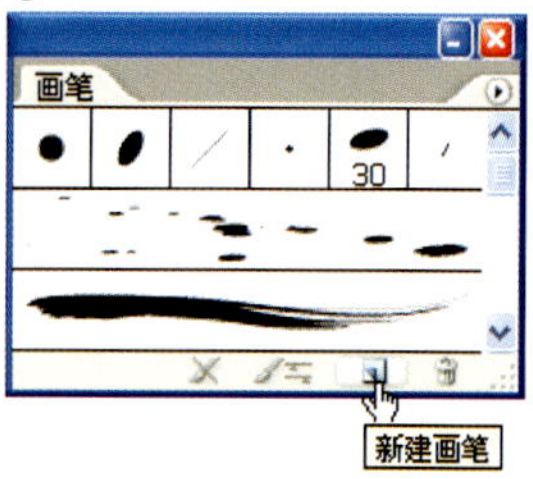

- 在刚刚绘制的透明矩形和两个圆角矩形被选择的状态下，点击【画笔】浮动面板中“新建画笔”按钮（◻）。

⑲

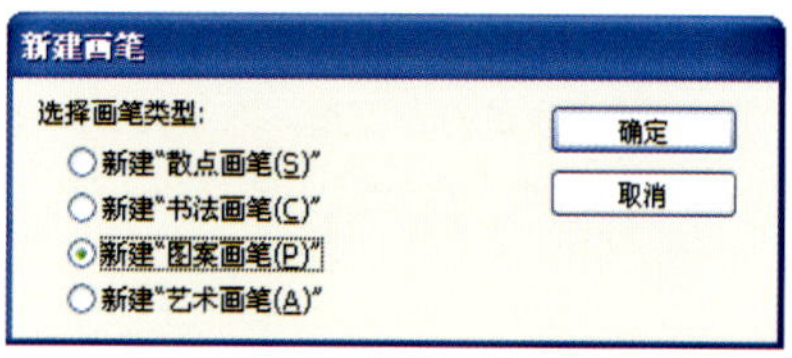

- 在随即弹出的【新建画笔】对话框中，点击选择“新建图案画笔”选项。
- 点击“确定”。

⑳

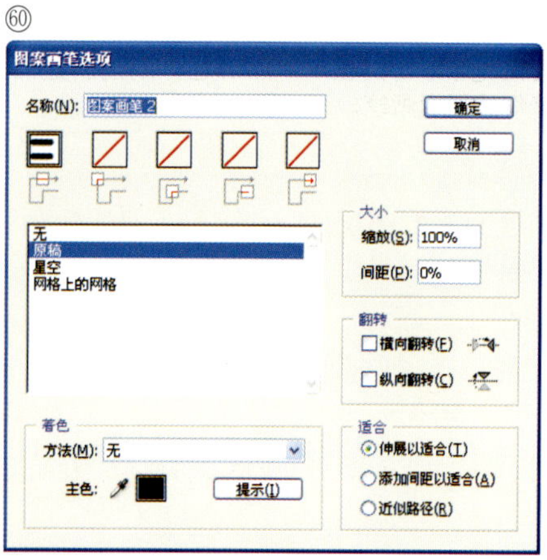

- 随即弹出【图案画笔选项】对话框，新建的画笔默认出现在第一个缩略图框“边线拼贴”中。
- 保持“大小”选项中的“缩放”为 **100%**，“间距”为 **0%**。
- 点击“确定”。

㉑

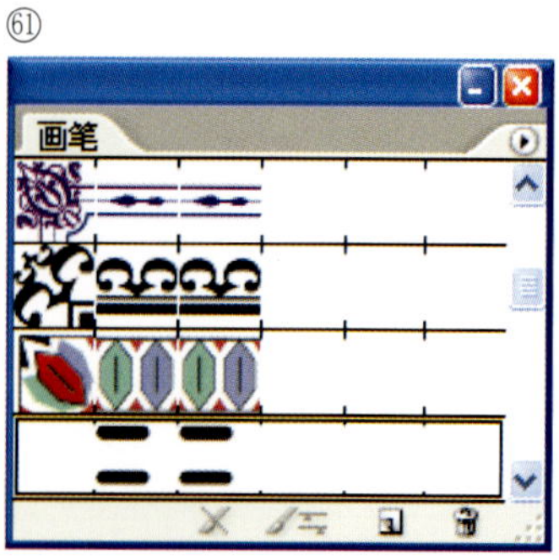

- 此时，新建的画笔就会出现在【画笔】浮动面板中。

添加裙边双缝纫线

钢笔工具，快捷键“**P**”
选择工具，快捷键“**V**”

⑥②

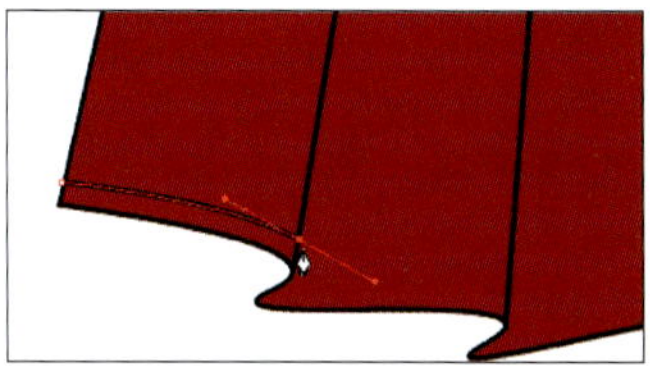

⑥②
- 在工具箱中设置描边色为黑色，无填充色（）。
- 使用工具箱中【钢笔】工具，快捷键“**P**”。
- 在裙子下边缘路径上方绘制相同弧度的路径。

⑥③

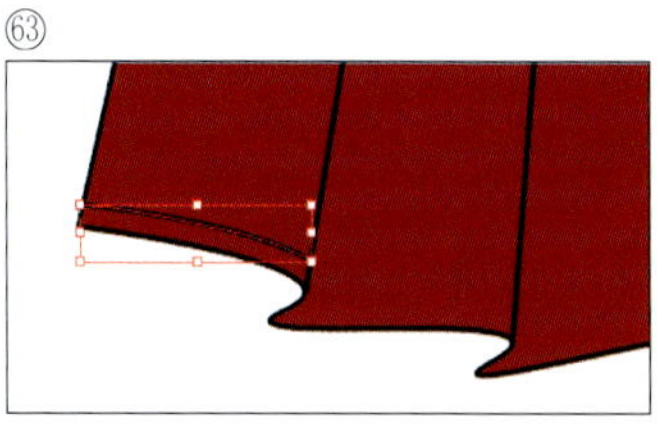

⑥③
- 点击选择工具箱中【选择】工具，取消【钢笔】工具的选择，且刚刚绘制的路径自动处于被选择状态。

⑥④

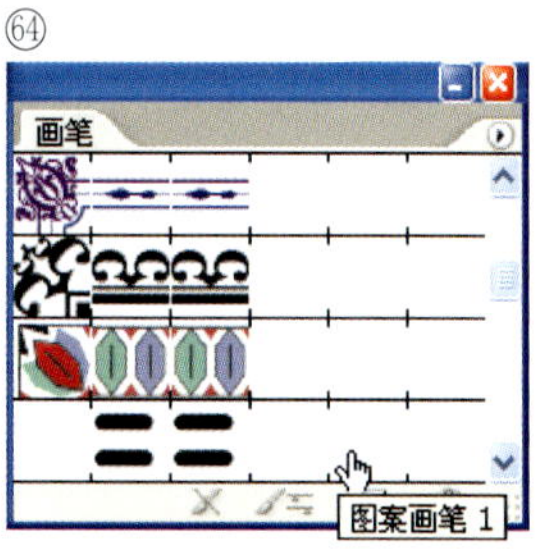

⑥④
- 在【画笔】浮动面板中，点击选择刚刚新建的双缝纫线图案画笔。

⑥⑤

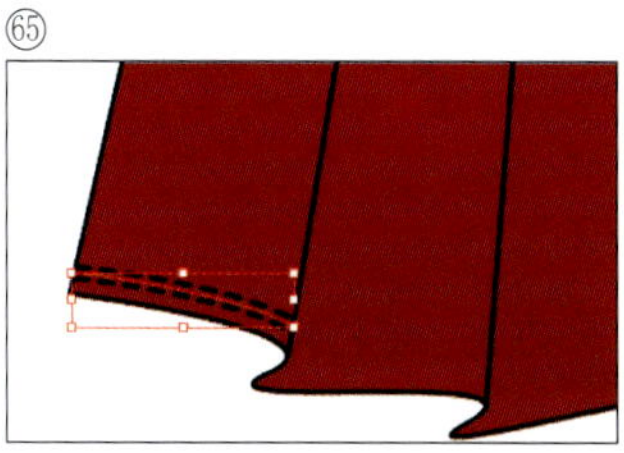

⑥⑤
- 则新建的双缝纫线画笔图案沿路径重复排列。

⑥⑥

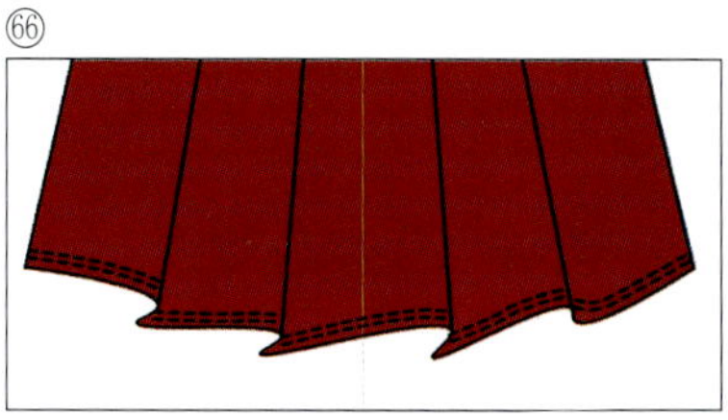

⑥⑥
- 重复以上操作，绘制完整的裙子边缘缝纫线。

调整后领领口线

缩放工具，快捷键“Z”
选择工具，快捷键“V”
直接选择工具，快捷键“A”

(67)

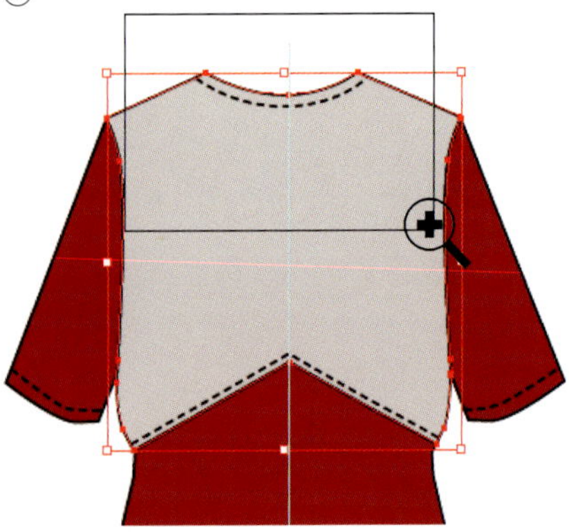

(67)

- 使用工具箱中【缩放】工具，快捷键“Z”。
- 在裙子领口部分拖曳矩形框，放大裙子领口部分。
- 使用工具箱中【选择】工具，快捷键“V”，点击选择裙子上身部分。
- 执行菜单栏中【编辑 / 复制】命令，复制裙子上身部分。
- 执行菜单栏中【编辑 / 贴在后面】命令，将所选择的裙子上身部分向后复制粘贴。

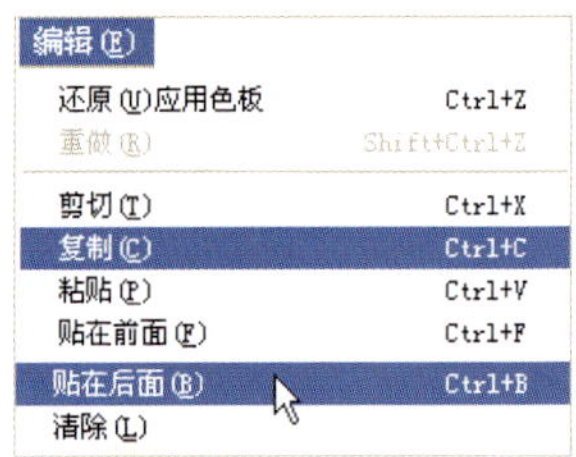

(68)

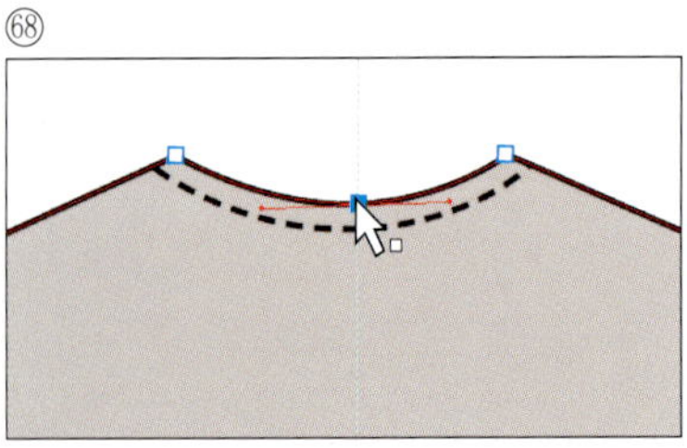

(68)

- 在刚刚粘贴的裙子上身部分被选择的状态下，使用工具箱中【直接选择】工具。

(69)

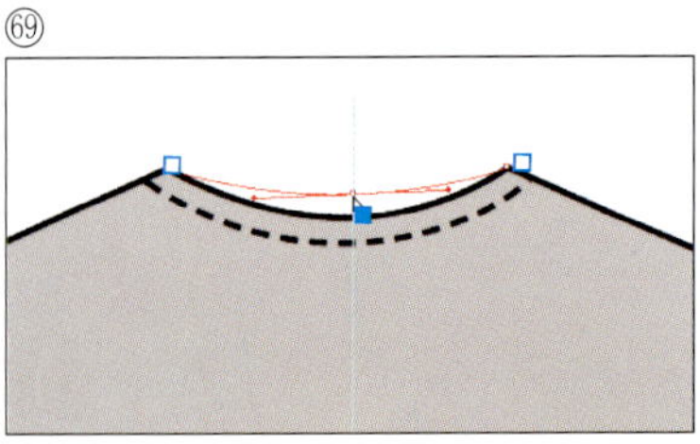

(69)

- 在领口线的中心锚点上点击并向上拖曳，移动该锚点到适当位置。

(70)

(70)

- 在刚刚更改了的裙子上身部分被选择的状态下，在【色板】浮动面板中点击选择所需要的颜色作为填充色。

一、连衣裙的绘制

添加褶皱线

选择工具，快捷键“V”

铅笔工具，快捷键“N”

⑪

⑪

- 在画板空白处点击，取消所有对象的选择。

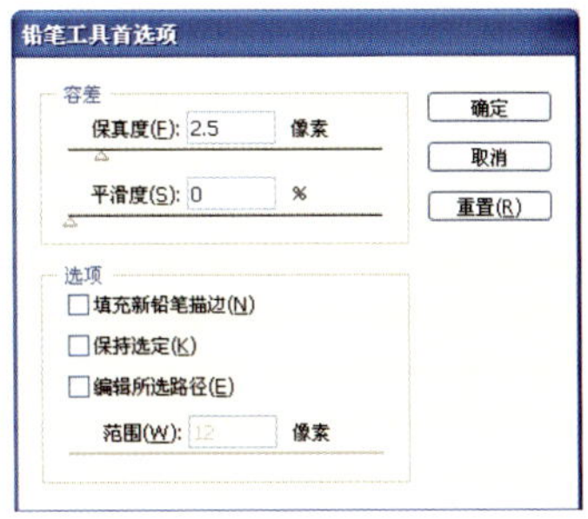

⑫

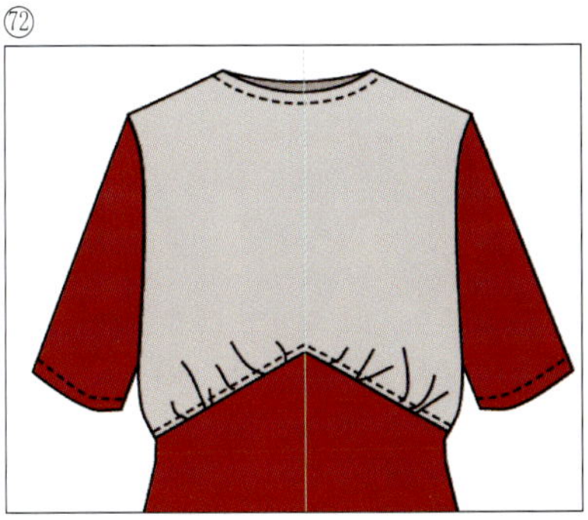

⑫

- 在工具箱中设置描边色为黑色，填充色为无（）。
- 双击工具箱中【铅笔】工具。
- 随即弹出【圆角矩形】对话框。
- 在选项中，点击取消所有复选框（□）。
- 点击“确定”。
- 在裙子上身的下边缘部分绘制多条不规则路径，作为褶皱线。

⑬

⑬

- 使用工具箱中【选择】工具，快捷键“V”。
- 在裙子左上角点击，保持鼠标不松，拖曳到裙子右下角，松开鼠标，框选整个裙子。

5. 连衣裙背面款式绘制

复制连衣裙

选择工具，快捷键“V”
缩放工具，快捷键“Z”

⑭

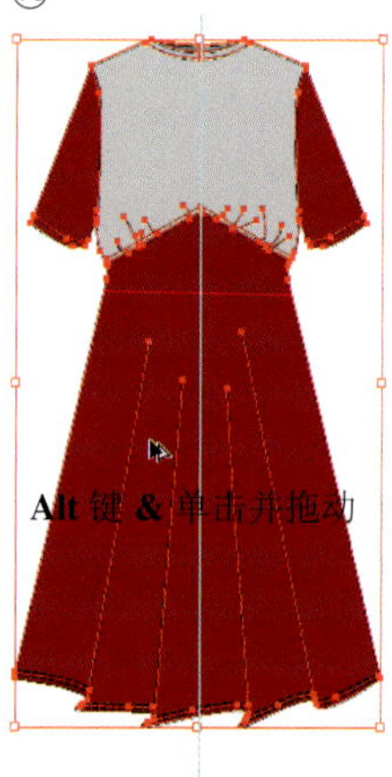

⑭
- 使用工具箱中【选择】工具，快捷键“V”，框选整个裙子部分，按下键盘上“Alt”键，出现双箭头状态（▶）。

⑮

⑮
- 向右拖曳，移动复制整个裙子到适当位置。
- 则复制为背面的裙子。

（注意：用正面款式图复制后调整为背面款式图是常用的方法）

⑯

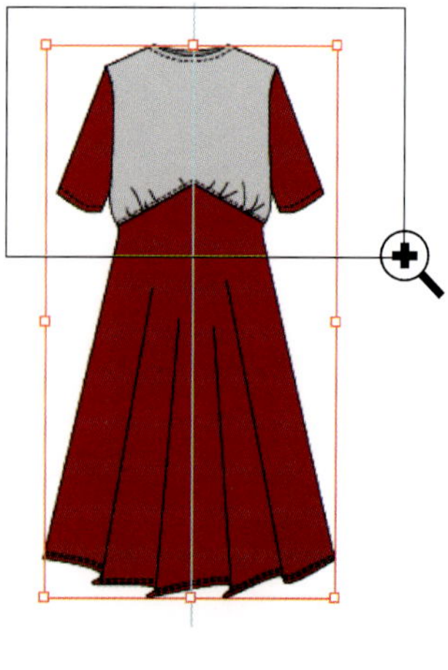

⑯
- 使用工具箱中【缩放】工具，快捷键“Z”。
- 在复制的要作为背面的裙子上身部分拖曳矩形框，放大裙子上身部分。

删除多余细节

选择工具，快捷键“V”

⑦⑦

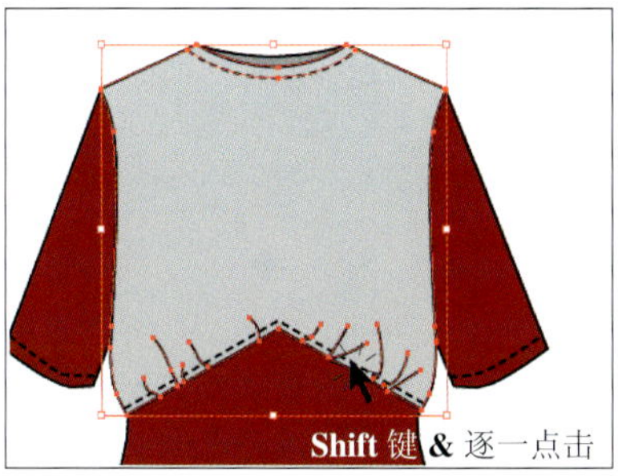

⑦⑦

• 使用工具箱中【选择】工具，快捷键“**V**”，按下键盘上“**Shift**”键，逐一点击裙子上身整个前片部分。

⑦⑧

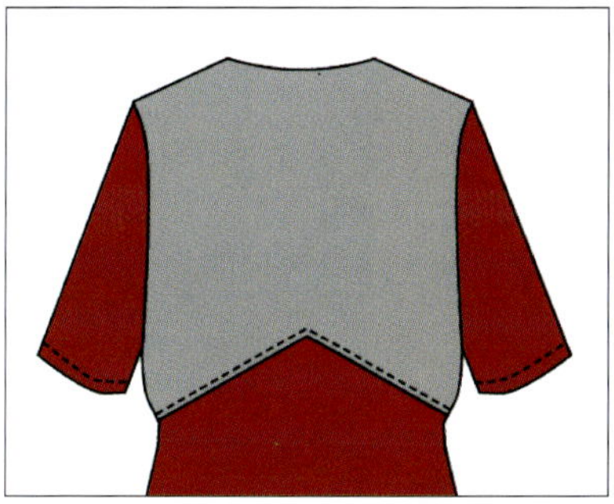

⑦⑧

• 按下键盘上“**Delete**”键，删除所选择的所有对象。

⑦⑨

⑦⑨

• 使用工具箱中【选择】工具，在裙子下身部分点击，选择裙子下身部分。

调整背面腰际线

删除锚点工具，快捷键“-”

缩放工具，快捷键“Z”

⑧⓪

⑧⓪

- 使用工具箱中【删除锚点】工具，快捷键“V”，在裙片部分腰际线中间锚点上点击，删除该锚点。

⑧①

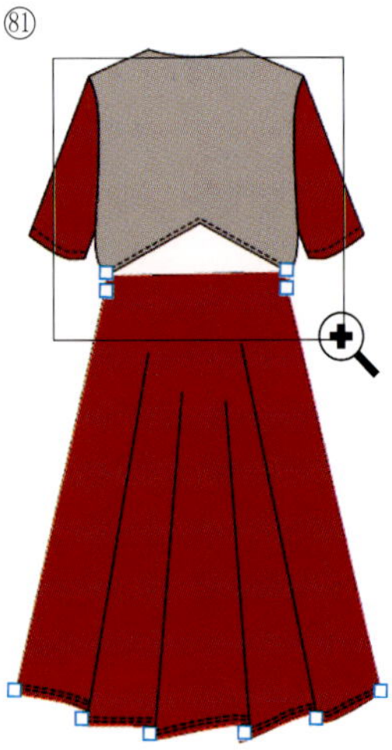

⑧①

- 使用工具箱中【缩放】工具，快捷键“Z”。
- 在裙子上身部分拖曳矩形框，放大裙子上身部分。

⑧②

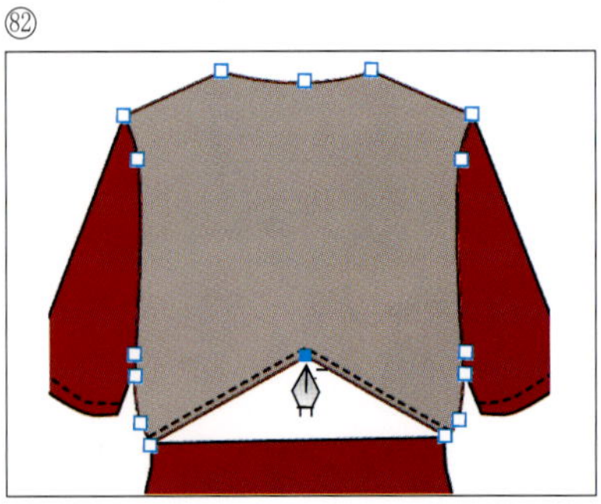

⑧②

- 使用工具箱中【删除锚点】工具，快捷键“V”，在裙子腰际线中间锚点上点击，删除该锚点。

调整背面腰际线处缝纫线

删除锚点工具，快捷键“-”

⑧③

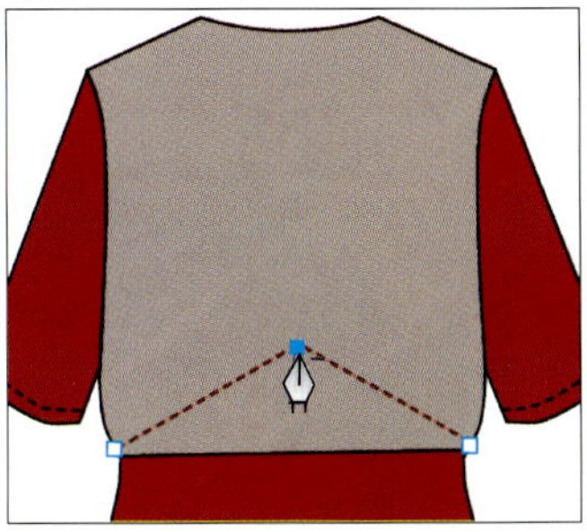

⑧③
- 使用工具箱中【删除锚点】工具，快捷键“V”，在裙子腰际线处缝纫线的中间锚点上点击，删除该锚点。

⑧④

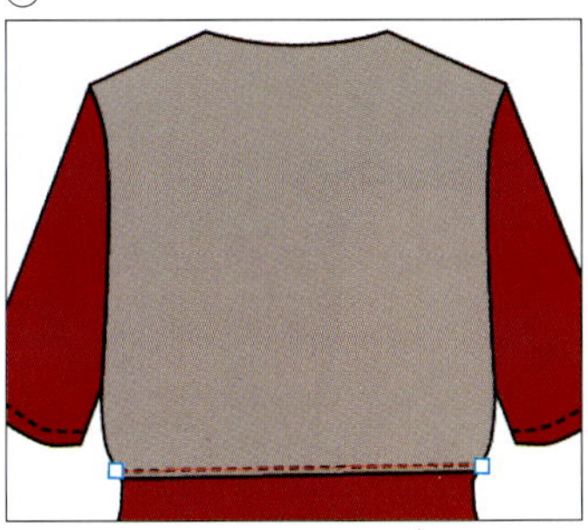

⑧④
- 则缝纫线被调整。

改变衣身颜色

选择工具，快捷键“V”
吸管工具，快捷键“I”

⑧⑤

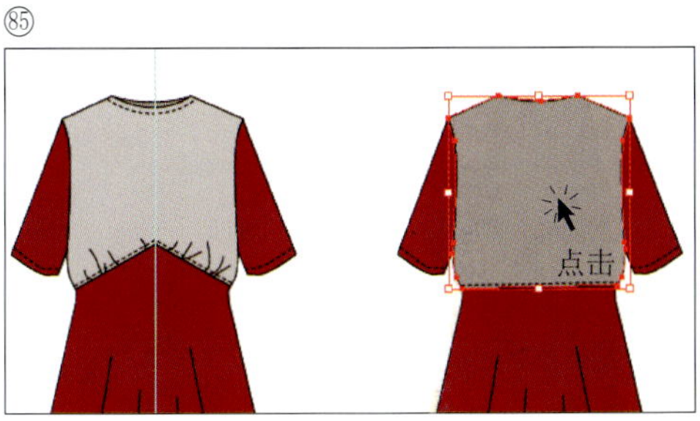

⑧⑤
- 使用工具箱中【选择】工具，快捷键“V”。
- 在裙子背面衣身部分点击，选择此部分。

⑧⑥

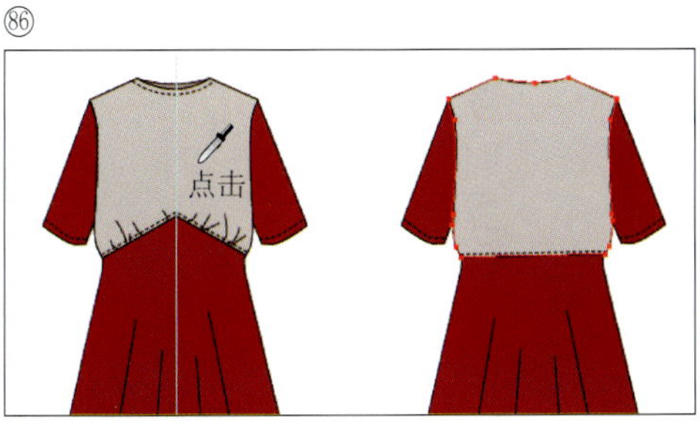

⑧⑥
- 使用工具箱中【吸管】工具，快捷键“I”。
- 在裙子正面的衣身部分上点击，吸取其颜色作为被选择对象的填充色。

6. 导出连衣裙为 JPEG 格式的图片

导出款式图

- 在【图层】浮动面板中，点击"图层 1"，使其成为当前图层。
- 点击图层浮动面板下方的"删除"按钮，删除当前图层。
- 随即弹出【Adobe Illustrator】对话框，点击"是"。

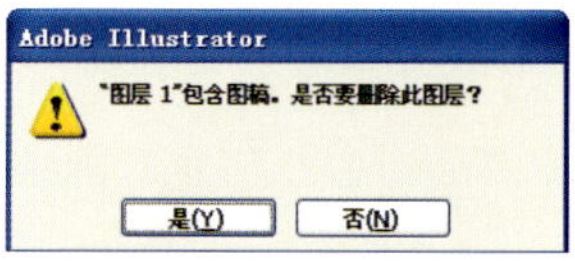

- 执行菜单栏中【文件 / 导出】命令。

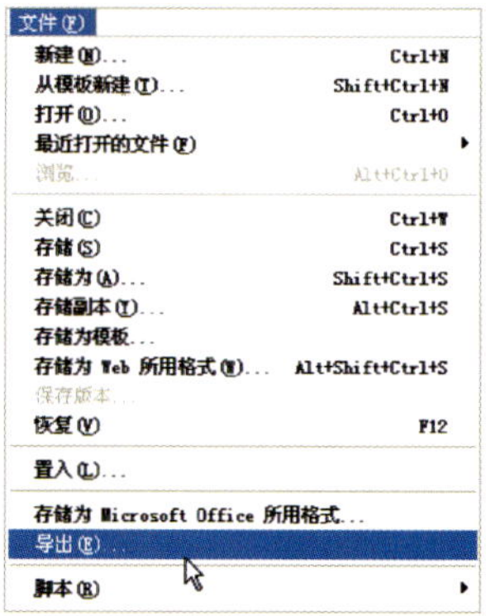

⑧⑦

- 随即弹出【导出】对话框，点击"保存类型"最右边的箭头，在随即弹出的下拉选项中选择 JPEG 格式。同时设置好保存位置及文件名。点击"保存"。

⑧⑧

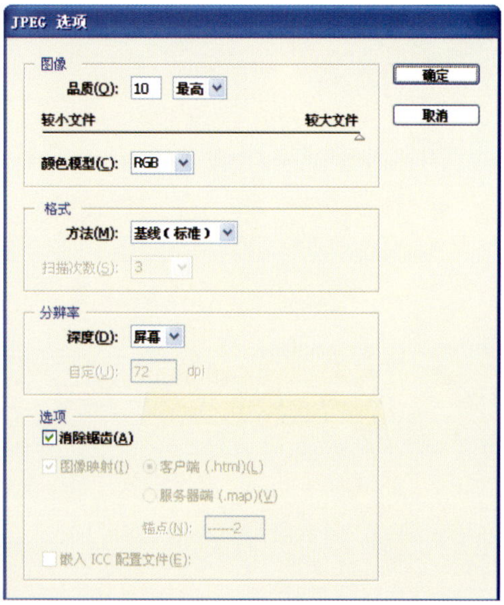

- 随即弹出【JPEG 选项】对话框，设置所需保存文件的大小和分辨率，点击"确定"。

一、连衣裙的绘制

连衣裙着装图

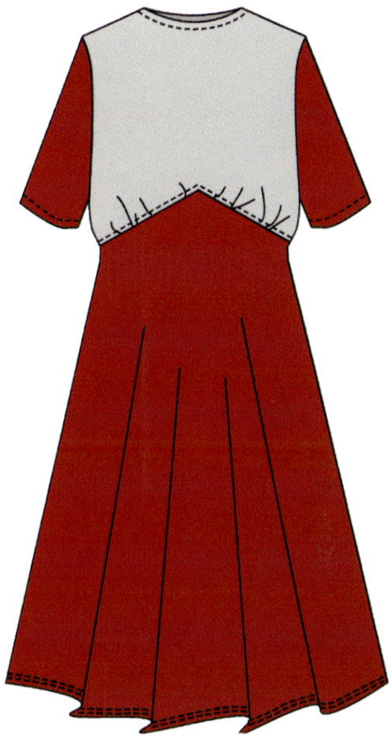

连衣裙正面款式图

连衣裙背面款式图

二、休闲夹克的绘制

一个符号是一个艺术对象，它在文档里能被重复利用。每个符号例子都是由符号面板或符号库里的符号链接的，使用符号能节省时间并极大地缩小文件大小。绘制休闲夹克时，先建立一个款式图符号库，利用符号库的容易恢复特征，使操作者在运用绘制时变得轻松有效。

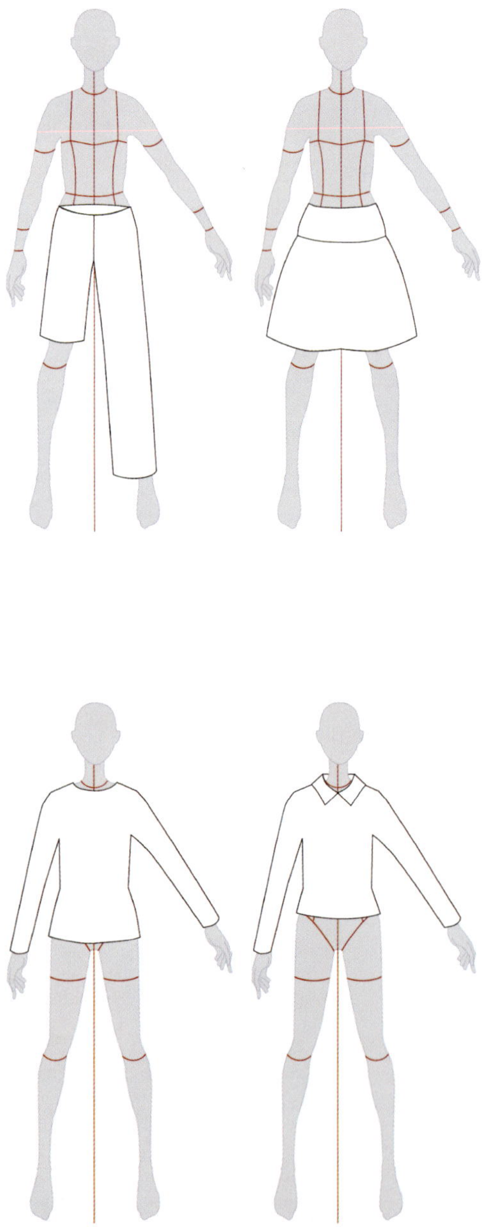

创建符号库

- 创建一系列款式基本草图。

（注意：要创建闭合形状）

- 执行菜单栏中【窗口/符号】命令，打开【符号】浮动面板。
- 使用工具箱中【选择】工具，快捷键“V”，将各款式基本草图拖放到【符号】面板中。
- 点击【符号】浮动面板右上方的箭头，随即弹出快捷菜单，执行【存储符号库】命令。
- 随即弹出【将调板存储为符号库】命令，在文件名中命名为“款式图符号”，点击“保存”。

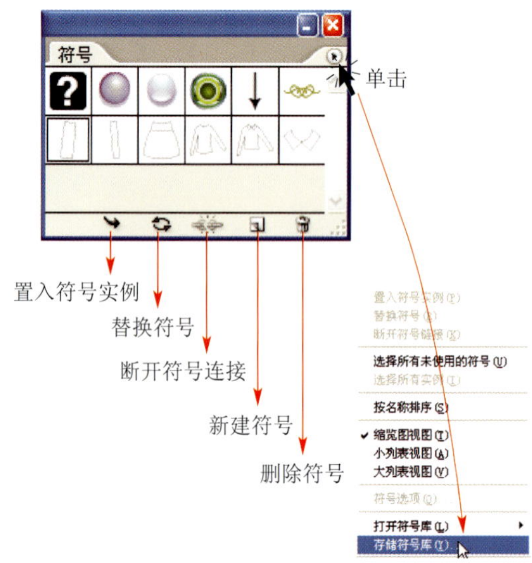

二、休闲夹克的绘制

1. 创建新文档、调用符号库

创建新文档

①

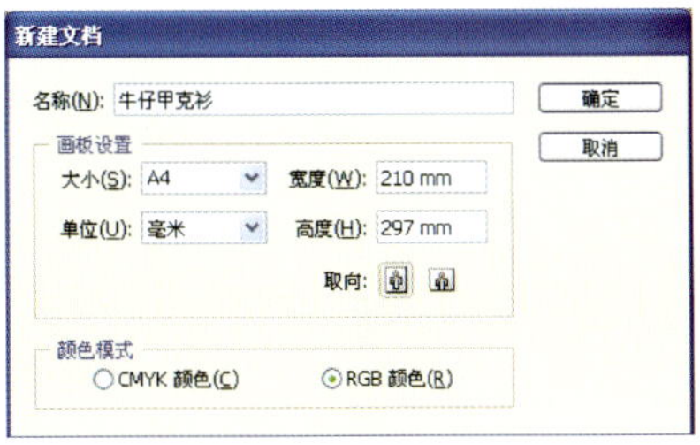

①
- 在 **Adobe Illustrator** 中执行菜单栏中执行【文件 / 新建】命令，快捷键："**Ctrl+N**"，随即弹出【新建文档】对话框，设置："名称"为休闲夹克；"大小"为 **A4**；"取向"为纵向（）；选择"**RGB** 颜色"（⊙）。
- 点击"确定"。

调用符号库

- 执行菜单栏中【窗口 / 符号】命令，打开【符号】浮动面板。
- 点击【符号】浮动面板右上方的箭头，随即弹出快捷菜单，执行【打开符号库 / 其他库】命令。

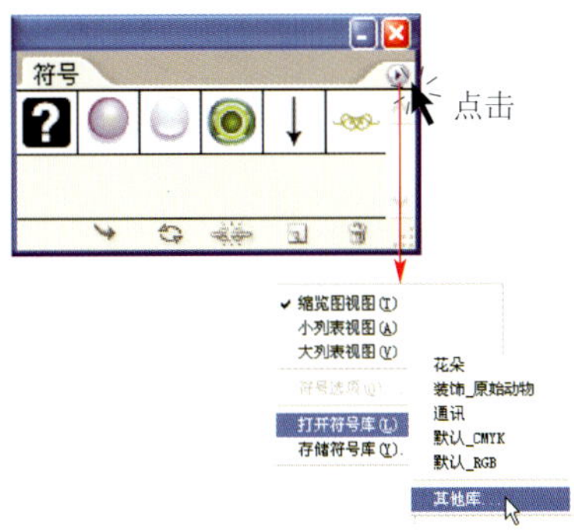

②

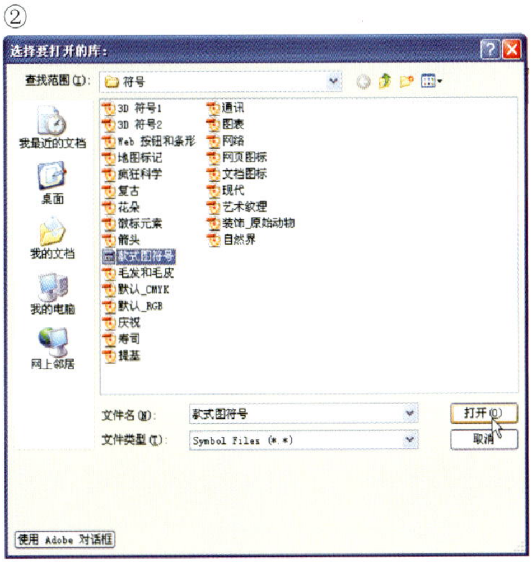

②
- 随即弹出【选择要打开的库】命令，在对应的查找路径下选择"款式图符号"，点击"打开"，打开【款式图符号】浮动面板。

③

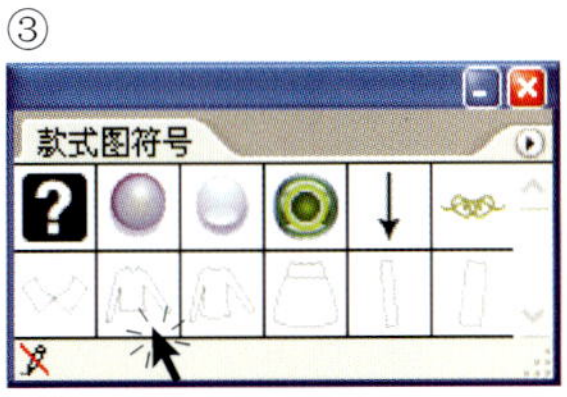

点击 & 向外拖曳

③
- 在【款式图符号】浮动面板中选择所需要的夹克款式符号，点击并向外拖曳到画板上。

④

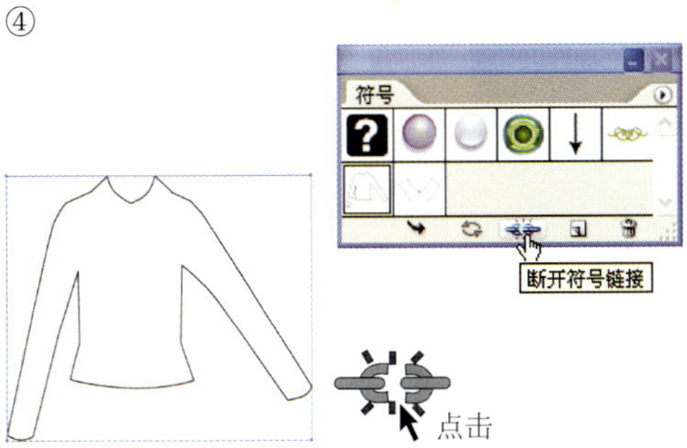

④
- 在画板中刚刚拖曳出的符号被选择的状态下，点击【符号】浮动面板下方的"断开符号链接"按钮。

（注意：只有断开符号连接，才能对符号进行所需要的自由编辑）

2. 利用符号创建夹克外形

⑤

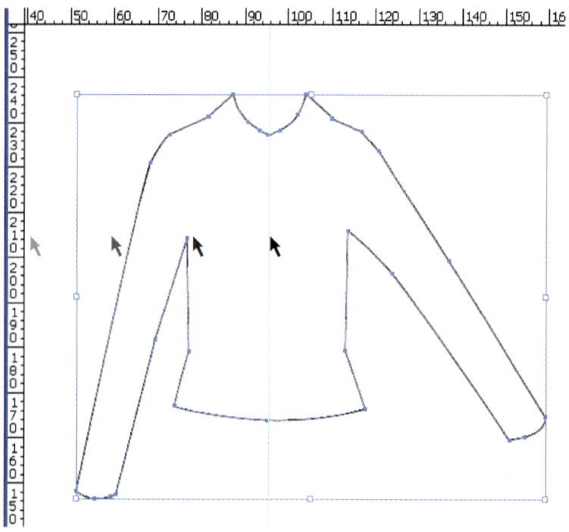

创建（中心）参考线

选择工具，快捷键“V”

- 执行菜单栏中【视图 / 显示标尺】命令。

⑤

- 将鼠标放置在垂直标尺上，点击并向右拖曳出参考线到夹克款式图衣身的中心位置。

⑥

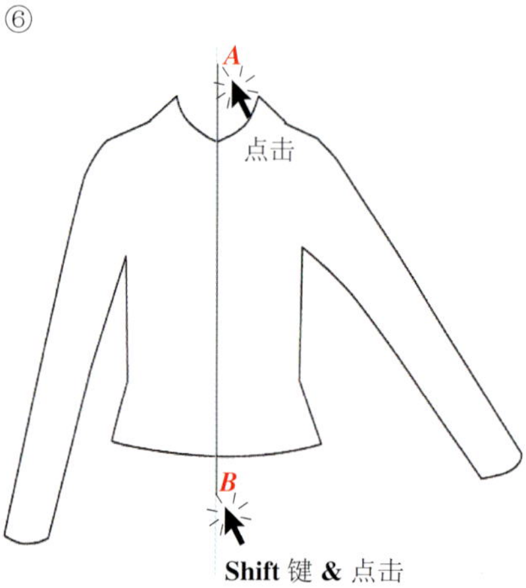

绘制中心线分割线

钢笔工具，快捷键“P”

⑥

- 使用工具箱中【钢笔】工具，快捷键“**P**”，在工具箱中设置描边色为黑色，无填充（ ）。
- 在夹克款式图上方的辅助线上点击，产生锚点 ***A***，按下键盘上“**Shift**”键，再在夹克款式图下方的辅助线上点击，产生锚点 ***B***，绘制出一条垂直中心分割线。

⑦

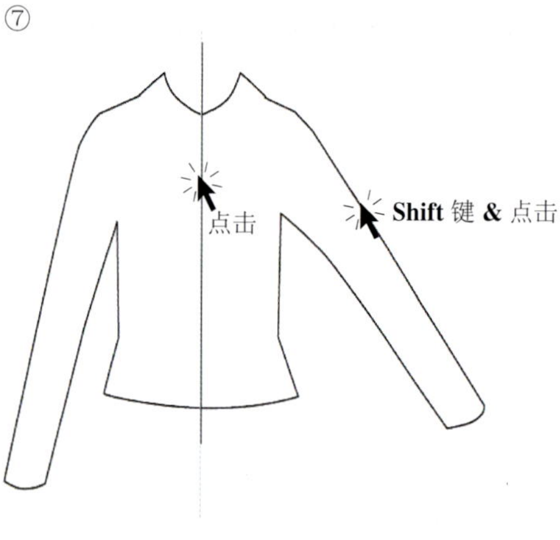

选择中心线分割衣身

选择工具，快捷键“V”

⑦

- 使用工具箱中【选择】工具，快捷键“**V**”。
- 在刚刚绘制的中心分割线上点击选择，按下键盘上“**Shift**”键，同时在衣身上点中，同时选择中心分割线和夹克。

二、休闲夹克的绘制

⑧

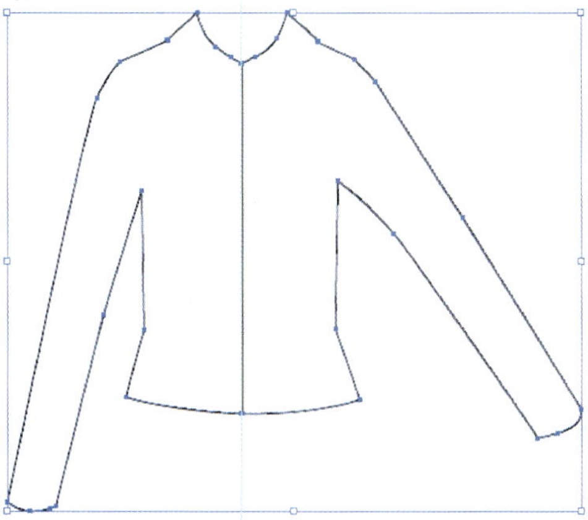

分割夹克

⑧

- 执行菜单栏中【窗口/路径查找器】命令，打开【路径查找器】浮动面板。
- 点击“路径查找器”选项中的“分割”按钮（），分割夹克图。

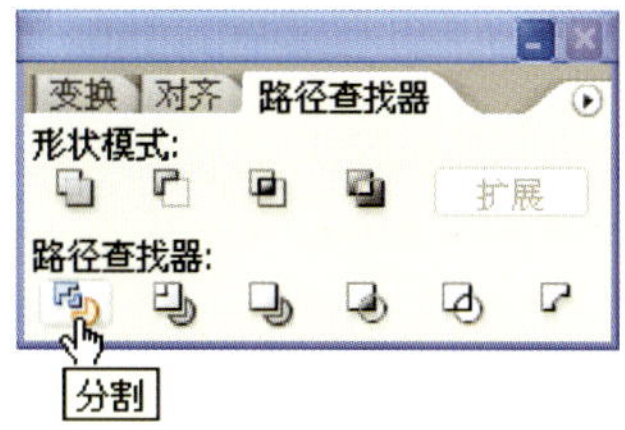

⑨

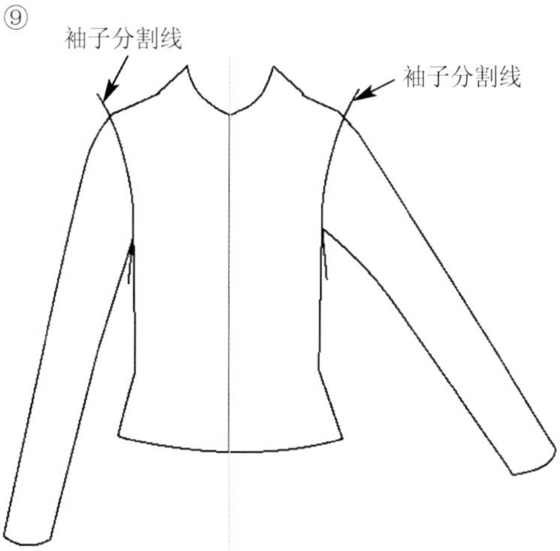

绘制袖子分割线

钢笔工具，即快捷键“**P**”

选择工具，即快捷键“**V**”

⑨

- 使用工具箱中【钢笔】工具，快捷键“**P**”，在工具箱中设置描边色为黑色，无填充（）。
- 分别绘制出两处袖子分割线。

⑩

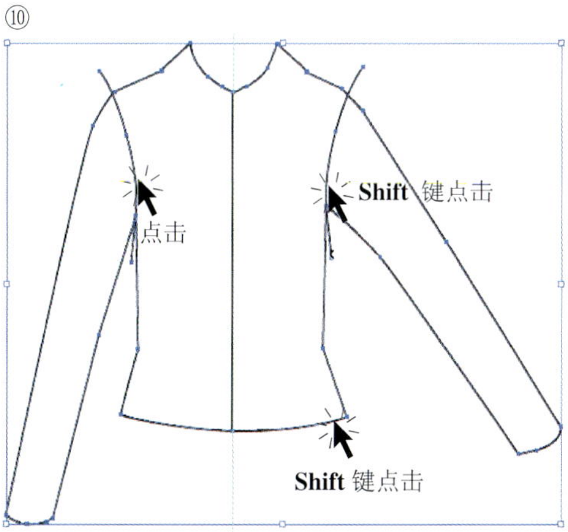

选择袖部分割线分割衣身

选择工具，即快捷键“**V**”

⑩

- 使用工具箱中【选择】工具，快捷键“**V**”。
- 按下键盘上“**Shift**”键，同时分别在刚刚绘制的两条袖子分割线和夹克衫衣身上点击，全部选择。
- 在【路径查找器】浮动面板中，点击“路径查找器”选项中的“分割”按钮（），分割夹克的袖子部分。

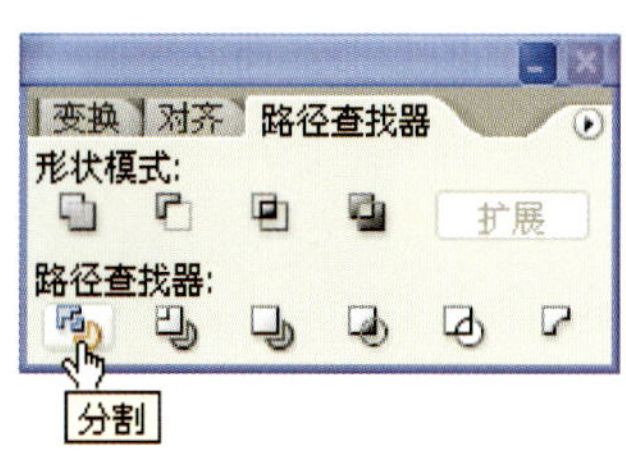

二、休闲夹克的绘制

删除右侧衣身与袖子

选择工具，快捷键“V”

- 使用工具箱中【选择】工具，快捷键“V”，框选夹克所有部分。点击鼠标右键，随即弹出快捷菜单，点击选择【取消编组】命令。

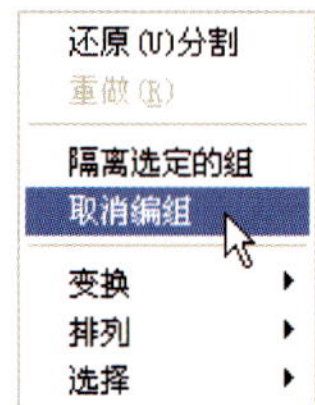

⑪

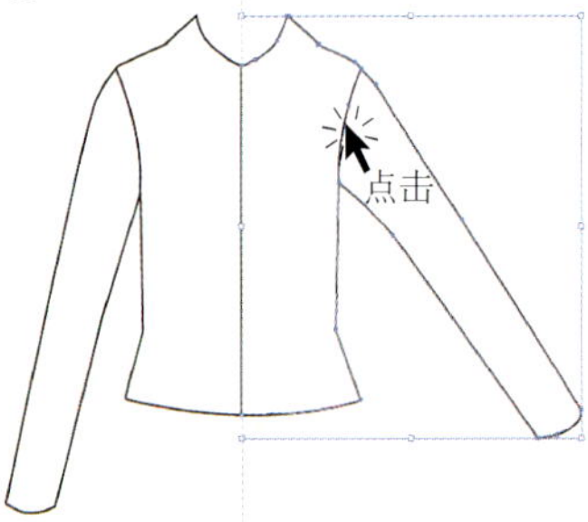

⑪
- 使用工具箱中【选择】工具，快捷键“V”，按下键盘上“**Shift**”键，同时点击选择夹克的右半部分。按下键盘上“**Delete**”键，删除选择对象。

⑫

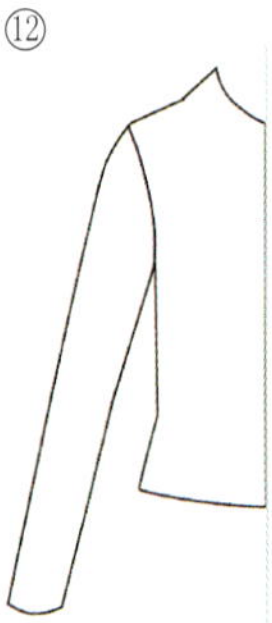

⑫
- 则夹克的右半部分被删除。

选择并调整衣身门襟

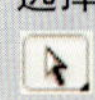

直接选择工具，快捷键“A”

⑬

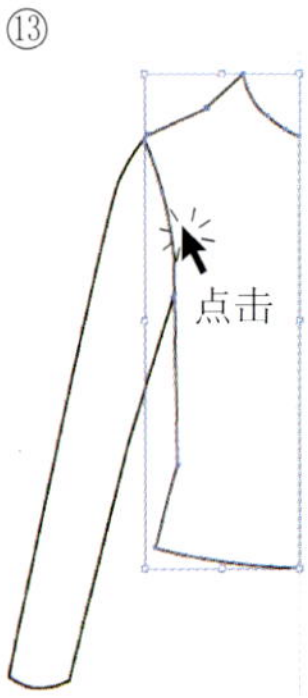

⑬
- 使用工具箱中【选择】工具，快捷键“V”，点击选择夹克款式图的左半边衣身。

⑭

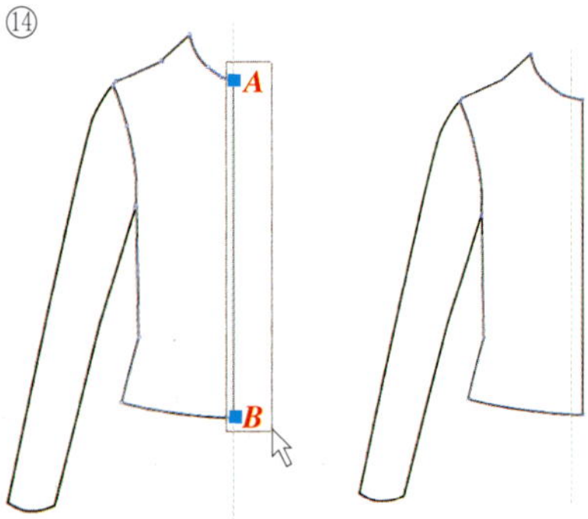

⑭
- 使用工具箱中【直接选择】工具，快捷键“A”，框选中心前方脖颈处的锚点 ***A*** 和中心前方的边缘处的点 ***B***，向右拖曳这些点，创建纽扣设置的范围。

二、休闲夹克的绘制

调用符号库

- 执行菜单栏中【窗口/符号库/其他库】命令，打开【款式图符号】浮动面板。
- 在【款式图符号】浮动面板中选择所需要的衣领符号，点击并向外拖曳到画板上。

⑮

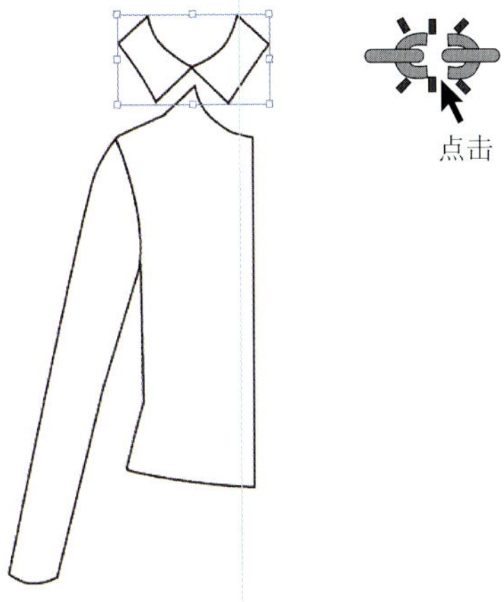

⑮
- 在画板中刚刚拖曳出的衣领符号被选择的状态下，点击【符号】浮动面板下方的“断开符号链接”按钮。

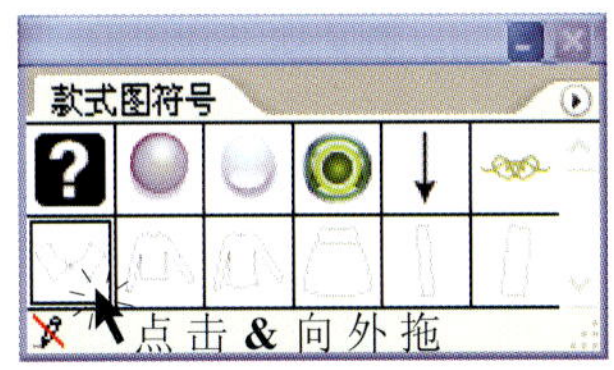

删除半边领子

选择工具，快捷键“V”

⑯

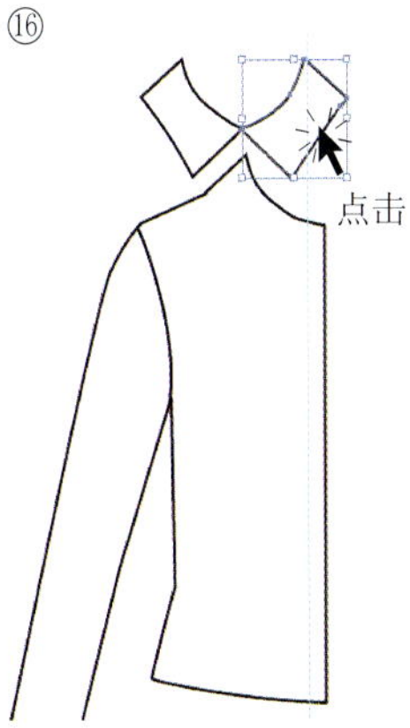

- 在画板中刚刚拖曳出的衣领符号被选择的状态下，点击鼠标右键，随即弹出快捷菜单，点击选择【取消编组】命令。

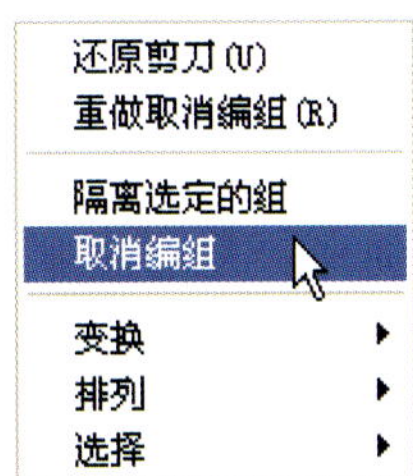

⑰

⑯
- 使用工具箱中【选择】工具，快捷键“V”，点击选择右半边领子，按下键盘上“**Delete**”键，删除右半边领子。

⑰
- 使用工具箱中【选择】工具，快捷键“V”，点击选择左半边领子，并拖曳移动到夹克的适当位置。
- 在画板空白处点击，取消所有对象选择。

二、休闲夹克的绘制

创建衣身拼接部分

钢笔工具，即快捷键“P”
选择工具，即快捷键“V”

⑱

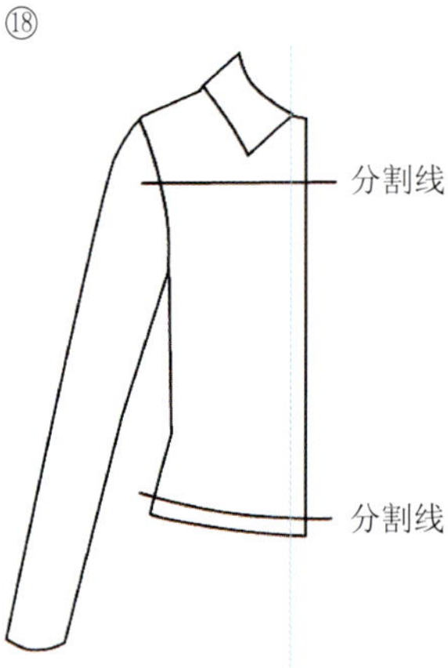

⑱
- 使用工具箱中【钢笔】工具，快捷键“**P**”，在衣身前片分别绘制两处分割线。

⑲

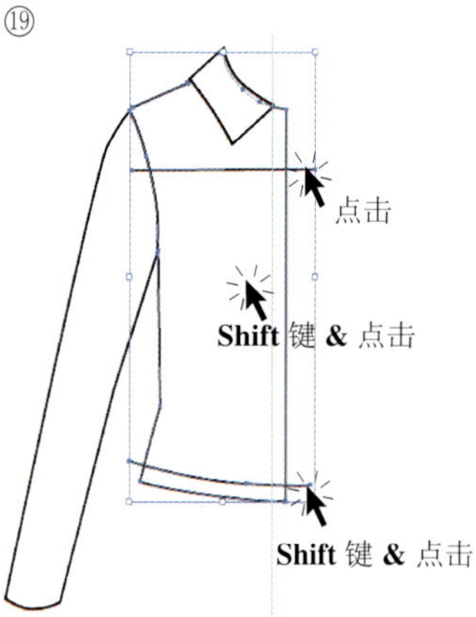

⑲
- 使用工具箱中【选择】工具，快捷键“**V**”，同时按下键盘上“**Shift**”键，点击选择夹克衣身、两处分割线。
- 点击【路径查找器】浮动面板中“分割”按钮，夹克衣身被分割。

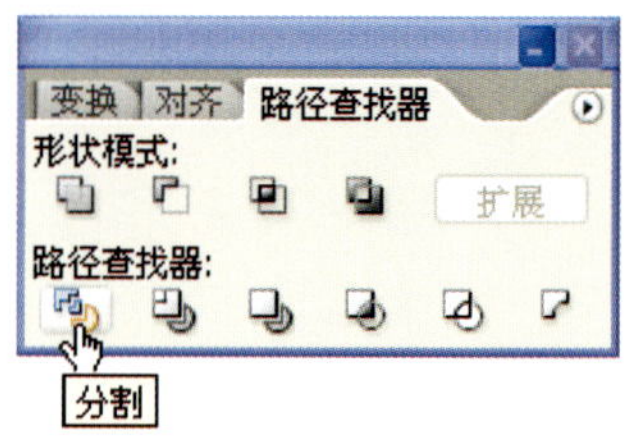

调整衣身排列顺序

选择工具，快捷键“V”

- 再次点击鼠标右键，在随即弹出的快捷菜单中，点击选择【取消编组】命令。

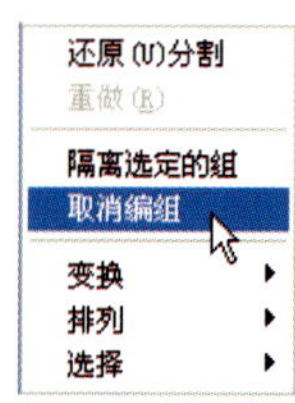

⑳

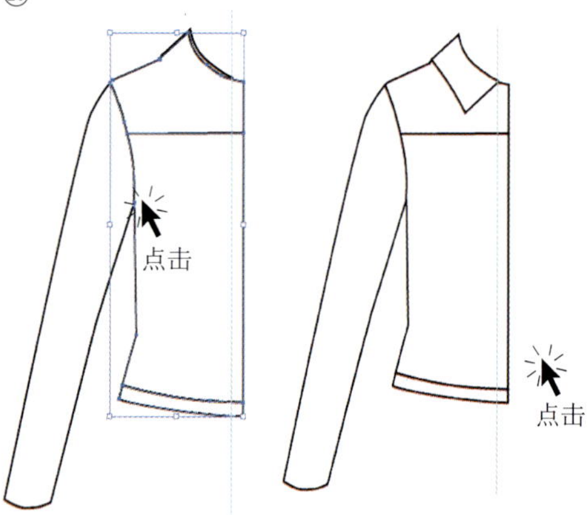

⑳
- 使用工具箱中【选择】工具，快捷键“**V**”，在衣身被选择的状态下点击鼠标右键，随即弹出快捷菜单，点击选择【排列 / 置于底层】命令，调动衣身排列顺序。

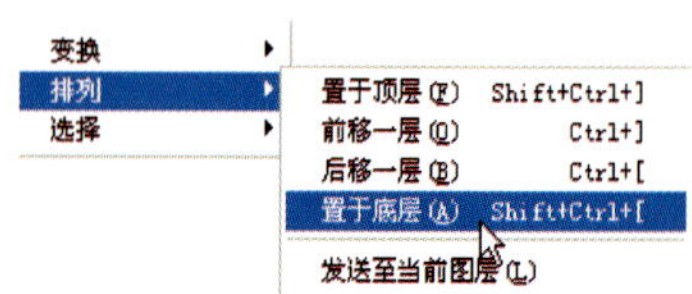

- 在画板空白处点击，取消所有对象选择。

3. 填充夹克局部颜色

改变衣身拼接部分颜色

选择工具，快捷键“V”

㉑

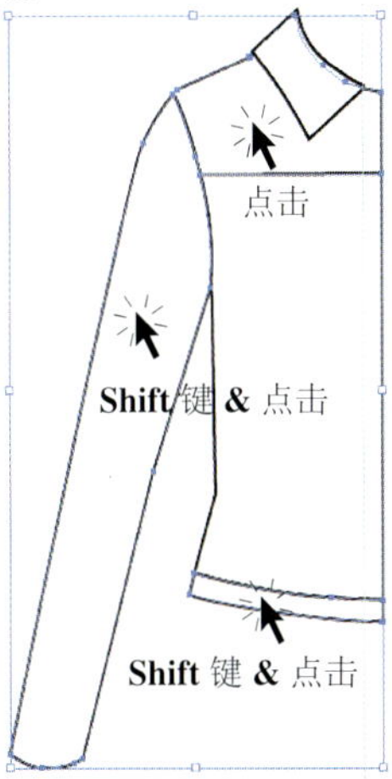

㉑

- 使用工具箱中【选择】工具，快捷键“**V**”，同时按下键盘上“**Shift**”键，点击选择袖子、肩部及下边缘三部分。
- 在工具箱中点击填充色块为当前色块，在【颜色】浮动面板中，设置填充色为：**R** 为 **66**，**G** 为 **105**，**B** 为 **134**（）。

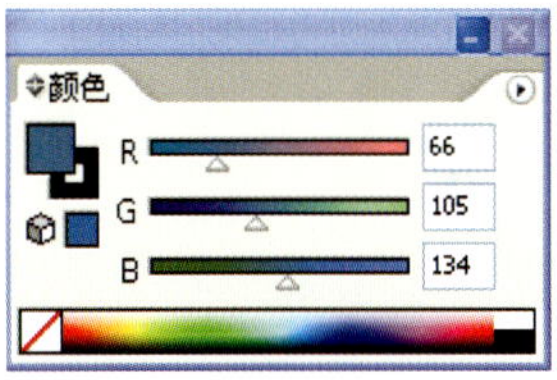

㉒

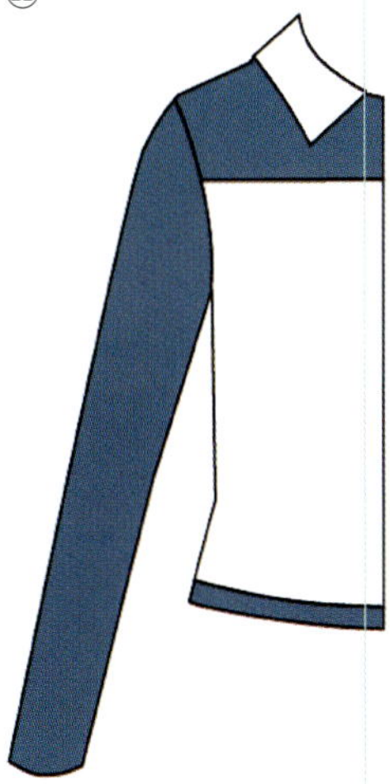

㉒

- 则被选择的对象填充色变为刚刚设置的颜色。

绘制口袋

缩放工具，快捷键“Z”
矩形工具，快捷键“M”

㉓

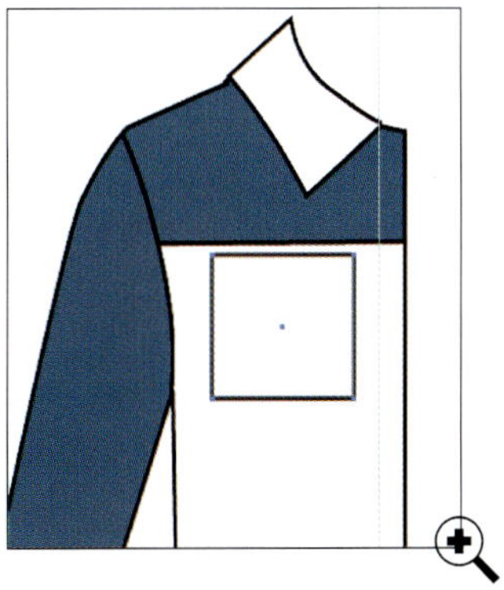

㉓

- 使用工具箱中【缩放】工具，快捷键“**Z**”，放大衣身上部。
- 使用工具箱中矩形工具，快捷键“**M**”，在衣身的适当位置绘制理想大小的矩形。

4. 调整口袋形状

调整口袋的外形

添加锚点工具

直接选择工具，快捷键“**A**”

㉔

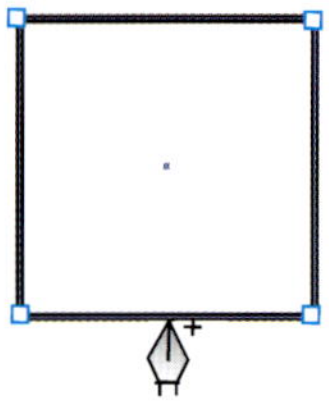

• 在刚刚绘制的矩形被选择的状态下，使用工具箱中【添加锚点】工具，在矩形下方中心位置点击，添加锚点。

㉕

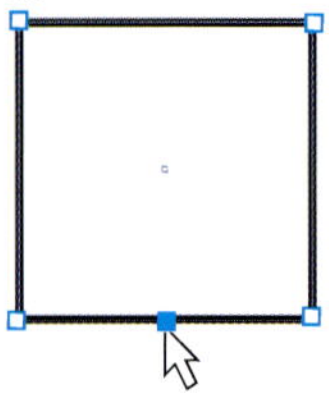

• 使用工具箱中【直接选择】工具，快捷键“**A**”，在刚刚添加的锚点上点击并向下拖曳，移动锚点。

㉖

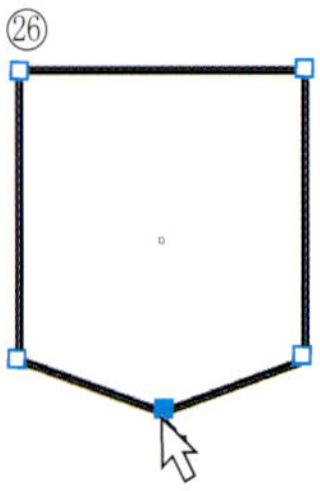

• 则矩形被改变成口袋袋身形状。

㉗

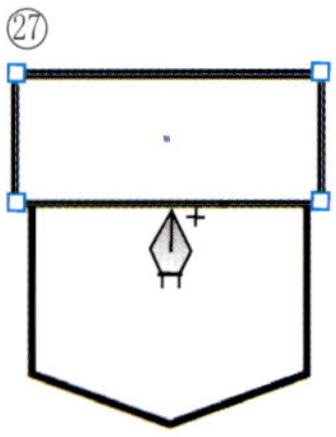

• 使用工具箱中【矩形】工具，快捷键“**M**”，在口袋上部适当位置绘制理想大小的矩形，作为口袋盖。

㉘

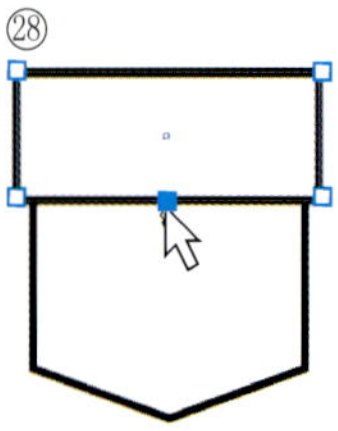

• 使用【添加锚点】工具，在口袋盖下方中心位置点击，添加锚点。

㉙

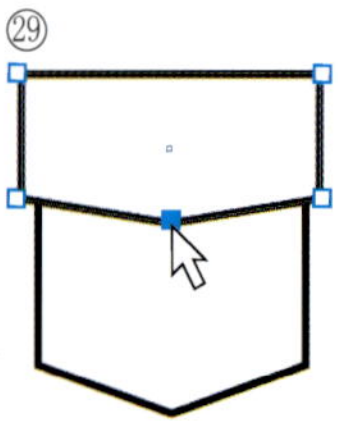

• 使用工具箱中【直接选择】工具，快捷键“**A**”，在刚刚添加的锚点上点击并向下拖曳，移动锚点。

5. 缝纫线的创建与添加

创建双线缝纫线

选择工具，快捷键“V”
矩形工具，快捷键“M”
钢笔工具，快捷键“P”
剪刀工具，快捷键“C”

㉚

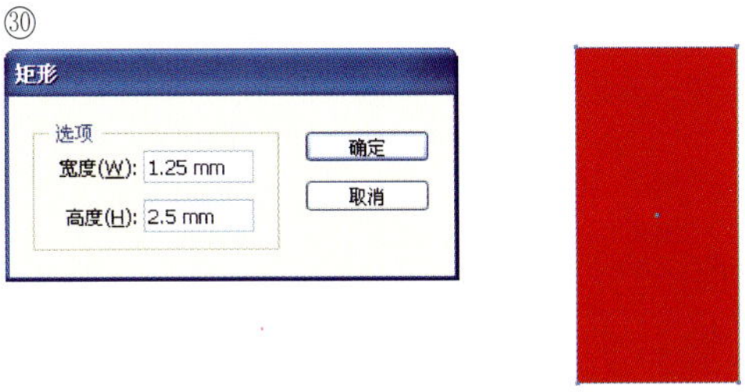

㉚
- 在工具箱中设置无描边，填充色设置：**R** 为 **245**，**G** 为 **130**，**B** 为 **31**（）。
- 双击工具箱中【矩形】工具，随即弹出【矩形】对话框，设置“宽度”为 **1.25mm**，“高度”为 **2.5mm**，点击“确定”。
- 使用工具箱中【选择】工具，快捷键“**V**”，在画板空白处点击，取消对象选择。
- 在工具箱中设置无填充色，描边色为黑色（）。

㉛

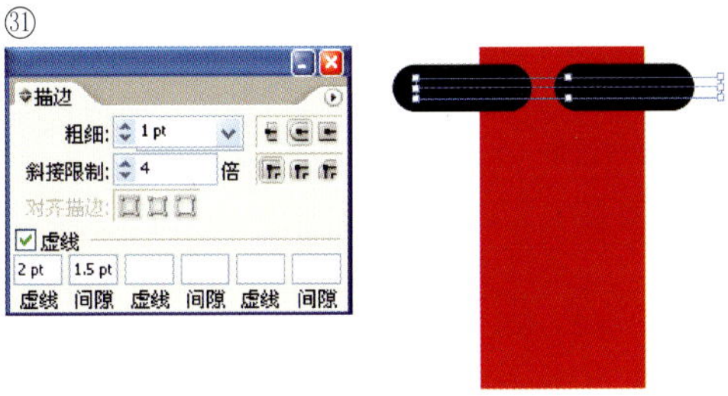

㉛
- 在【描边】浮动面板中，点击“粗细”后面的“圆头端点”按钮（），勾选下方的“虚线”选项（），设置第一个“虚线”值为 **2pt**，“间隙”值为 **1.5pt**。
- 使用工具箱中【钢笔】工具，快捷键“**P**”，在刚刚绘制的矩形上部适当位置绘制一段虚线。

㉜

㉜
- 使用工具箱中【剪刀】工具，快捷键“**C**”，在刚刚绘制的虚线的间隙处点击。则直线在点击处被剪开。
- 按下键盘上“**Deltet**”键，将被剪开的虚线删除。

㉝

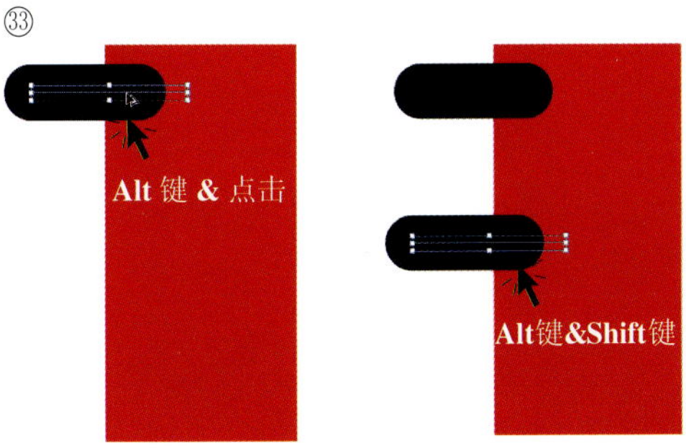

㉝
- 使用工具箱中【选择】工具，快捷键“**V**”，点击选择未被删除的一节虚线，按下键盘上“**Alt**”键，当鼠标呈现双箭头（）状态时，同时按下键盘上“**Alt**”键和“**Shift**”键，向下拖曳，移动复制虚线。
- 虚线被垂直复制。

对齐双线缝纫线

选择工具，即快捷键“V”

㉞

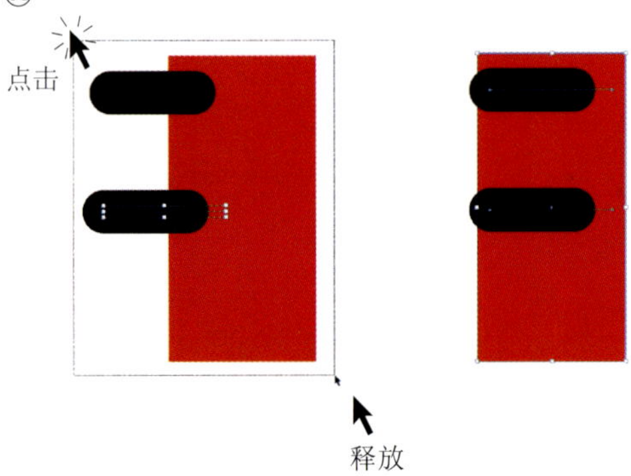

- 使用工具箱中【选择】工具，快捷键“V”，框选刚刚绘制的矩形及两节虚线。
- 在【对齐】浮动面板中，点击“水平居中对齐”按钮（ ）。

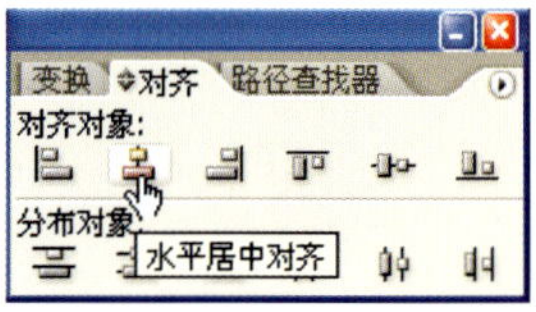

㉟

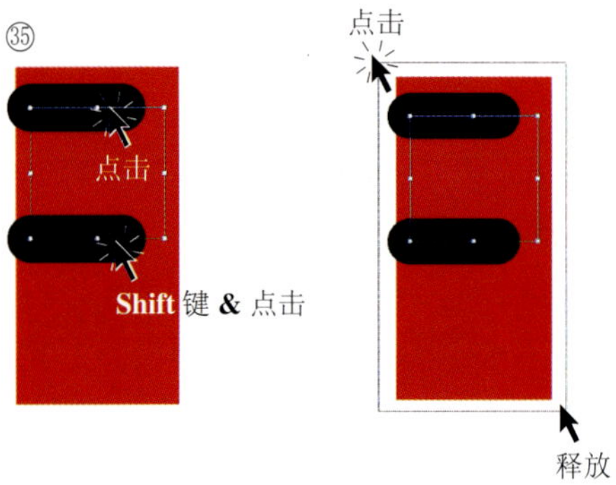

- 使用工具箱中【选择】工具，快捷键“V”，同时按下键盘上“Shift”键，点击选择两节虚线。
- 点击鼠标右键，随即弹出快捷菜单，点击选择【编组】命令。

- 两节虚线被编组。
- 使用工具箱中【选择】工具，快捷键“V”，框选矩形及两节虚线。

㊱

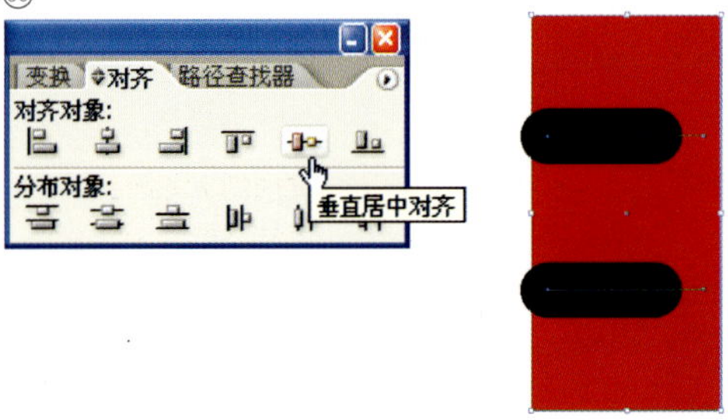

- 在【对齐】浮动面板中，点击“垂直居中对齐”按钮（ ）。
- 则矩形和两节虚线都被垂直居中对齐。

调整双线缝纫线

选择工具，快捷键“V”

直接选择工具，快捷键“A”

㊲

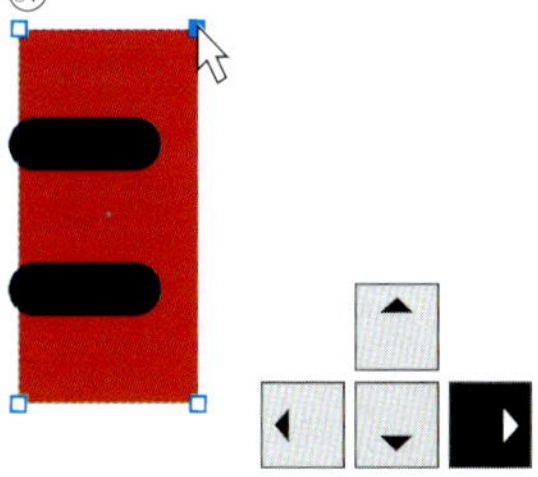

㊲

- 执行菜单栏中【编辑/首选项/常规】命令，打开【首选项】对话框，设置“键盘增量”为**1.25mm**，点击“确定”。

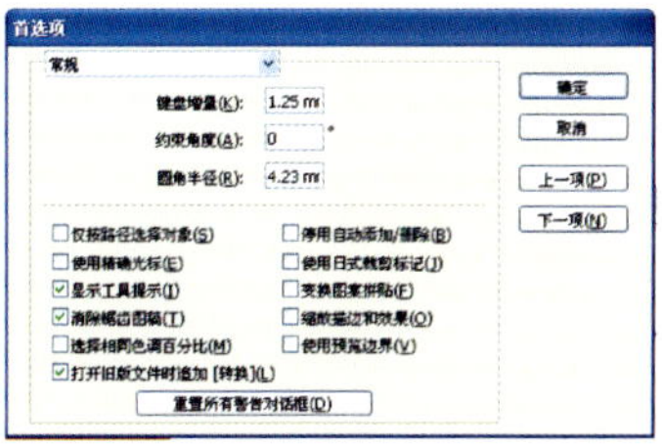

- 使用工具箱中【直接选择】工具，快捷键“A”，点击选择矩形右上角锚点，按下键盘上向右键头，移动该锚点。

㊳

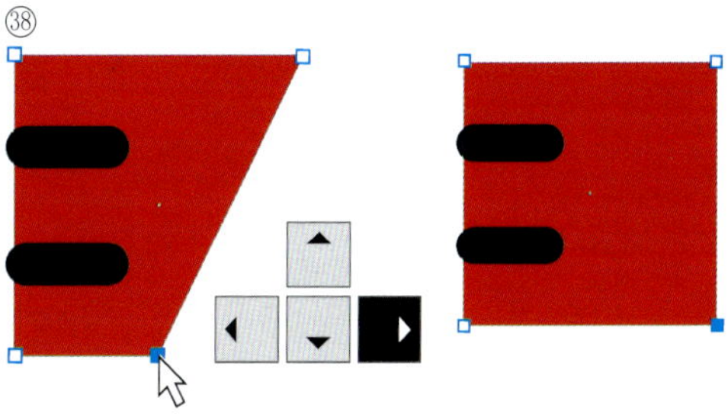

㊳

- 使用工具箱中直接选择工具，快捷键“A”。
- 点击选择矩形右下角锚点，按下键盘上向右箭头，移动该锚点。

㊴

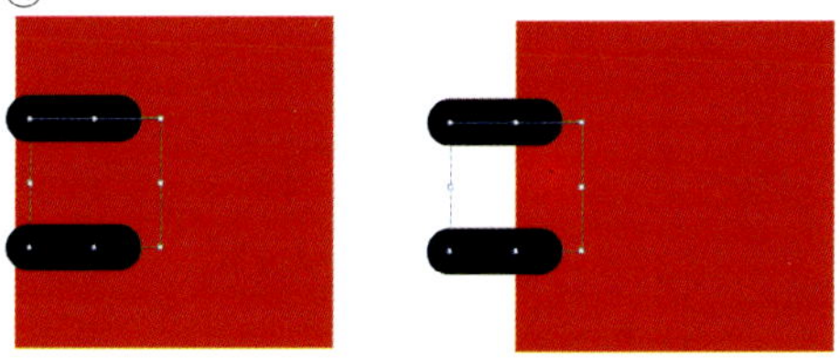

㊴

- 执行菜单栏中【编辑/首选项/常规】命令，打开【首选项】对话框，设置“键盘增量”为**0.625mm**，点击“确定”。

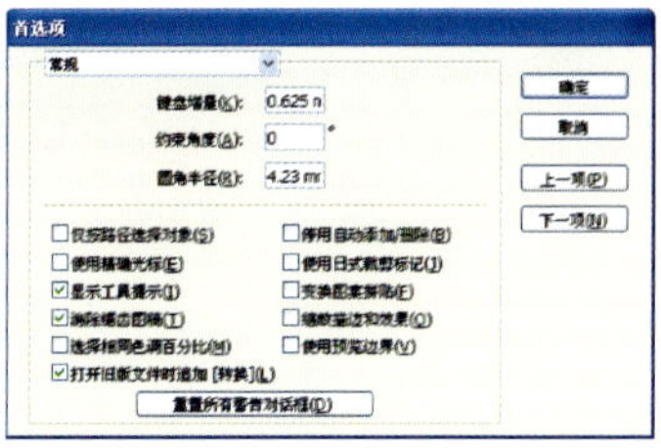

- 使用工具箱中【选择】工具，快捷键“V”，点击选择两节虚线。
- 按下键盘上向左箭头，向左移动两节虚线。

㊵

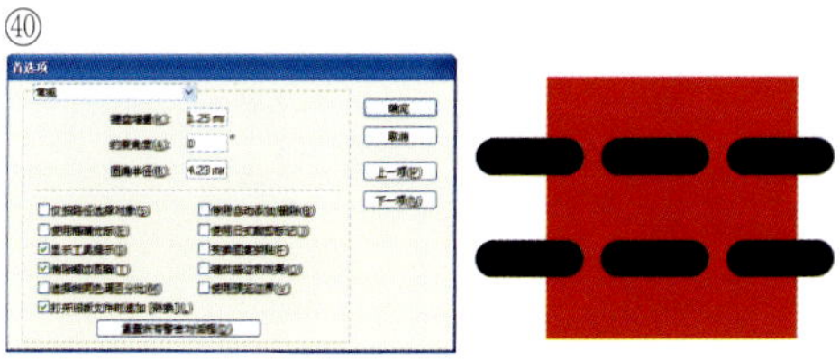

㊵

- 再次执行菜单栏中【编辑/首选项/常规】命令，打开【首选项】对话框，设置“键盘增量”为**1.25mm**，点击“确定”。
- 使用工具箱中【选择】工具，快捷键“V”，点击选择两节虚线，按下键盘上“**Alt**”键，当鼠标呈现双箭头状态时，同时两次按下键盘向右箭头。等距离复制两次改虚线。
- 双缝纫线线迹初步形成。

复制双线缝纫线

选择工具，快捷键“V”

㊶

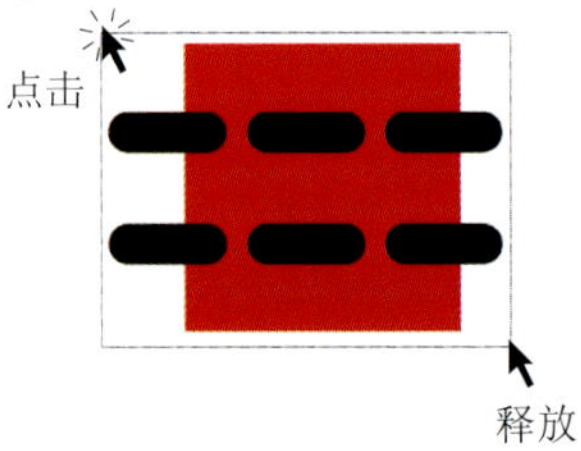

㊶
- 使用工具箱中【选择】工具，快捷键“**V**”，框选矩形及双缝纫线线迹。

㊷

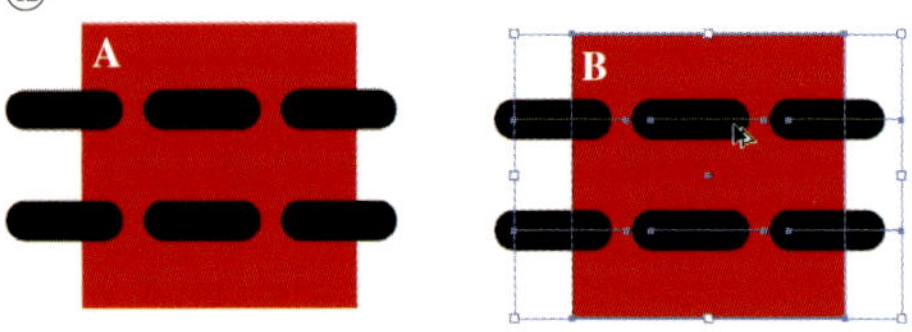

㊷
- 按下键盘上“**Alt**”，同时向左拖曳，复制一处新的矩形及虚线。

（注意：此时界面上出现两个同样的双缝纫线：**A** 与 **B**）

㊸

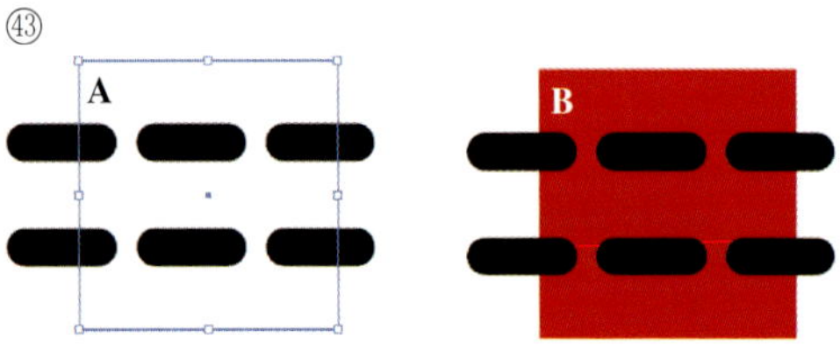

㊸
- 使用工具箱中【选择】工具，快捷键“**V**”，点击选择 **A** 处的矩形。
- 在工具箱中设置无描边色，无填充色 。
- **A** 处矩形成为透明状态。

㊹

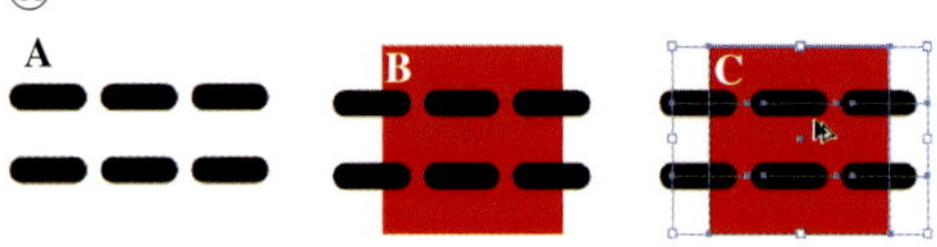

㊹
- 使用工具箱中【选择】工具，快捷键“**V**”，框选 **B** 处矩形及双缝纫线线迹。
- 按下键盘上“**Alt**”键，同时向右拖曳，复制出 **C** 处矩形及双缝纫线线迹。

二、休闲夹克的绘制

旋转双线缝纫线

选择工具，快捷键“**V**”

旋转工具，快捷键“**R**”

㊺

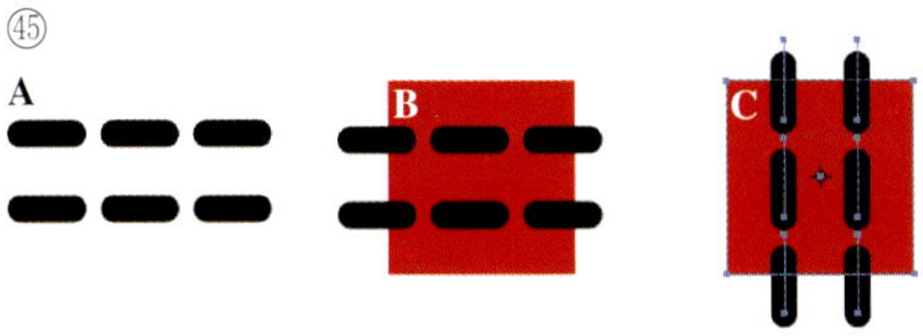

㊺

- 在 **C** 处矩形及双缝纫线线迹处于被选择的状态下，点击鼠标右键，随即弹出快捷菜单，点击选择【变换 / 旋转】命令。
- 随即弹出【旋转】对话框，设置“角度”为 **90**°，点击“确定”。

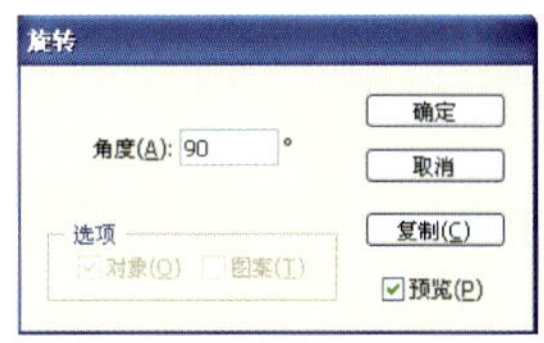

㊻

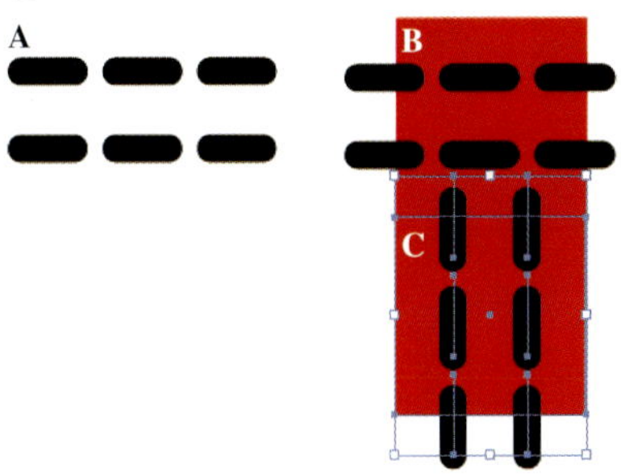

㊻

- 使用工具箱中【选择】工具，快捷键“**V**”，移动 **C** 处矩形及双缝纫线线迹到 **B** 处矩形及双缝纫线的位置下方对齐。

㊼

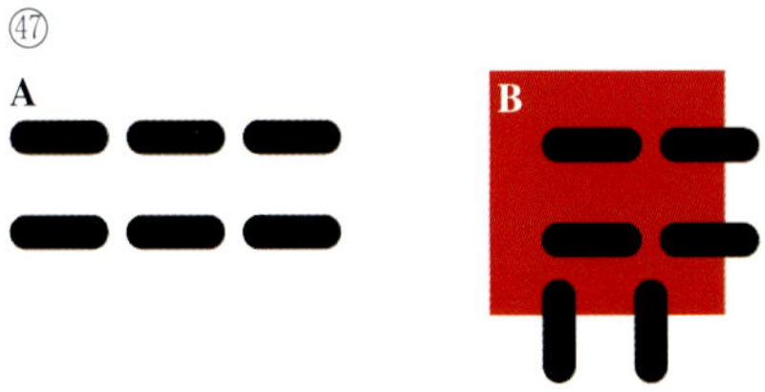

㊼

- 使用工具箱中【选择】工具，点击选择并删除 **C** 处矩形与部分多余的双缝纫线。
- 使用工具箱中【选择】工具，点击选择并删除 **B** 处多余的双缝纫线。

二、休闲夹克的绘制

创建双缝纫线角点线迹形状

选择工具，快捷键“V”
椭圆工具，快捷键“L”

⑱

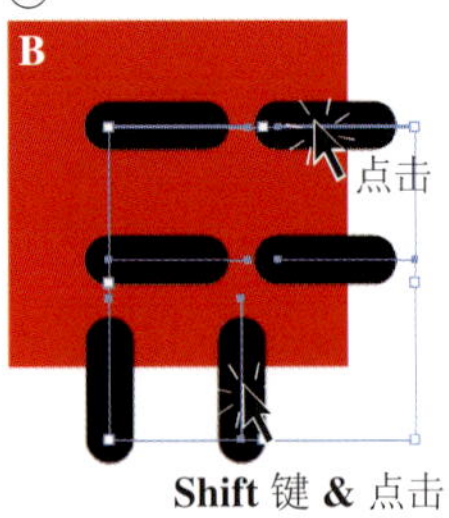

⑱
- 使用工具箱中【选择】工具，快捷键“V”，同时按下键盘上“Shift”键，点击 B 处所有的双缝纫线。
- 点击鼠标右键，随即弹出快捷菜单，点击选择【取消编组】命令。

⑲

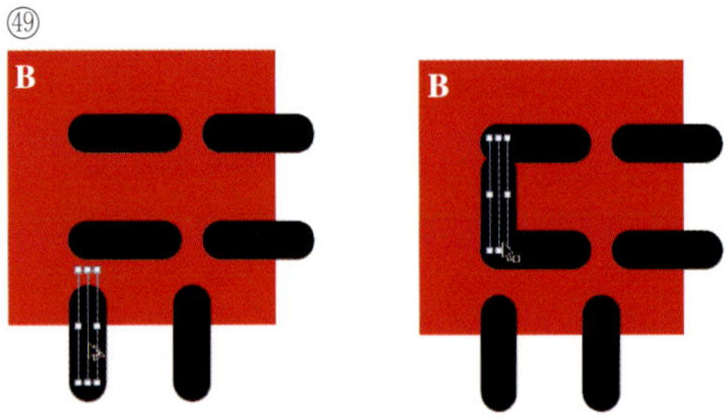

⑲
- 使用工具箱中【选择】工具，快捷键“V”，点击选择左下方纵向虚线，按下键盘上“Alt+Shift”，垂直向上拖曳。
- 移动复制该虚线到横向虚线中间位置。

⑳

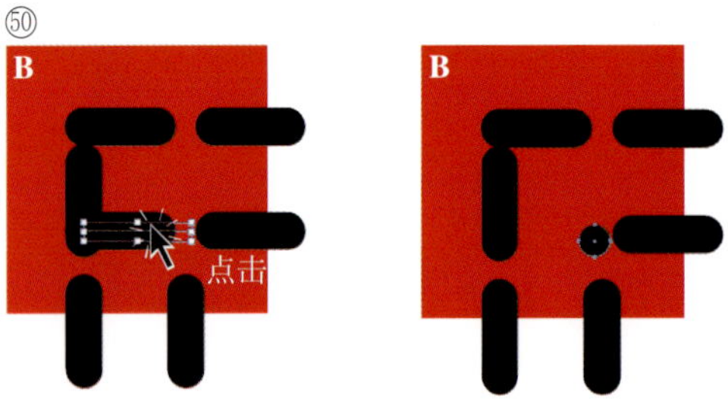

⑳
- 使用工具箱中【选择】工具，快捷键“V”，点击选择左下方横向虚线，按下键盘上“Delete”键，删除该虚线。
- 使用工具箱中【椭圆】工具，快捷键“L”键，在虚线中间适当位置绘制理想大小的圆形。

㉑

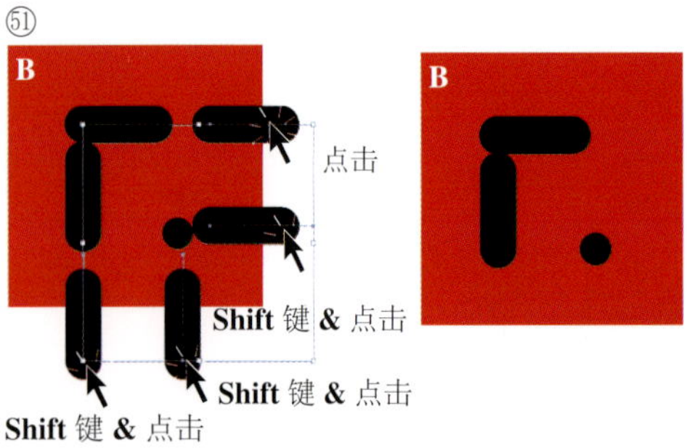

㉑
- 使用工具箱中【选择】工具，快捷键“V”，同时按下键盘上“Shift”键，点击 B 处所有的多余的虚线。
- 按下键盘上“Delete”键，删除选择的虚线。

创建带角点的双缝纫线画笔

选择工具，快捷键“V”

⑫
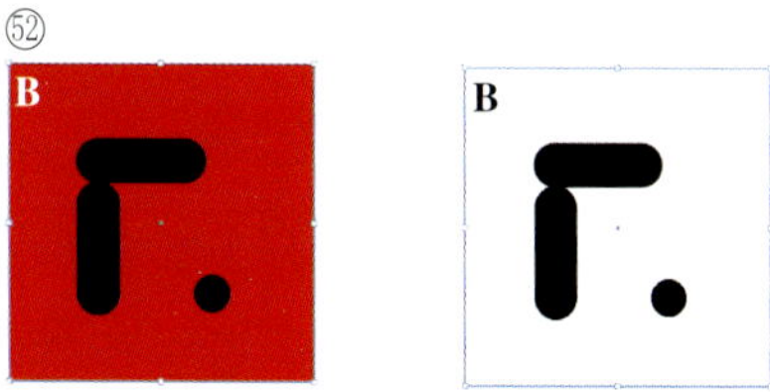

⑫

- 使用工具箱中【选择】工具，快捷键“V”，点击选择 **B** 处矩形。
- 在工具箱中设置无填充色，无描边（☒）。
- 矩形呈透明状态。

⑬
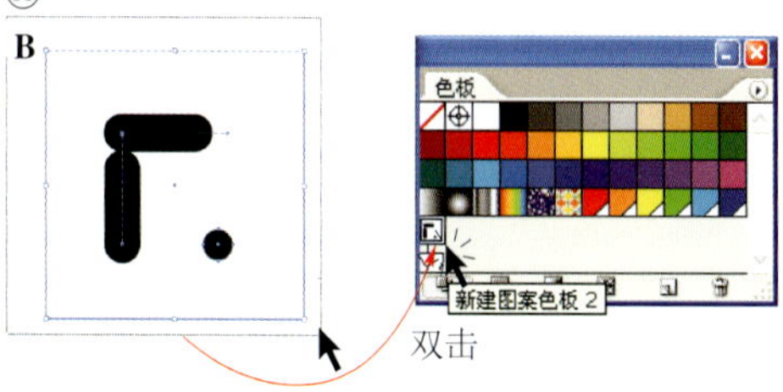

⑬

- 使用工具箱中【选择】工具，快捷键“V”，框选 **B** 处透明矩形及内部的角点虚线。
- 将其拖曳到【色板】浮动面板中空白处，进行存储。
- 双击【色板】浮动面板中刚刚存储的新图案色板，随即弹出色板选项对话框，设置“色板名称”为“角点”，
- 点击“确定”。

（注意：将角点线迹存储在色板中是为了在下一步的图案画笔设置中与双缝纫线相结合，形成较复杂的带角点双缝纫线画笔）

⑭
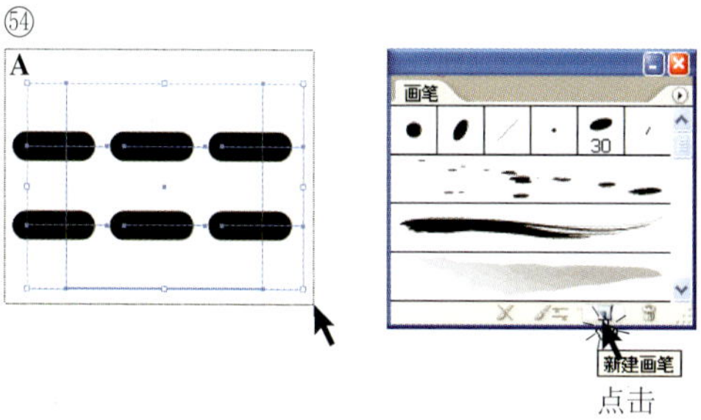

⑭

- 使用工具箱中【选择】工具，快捷键“V”，框选 **A** 处透明矩形及内部的角点虚线。
- 点击【画笔】浮动面板中“新建画笔”按钮，随即弹出【新建画笔】对话框，点击选择“新建图案画笔”。
- 点击“确定”。

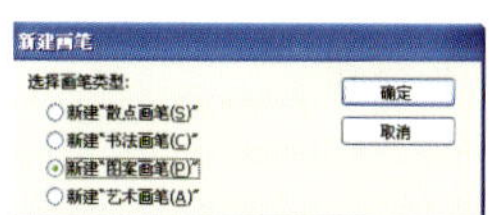

⑮
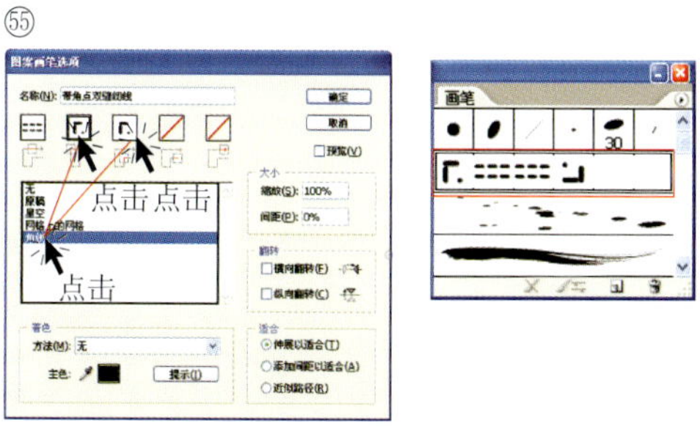

⑮

- 随即弹出【图案画笔选项】对话框，设置“名称”为“带角点双缝纫线”。
- 点击第二个预览框“外角拼贴框”（☐）。
- 点击下面选项框中“角线”位置。
- 点击第三个预览框“外角拼贴框”（☐）。
- 点击下面选项框中“角线”位置。
- 点击“伸展以适合”（⊙）。
- 点击“确定”。
- 此时一条带角点的双缝纫线图案画笔出现在画笔浮动面板中。

（注意：带角点双缝纫线画笔将在夹克领子与口袋等这些有转折角的部位上运用）

⑤⑥

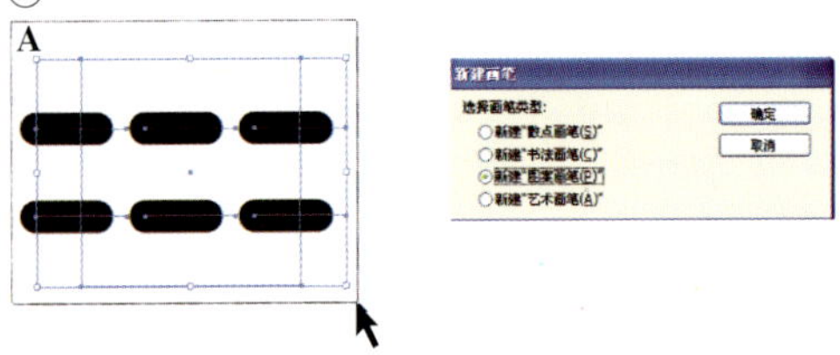

⑤⑦

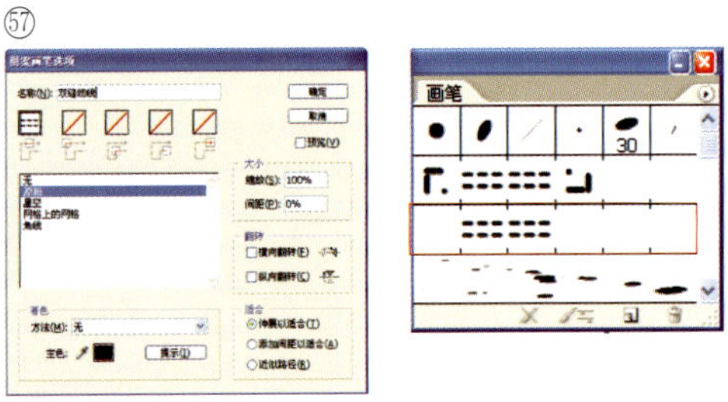

⑤⑧

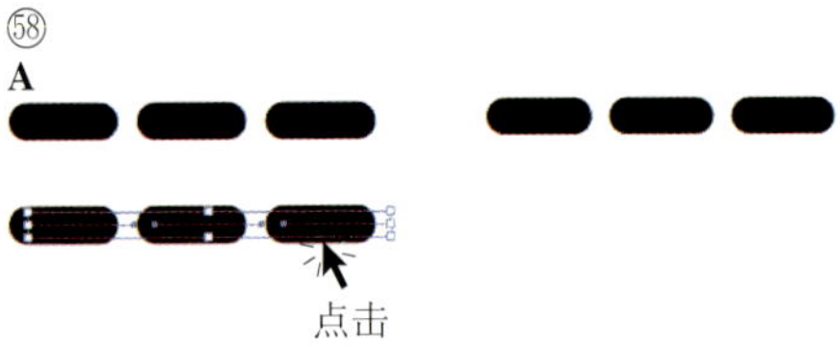

⑤⑨

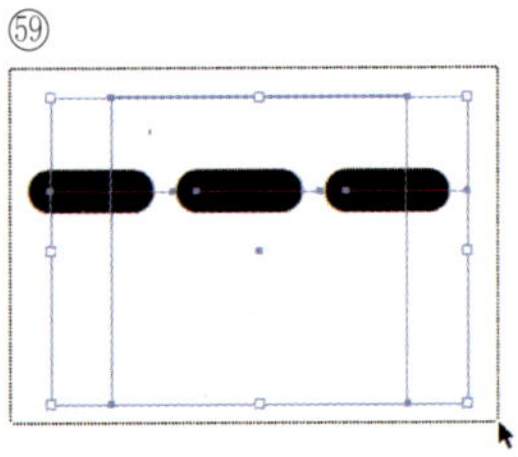

⑥⓪

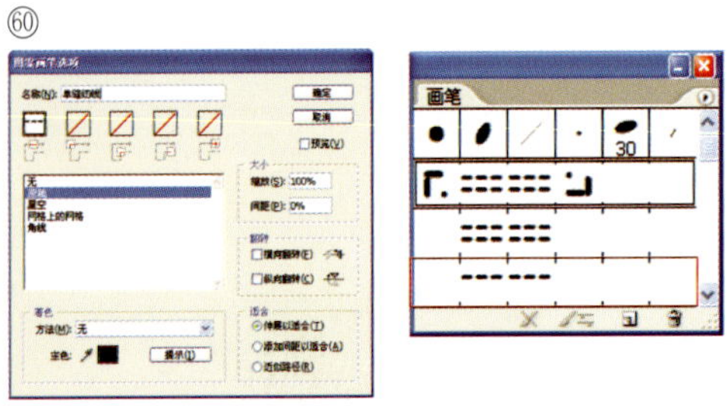

创建双缝纫线画笔

选择工具，快捷键“V”

⑤⑥

- 使用工具箱中【选择】工具，快捷键“V”，再次框选 A 处透明矩形及内部的角点虚线。
- 点击【画笔】浮动面板中“新建画笔”按钮（ ）。
- 随即弹出【新建画笔】对话框，点击选择 “新建图案画笔”（⊙）。

⑤⑦

- 随即弹出【图案画笔选项】对话框，设置“名称”为“双缝纫线”，点击“确定”。
- 此时一条双缝纫线图案画笔出现在画笔浮动面板中。

创建单缝纫线画笔

选择工具，快捷键“V”

⑤⑧

- 使用工具箱中【选择】工具，快捷键“V”，点击选择 A 处双排虚线，点击鼠标右键，在随即弹出的快捷菜单中选择【取消编组】命令。

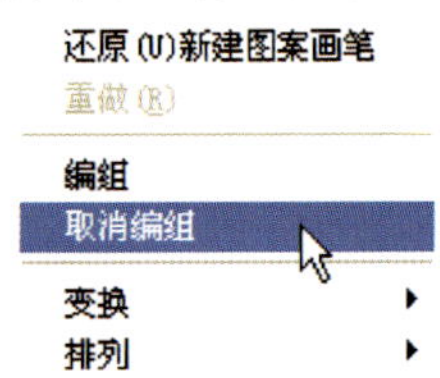

- 使用工具箱中【选择】工具，快捷键“V”，点击选择 A 处下排虚线。
- 按下键盘上“**Delete**”键，删除下排虚线。

⑤⑨

- 使用工具箱中【选择】工具，快捷键“V”，框选下排虚线和透明矩形。
- 点击画笔浮动面板中“新建画笔”（ ）按钮。
- 随即弹出【新建画笔】对话框，点击选择 “新建图案画笔”（⊙）。
- 点击“确定”。

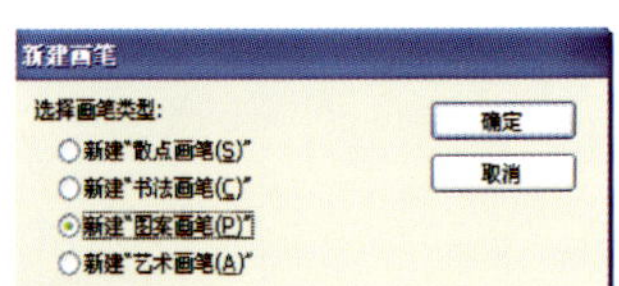

⑥⓪

- 随即弹出【图案画笔选项】对话框，设置“名称”为“单缝纫线”。
- 点击“确定”。
- 此时一条单缝纫线图案画笔出现在画笔浮动面板中。

⑥①

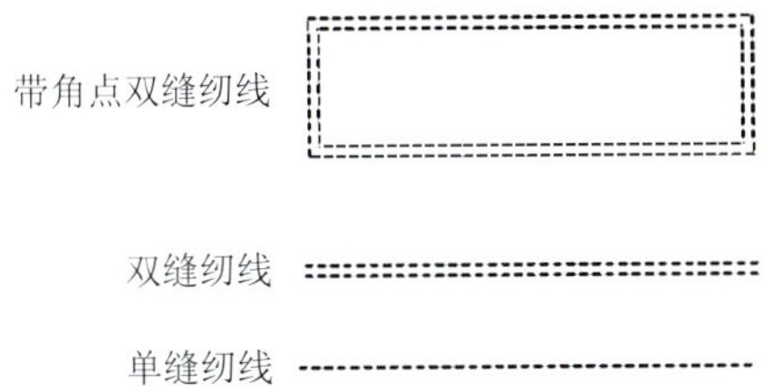

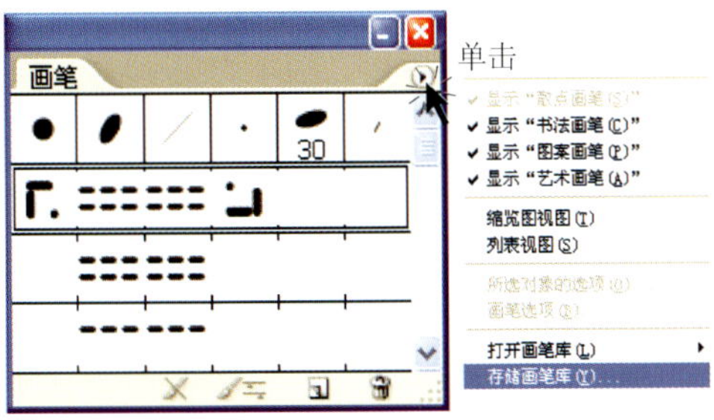

存储画笔库

⑥①

- 在【画笔】浮动面板中，点击右上方箭头（◉），随即弹出快捷菜单，点击选择“存储画笔库”。
- 随即弹出【将调板存储为画笔库】对话框，设置保存位置，保存文件名，点击“保存”。

运用带角点双缝纫线

钢笔工具，快捷键“**P**”

选择工具，快捷键“**V**”

⑥②

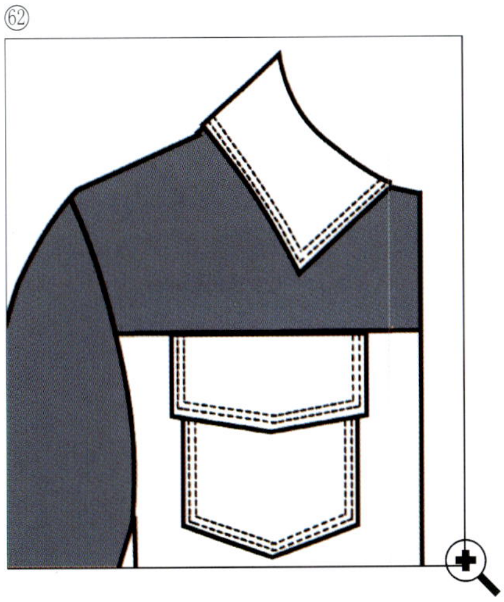

⑥②

- 使用工具箱中【缩放】工具，框选放大夹克的上部分。
- 在【画笔】浮动面板中，点击选择刚刚新建的“带角点双缝纫线”。
- 在【描边】浮动面板中，设置“粗细”为 **0.5pt**。

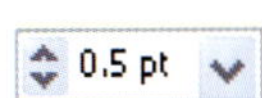

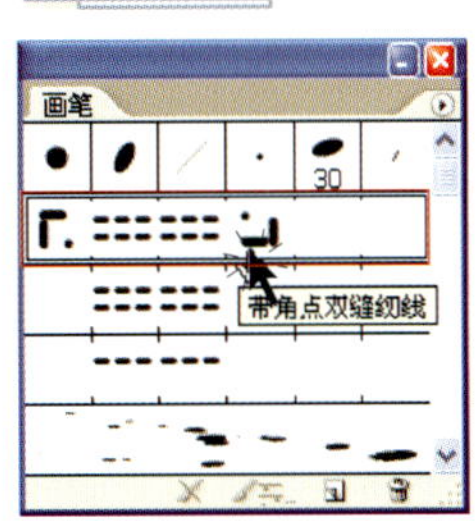

- 使用工具箱中【钢笔】工具，在领子和口袋的适当位置绘制缝纫线。
- 随即弹出【将调板存储为画笔库】对话框，设置保存位置，保存文件名，点击“保存”。

调整袖头形状

缩放工具，快捷键“Z”
钢笔工具，快捷键“P”
选择工具，快捷键“V”

⑥③

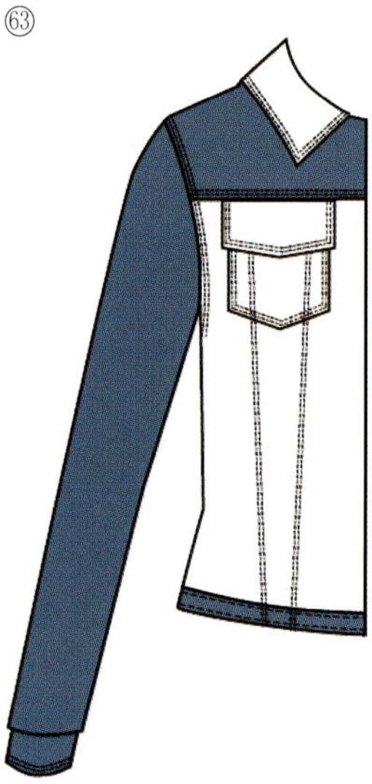

⑥③

· 在【画笔】浮动面板中，点击选择刚刚新建的“双缝纫线”。

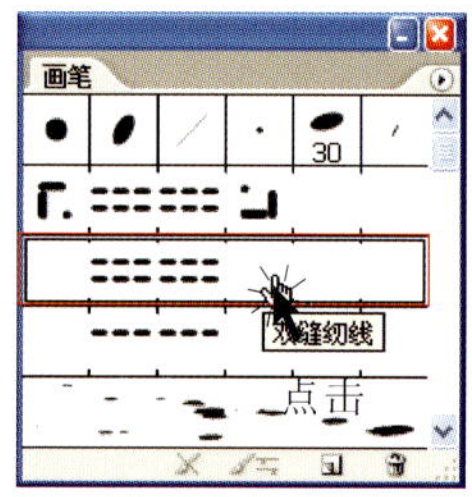

· 使用工具箱中【钢笔】工具，在夹克适当位置绘制双缝纫线。

运用单缝纫线

钢笔工具，快捷键“P”
选择工具，快捷键“V”

⑥④

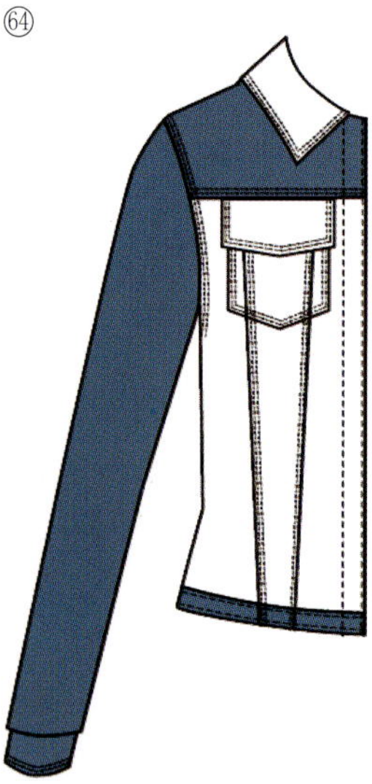

⑥④

· 在【画笔】浮动面板中，点击选择刚刚新建的“单缝纫线”。

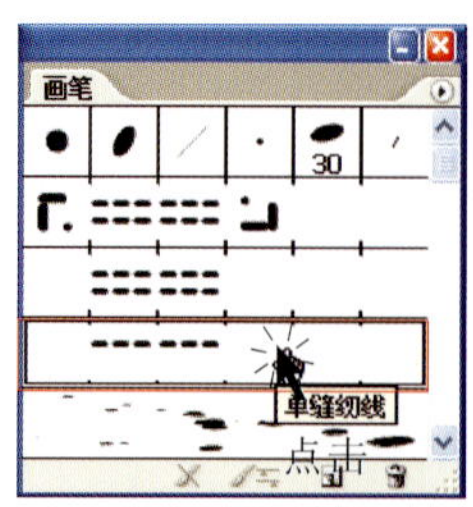

· 在【描边】浮动面板中，设置“粗细”为 **1pt**。

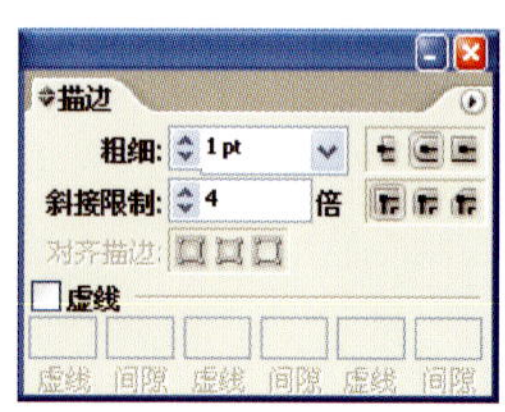

· 使用工具箱中【钢笔】工具，在夹克门襟处和衣服下边缘绘制单缝纫线。

6. 袖子与腰襻的绘制

分割袖子

钢笔工具，即快捷键“P”
选择工具，即快捷键“V”

⑥⑤

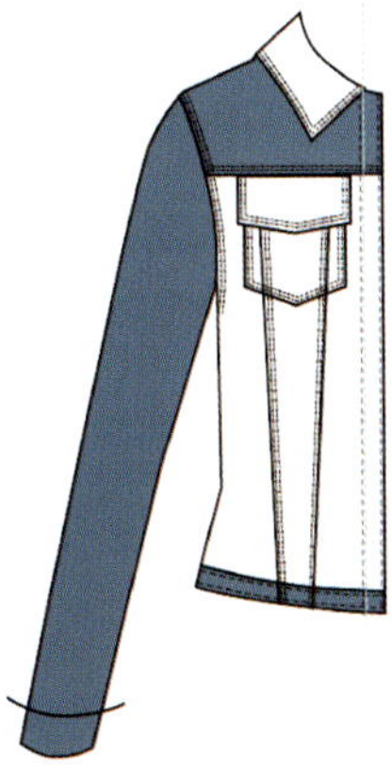

⑥⑤
- 在工具箱中设置无填充色，描边色为黑色（）。
- 使用工具箱中【钢笔】工具，快捷键“P”，在袖口上方绘制一段弧形。

⑥⑥

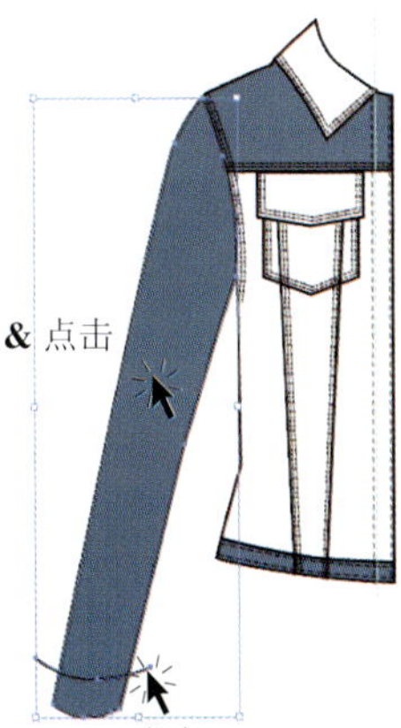

⑥⑥
- 使用工具箱中【选择】工具，快捷键“V”，按下键盘上“Shift”键，同时选择刚刚绘制的弧线和袖子部分。
- 在【路径查找器】浮动面板中，点击“分割”按钮（），分割袖子。
- 点击“确定”。

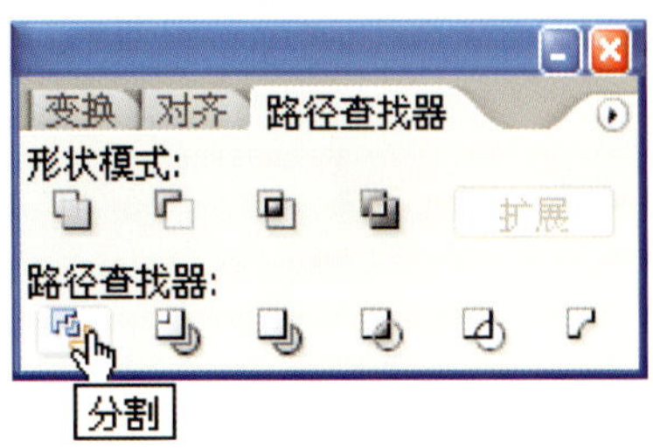

⑥⑦

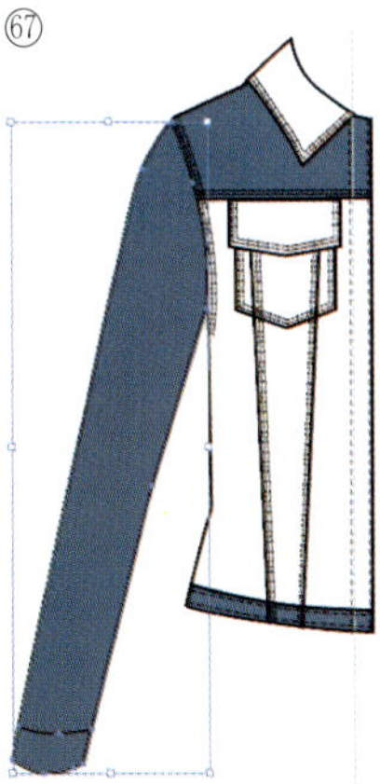

⑥⑦
- 在袖子所有部分被选择的状态下，点击鼠标右键，在随即弹出的快捷菜单中点击选择“取消编组”命令。

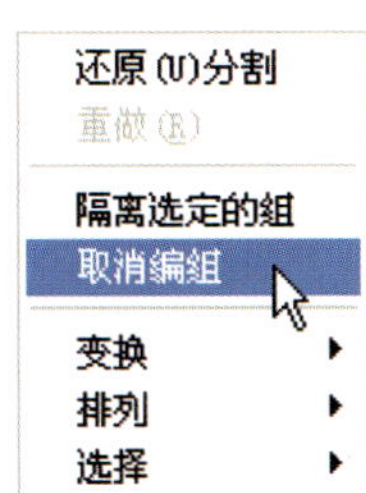

调整袖头形状

缩放工具，快捷键“Z”
选择工具，即快捷键“V”
直接选择工具，快捷键“A”

⑱

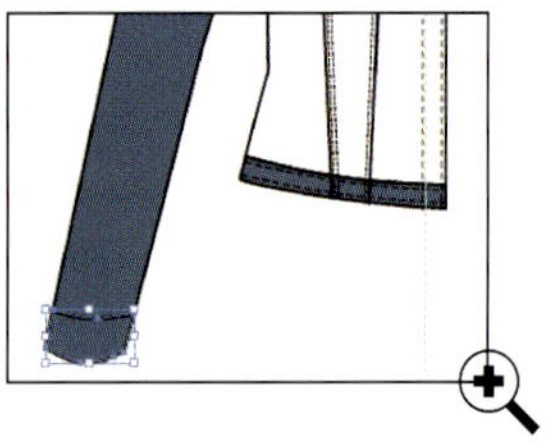

⑱
- 使用工具箱中【缩放】工具，快捷键“Z”。框选放大袖口部分。
- 使用工具箱中【直接选择】工具，快捷键“A”，点击选择袖口部分。

⑲

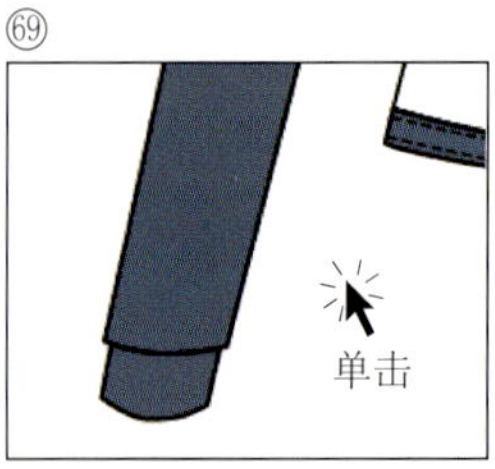

⑲
- 使用工具箱中【直接选择】工具，快捷键“A”。调整袖口至理想形状。
- 在画板空白处点击，取消所有对象选择。

绘制腰襻

缩放工具，快捷键“Z”
钢笔工具，快捷键“P”
选择工具，即快捷键“V”

⑳

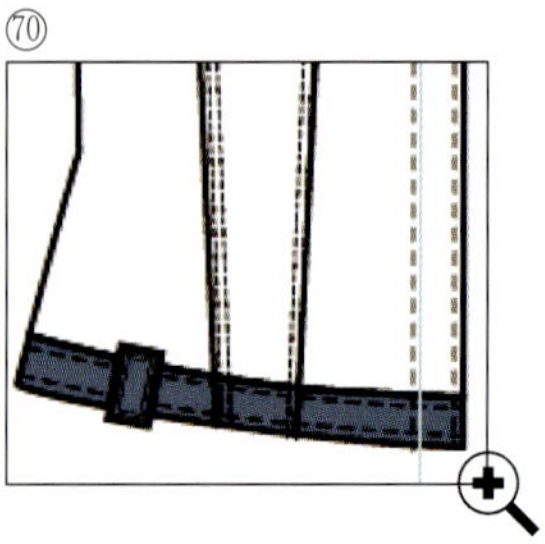

⑳
- 使用工具箱中【缩放】工具，快捷键“Z”，框选放大夹克下边缘。
- 使用工具箱中【钢笔】工具，快捷键“P”，在夹克下边缘适当位置绘制适当大小的四边形作为腰襻。
- 在【画笔】浮动面板中，点击选择“单缝纫线”画笔。
- 使用工具箱中【钢笔】工具，快捷键“P”，在夹克腰襻内部绘制单缝纫线。

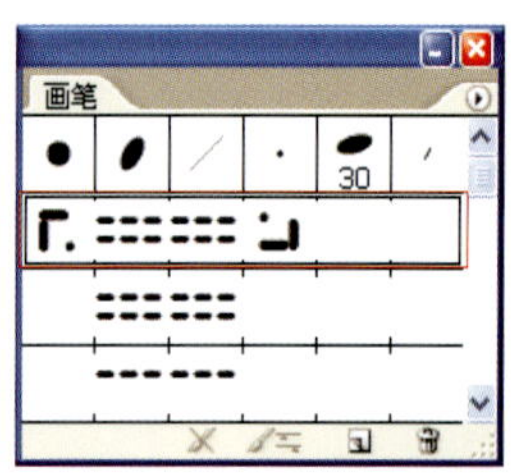

㉑

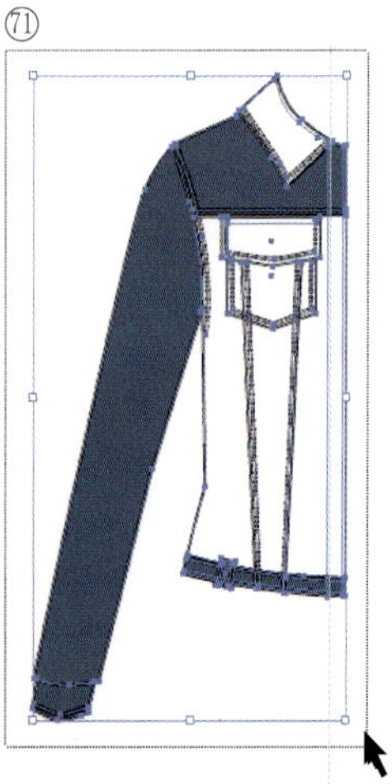

㉑
- 使用工具箱中【选择】工具，快捷键“V”，框选夹克所有部分。

7. 半片衣身的复制与组合

镜像复制半片衣身

选择工具，快捷键“V”

镜像工具，快捷键“O”

- 在夹克处于被选择的状态下，双击工具箱中【镜像】工具。
- 随即弹出【镜像】对话框，点击“垂直”(⊙)，勾选“预览”(☑)选项。
- 点击“复制”。

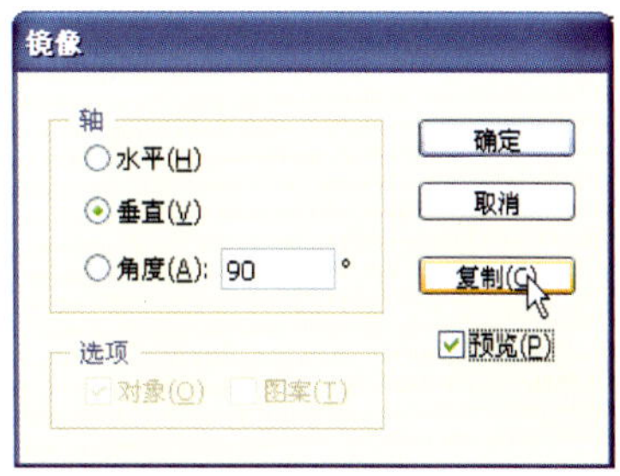

⑦②

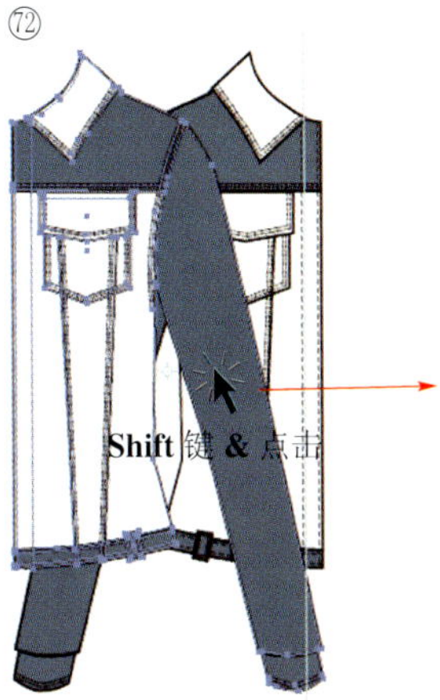

- 使用工具箱中【选择】工具，快捷键“V”，按下键盘上“**Shift**”键，水平移动刚镜像复制的半片夹克到适当位置。

⑦③

- 点击鼠标右键，在随即弹出的快捷菜单中点击选择【排列 / 置于底层】命令。

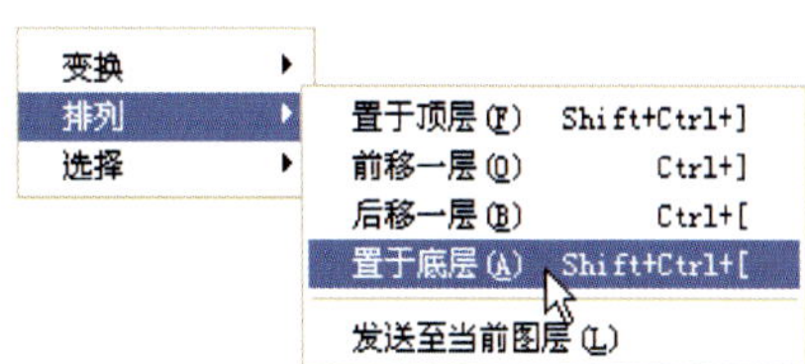

⑦④

- 在画板空白处点击，取消所有对象选择。

8. 领子的绘制与调整

调整衣领位置顺序

缩放工具，快捷键“Z”

选择工具，快捷键“V”

(75)

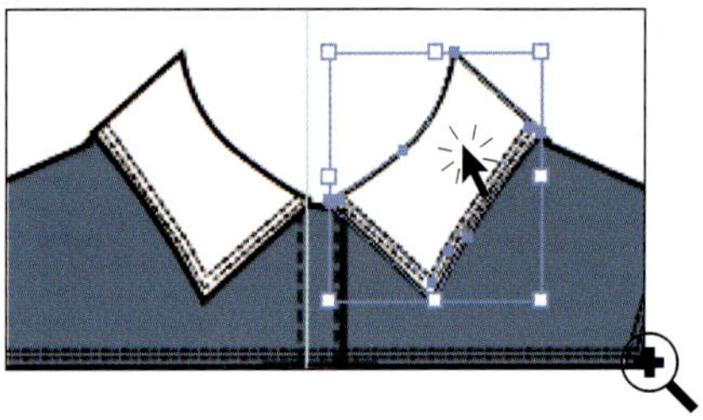

(75)

- 使用工具箱中【缩放】工具，快捷键“Z”，框选放大领子部分。
- 使用工具箱中【选择】工具，快捷键“V”，点击选择右侧领子。
- 点击鼠标右键，在随即弹出的快捷菜单中点击选择【排列 / 置于顶层】命令。

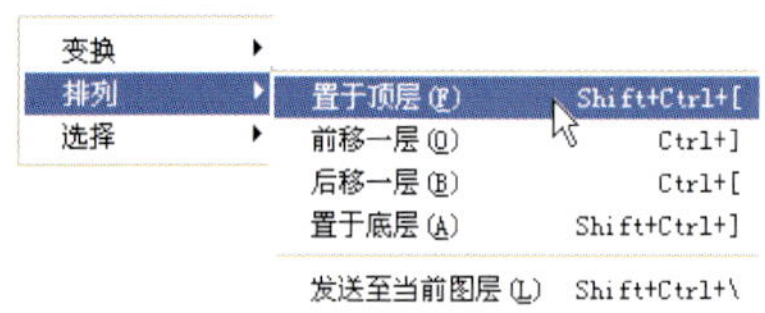

(76)

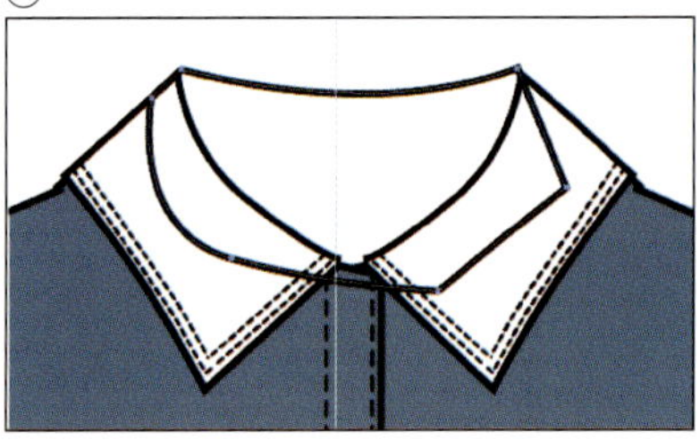

(76)

- 使用工具箱中【钢笔】工具，快捷键“P”。
- 在工具箱中设置描边色为黑色，填充色为无（◪）。
- 在夹克领处绘制领子后片外形。

(77)

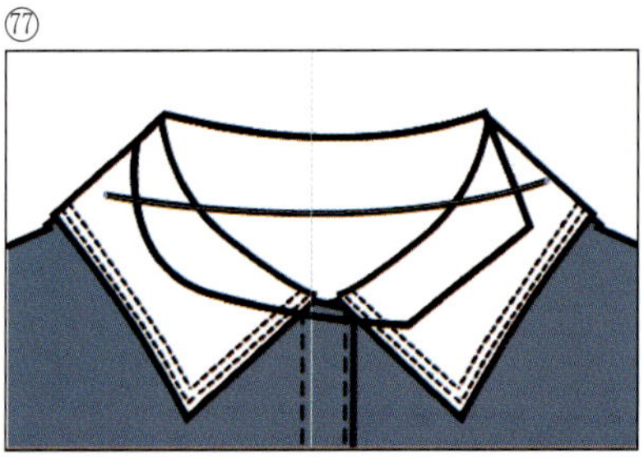

(77)

- 使用工具箱中【钢笔】工具，快捷键“P”。
- 在工具箱中设置描边色为黑色，填充色为无（◪）。
- 在夹克领子部位绘制一条分割线。

(78)

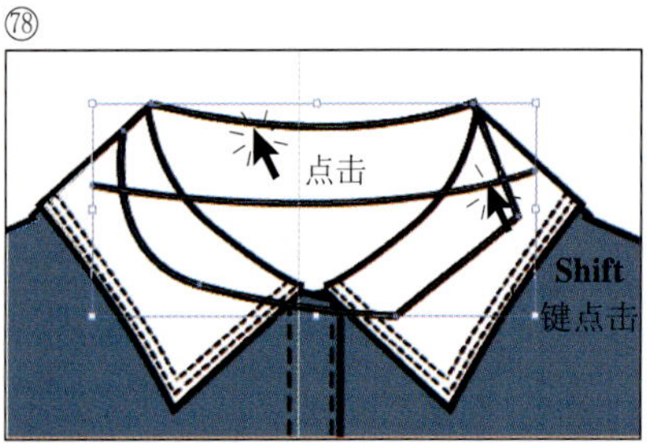

(78)

- 使用工具箱中【选择】工具，快捷键“V”，按下键盘上“Shift”键，点击选择领子后片及分割线。

(79)

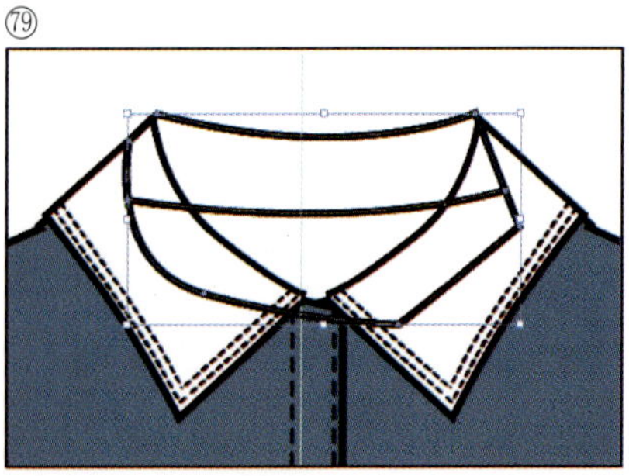

(79)

- 在【路径查找器】浮动面板中，点击“分割”按钮（◈）。

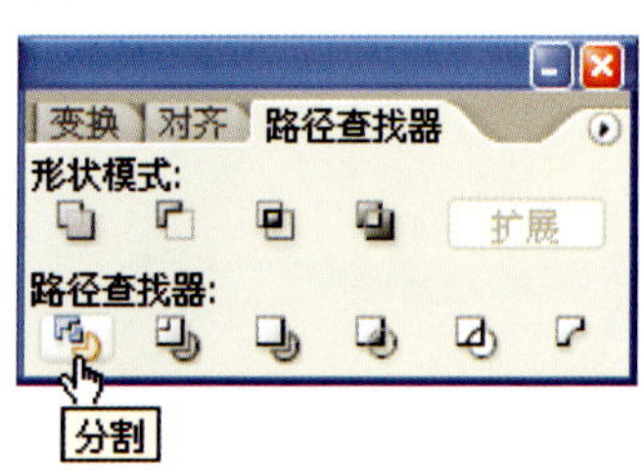

二、休闲夹克的绘制

填充领子的颜色

选择工具，快捷键“V”
吸管工具，即快捷键“I”

⑧⓪

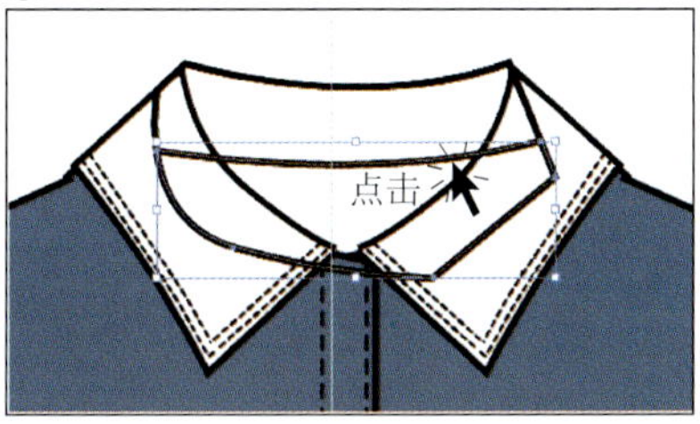

⑧⓪
- 使用工具箱中【选择】工具，快捷键“V”，在领子后片被选择的状态下，点击鼠标右键，在随即弹出的快捷菜单中点击选择【取消编组】命令。

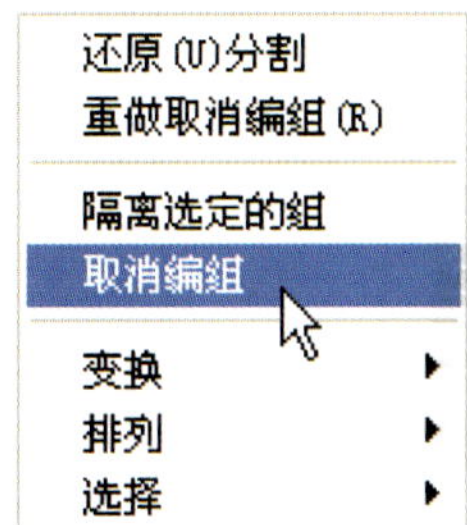

- 使用工具箱中【选择】工具，快捷键“V”，点击选择领子后片下半部分。

⑧①

⑧①
- 在领子后片下半部分处于被选择状态下。
- 使用工具箱中【吸管】工具，在夹克前片上点击，吸取前片填充颜色到选择对象上。

⑧②

⑧②
- 使用工具箱中【选择】工具，快捷键“V”，按下键盘上“**Shift**”键，点击选择领子后片所有部分。

⑧③

⑧③
- 点击鼠标右键，在随即弹出的快捷菜单中点击选择【排列/置于底层】命令。

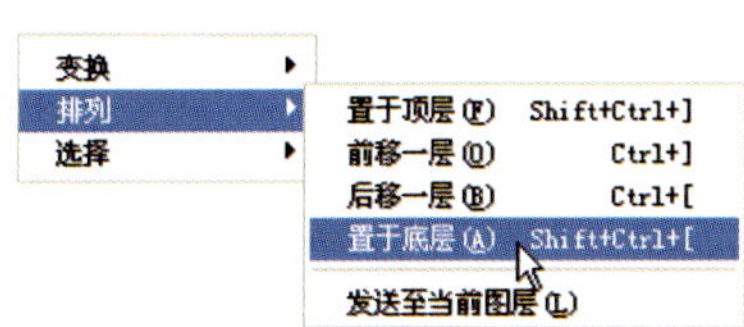

9. 创建纽扣

创建纽扣

钢笔工具，快捷键“P”
椭圆工具，快捷键“L”
多边形工具，无快捷键

⑭

⑭
- 在工具箱中，设置填充色为白色，描边色为黑色（）。
- 双击工具箱中【椭圆】工具，快捷键“L”，随即弹出【椭圆】对话框，设置“宽度”为 **5pt**，“高度”为 **5pt**，点击“确定”。

⑮

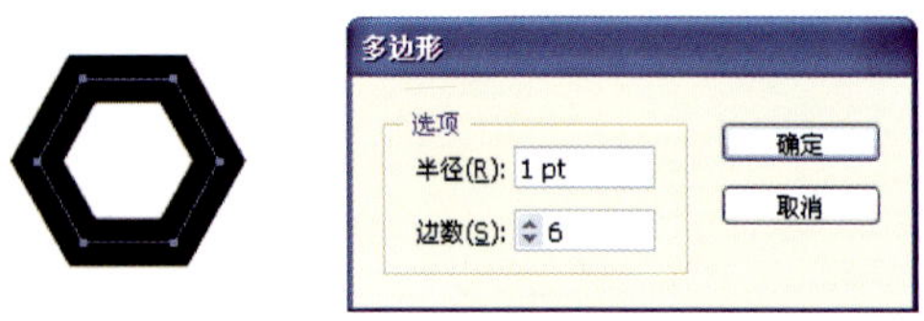

⑮
- 在工具箱中，设置无填充色，描边色为黑色（）。
- 双击工具箱中【多边形】工具，随即探出【多边形】对话框，设置“半径”为 **1pt**，“边数”为 **6**，点击“确定”。

⑯

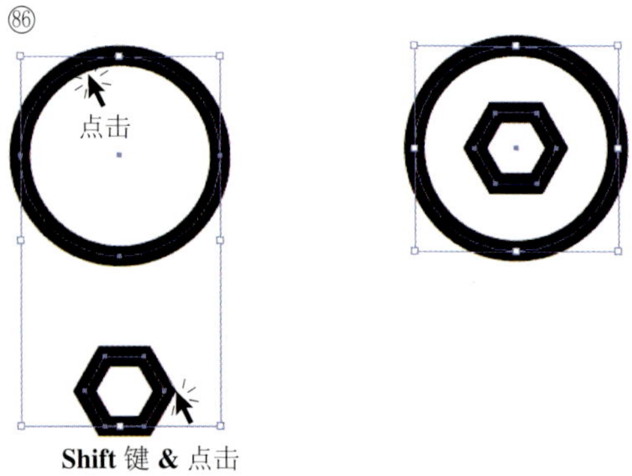

⑯
- 使用工具箱中【选择】工具，快捷键“V”，按下键盘上“Shift”键，同时选择刚刚绘制的圆形和多边形。
- 在【对齐】浮动面板中点击“水平居中对齐”按钮（），再次点击“垂直居中对齐”按钮（），中心对齐两个选择对象。

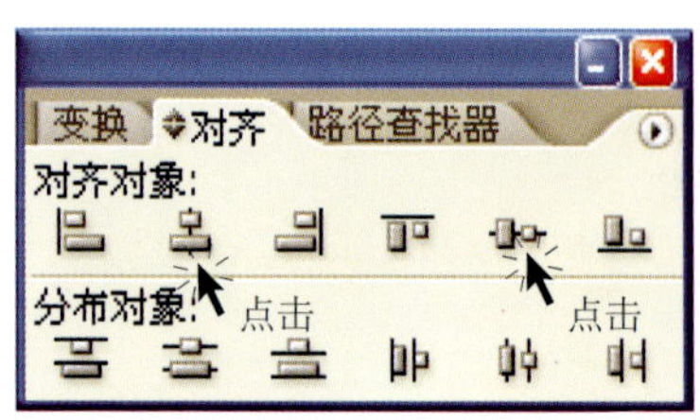

⑰

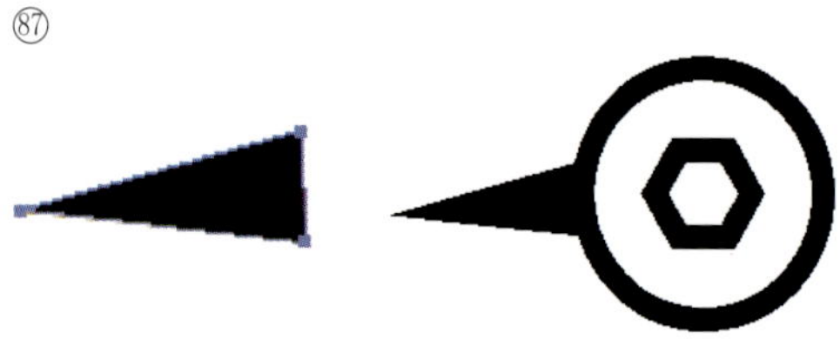

⑰
- 在工具箱中设置填充色为黑色，无描边色（）。
- 使用工具箱中【钢笔】工具，快捷键“P”，绘制理想的三角形。
- 使用工具箱中【选择】工具，将黑色三角形与圆形和多边形进行理想放置。

复制扣子

选择工具，快捷键“V”
混合工具，快捷键“V”

⑧⑧

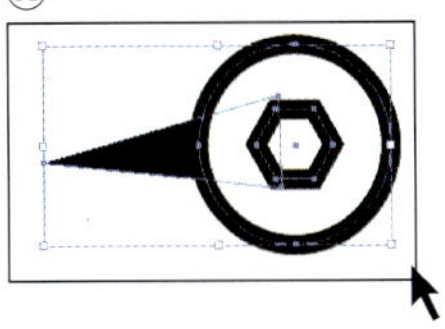

⑧⑧
- 使用工具箱中【选择】工具，快捷键“V”，框选刚刚绘制的圆形、多边形和三角形。
- 点击鼠标右键，在随即弹出的快捷菜单中点击选择【编组】命令。
- 则第一颗扣子形成

⑧⑨

⑧⑨
- 使用工具箱中【选择】工具，快捷键“V”，点击选择刚刚绘制的扣子，放置在夹克门襟的 ***A*** 点。
- 使用工具箱中【选择】工具，复制扣子，放置在夹克门襟的 ***B*** 点。
- 使用工具箱中【混合】工具，分别在 ***A*** 点和 ***B*** 点扣子上点击。
- 则两处扣子之间产生许多混合复制的扣子。

⑨⑩

⑨⑩
- 双击工具箱中【混合】工具，随即弹出【混合选项】对话框，点击“间距”右边的箭头，在下拉选项中选择“指定步数”，并在右边的空白框中输入步数为 **5**。

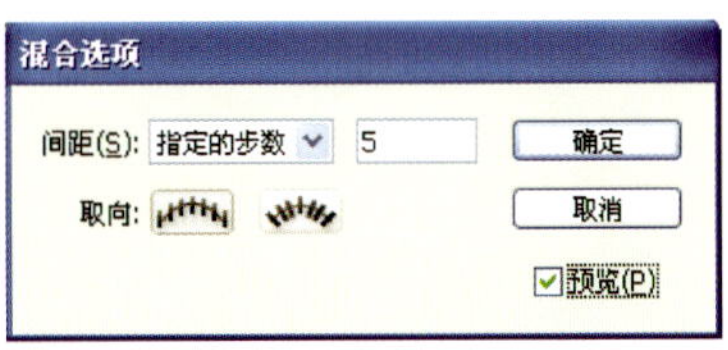

- 则扣子的总数较为理想。

10. 创建夹克背部

复制出夹克背部

选择工具，快捷键“**V**”

⑨①

- 使用工具箱中【选择】工具，快捷键“**V**”，框选夹克所有部分。

⑨②

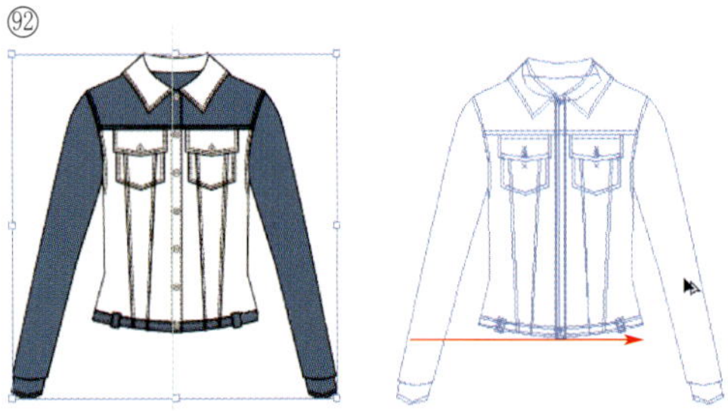

Alt 键 **&** 单击并拖动

- 按下键盘上“**Alt**”键，当鼠标呈现双箭头状态时，向右拖曳，移动复制夹克。
- 则复制为背面的夹克。

⑨③

- 使用工具箱中【选择】工具，快捷键“**V**”，选择夹克领子所有部分。

⑨④

- 按下键盘上“**Delete**”键，删除领子。

整合背部衣片

选择工具，快捷键“V”

⑮

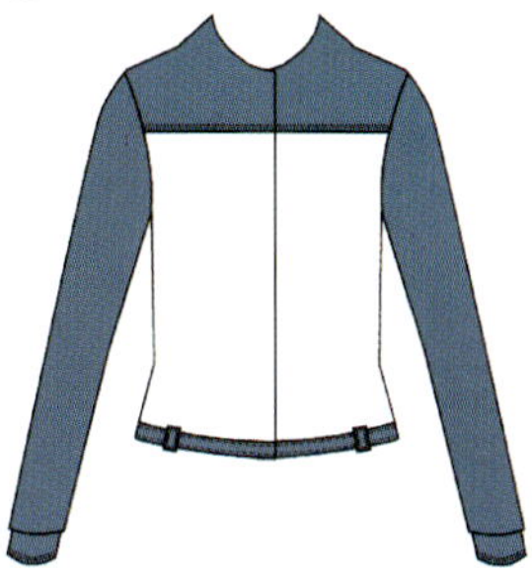

⑮

- 使用工具箱中【选择】工具，快捷键“V”，选择夹克中不需要的口袋，缝纫线及装饰线，按下键盘上“**Delete**”键，删除所选对象。

⑯

⑯

- 使用工具箱中【选择】工具，快捷键“V”，按下键盘上“**Shift**”键，选择夹克的两个肩部。
- 在【路径查找器】浮动面板中点击“与形状区域相加”按钮（ ），合并两个肩部形状。

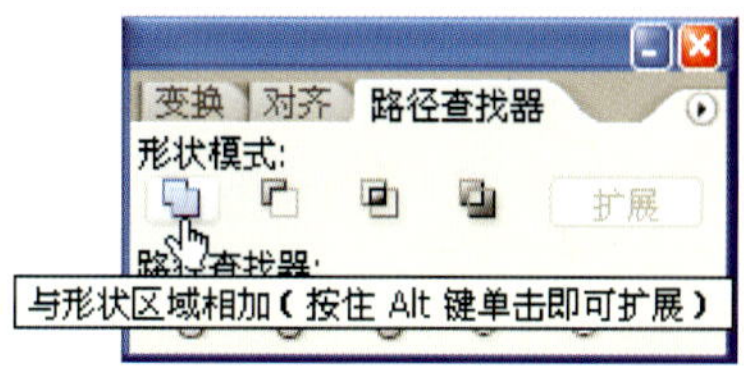

- 点击【路径查找器】中变为可用的“扩展”按钮，扩展合并对象。

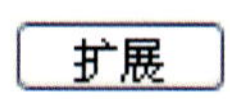

⑰

⑰

- 重复以上操作，分别将左、右两片衣身形状进行合并。

⑱

⑱

- 夹克背部分由三个合并部分形成。

二、休闲夹克的绘制

修改领座形状

选择工具，快捷键“V”
直接选择工具，快捷键“A”
删除锚点工具，快捷键“–”

⑲

⑲

- 使用工具箱中【选择】工具，快捷键“V”，点击选择夹克肩部。
- 点击鼠标右键，随即弹出快捷菜单，点击【排列 / 置于底层】命令。

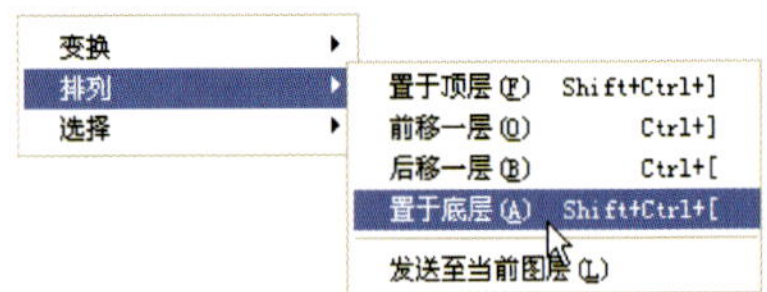

⑳

⑳

- 使用工具箱中【删除选择】工具，快捷键“P”，在夹克领口各个锚点上点击，删除锚点。

101

101

- 夹克领座被修改形状。

二、休闲夹克的绘制

102

103

104

105

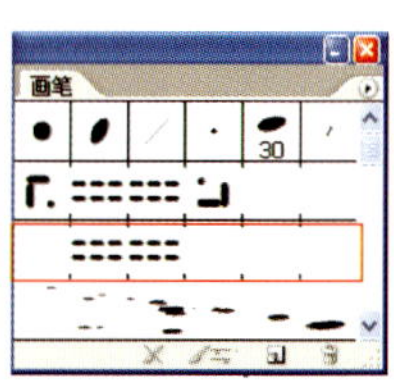

创建后领

钢笔工具，快捷键“P”
选择工具，快捷键“V”
吸管工具，快捷键“I”

102

- 在工具箱中设置无填充色，描边色为黑色（）。
- 使用工具箱中【钢笔】工具，快捷键“**P**”，在夹克领子下方绘制一条弧线作为分割线。
- 使用工具箱中【选择】工具，快捷键“**V**”，按下键盘上“**Shift**”键，选择夹克的肩部和刚刚绘制的分割线。
- 在【路径查找器】浮动面板中，点击“分割”按钮（）。

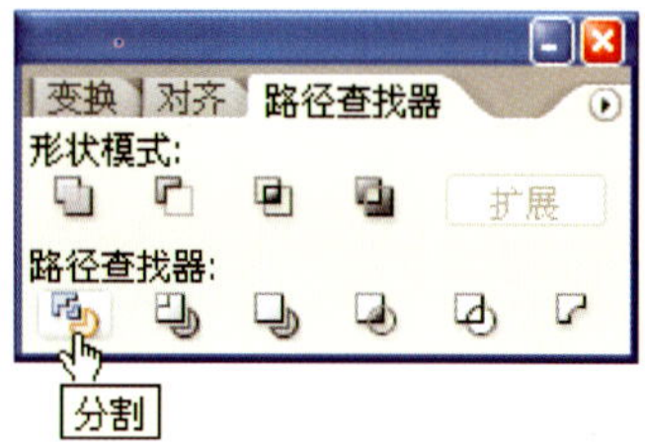

103

- 分割出领子部分。
- 点击鼠标右键，在随即弹出的快捷菜单中点击选择【取消编组】命令。

104

- 使用工具箱中【选择】工具，快捷键“**V**”，点击选择领子部分。
- 使用工具箱中【吸管】工具，快捷键“**I**”，在夹克衣身上点击，吸取填充色到领子部分。

创建背部衣片缝纫线

选择工具，快捷键“V”
钢笔工具，快捷键“P”

105

- 使用工具箱中【钢笔】工具，快捷键“**P**”，在夹克背部如图处绘制两条斜线。

- 使用工具箱中【选择】工具，快捷键“**V**”，点击选择其中的两条斜线
- 在【画笔】浮动面板中，点击双缝纫线画笔。

调整底部线段形状

删除锚点工具，快捷键“-”

⑩⑥

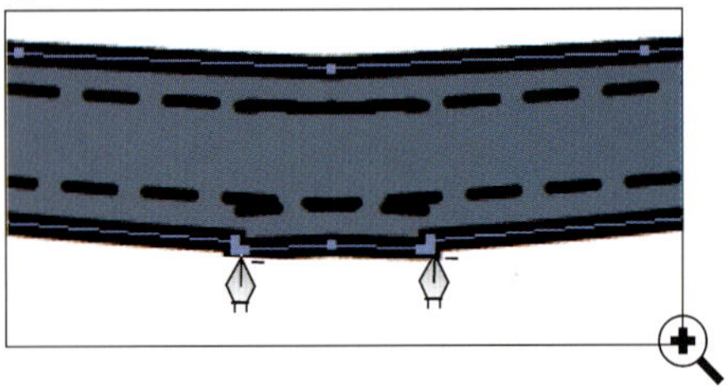

⑩⑥
- 使用工具箱中【删除锚点】工具，在夹克下边缘不需要的锚点上点击，删除锚点。
- 则夹克下边缘变得圆顺。

（注意：锚点越少的选段越光滑）

复制腰襻

选择工具，快捷键“V”

⑩⑦

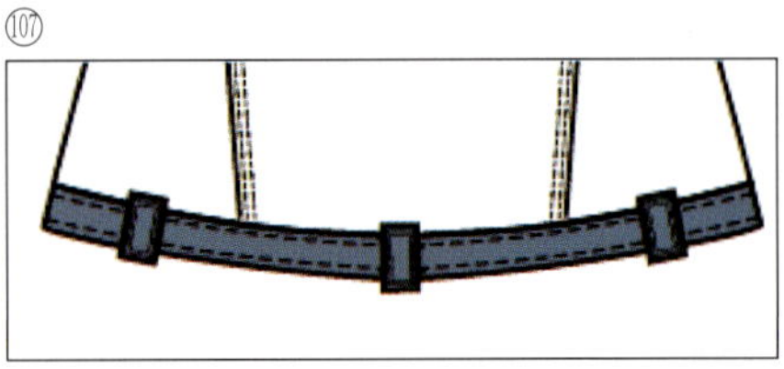

⑩⑦
- 使用工具箱中【选择】工具，复制出中间位置的腰襻。

11. 添加标注线

绘制直线线段

钢笔工具，快捷键“P”

⑩⑧

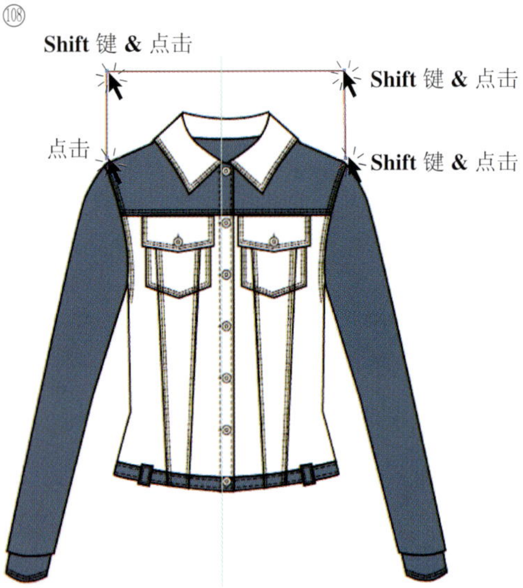

⑩⑧
- 在工具箱中设置填充色为无，描边为橘色（）。
- 使用工具箱中【钢笔】工具，即快捷键“**P**”，在左肩膀处点击，产生锚点。
- 按下键盘上“**Shift**”键，向上垂直移动鼠标指针至适当位置点击，产生锚点。
- 按下键盘上“**Shift**”键，向右水平移动鼠标指针至适当位置点击，产生锚点。
- 按下键盘上“**Shift**”键，向下垂直移动鼠标指针至适当位置点击，产生锚点。
- 则产生一段呈 **90**° 直角线段。

⑩⑨

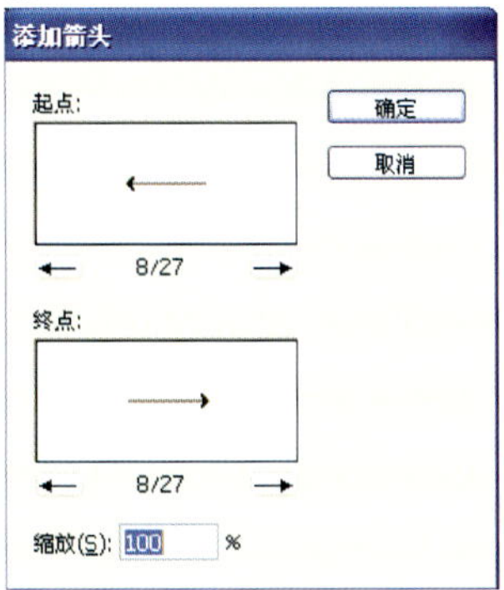

绘制直线标注线线段

选择工具，快捷键“V”
钢笔工具，快捷键“P”

• 使用工具箱中【选择】工具，快捷键“V”，点击选择 **90**° 直线线段。
• 执行菜单栏中【效果 / 风格化 / 添加箭头】命令。

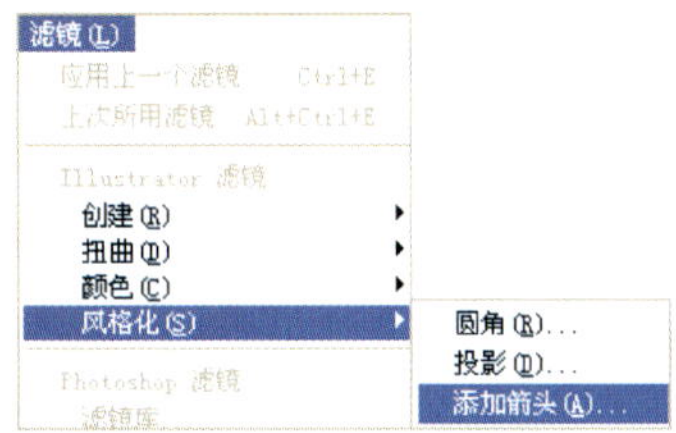

⑩⑨
• 随即弹出【添加箭头】对话框，分别点击“起点”和“终点”预览框下方的箭头（←）选择所需要的箭头样式，此次练习中使用序号为“**8/27**”的箭头。
• 点击“确定”。

⑪⓪

⑪⓪
• 则 **90**° 直线两端产生箭头标注。

绘制椭圆线段

椭圆工具，快捷键“L”

⑪①

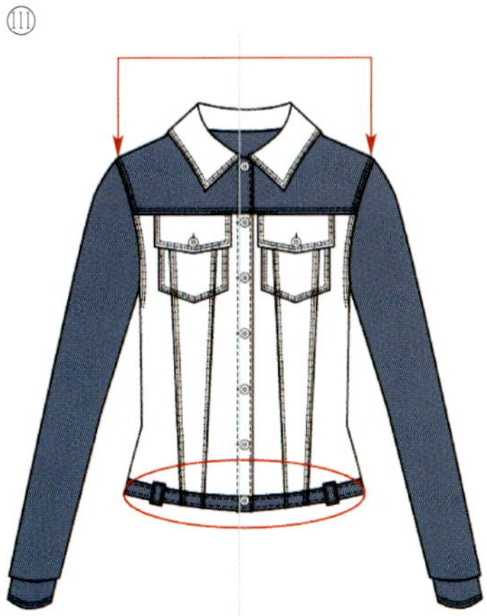

⑪①
• 使用工具箱中【椭圆】工具，即快捷键“L”。
• 以夹克底边大小作为参考绘制一个椭圆。

二、休闲夹克的绘制

调整椭圆线段为弧线线段

选择工具，快捷键“V”
缩放工具，快捷键“Z”
剪刀工具，快捷键“C”

⑫

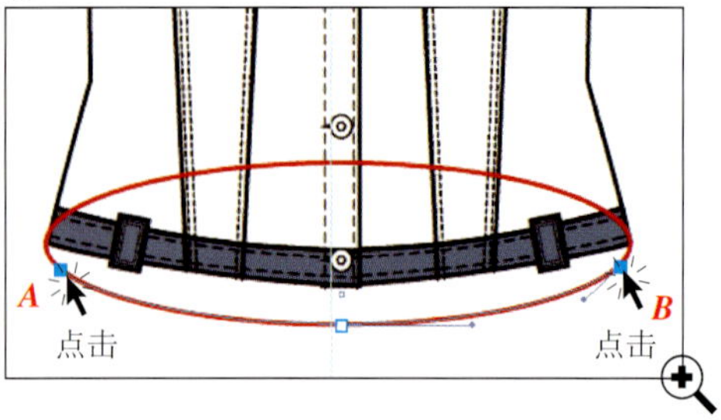

⑫
- 使用工具箱中【缩放】工具，快捷键“Z”，框选放大椭圆线段。
- 使用工具箱中【剪刀】工具，快捷键“C”，分别在椭圆线段上的 *A* 与 *B* 处点击，剪裁椭圆。

⑬

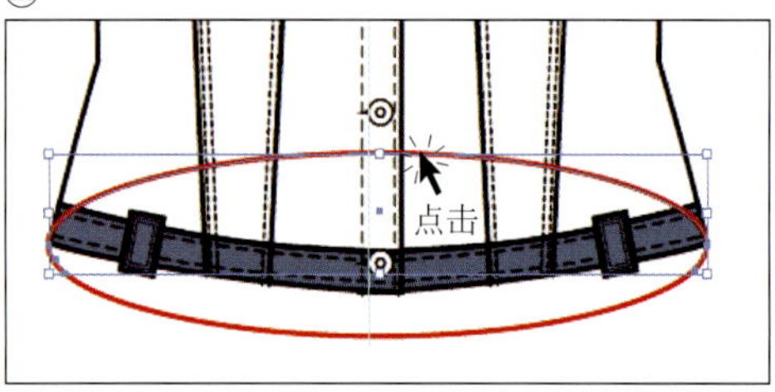

⑬
- 使用工具箱中【选择】工具，快捷键“V”，点击选择椭圆线段上部分。
- 按下键盘上“**Delete**”键，删除椭圆线段上部分。

⑭

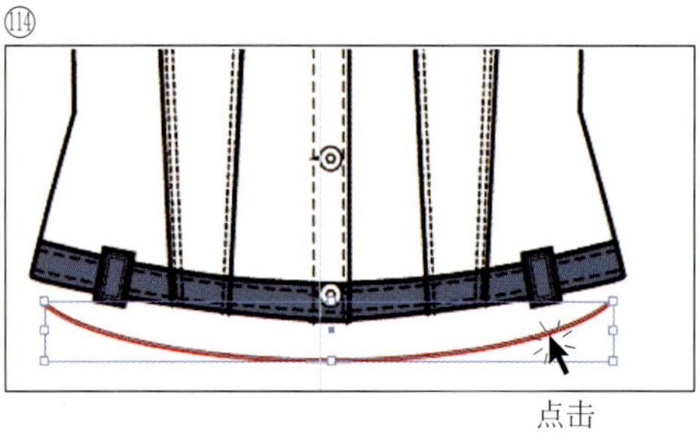

⑭
- 产生一段由椭圆形剪切而来的弧线。

⑮
- 使用工具箱中【选择】工具，快捷键“V”，点击选择弧线。
- 执行菜单栏中【效果/应用添加箭头】命令，即快捷键“**Ctrl+Shift+E**”。

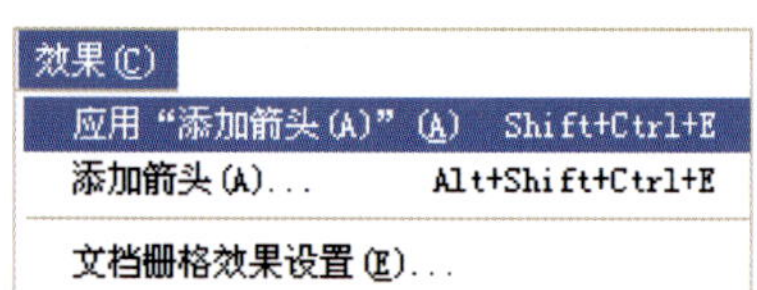

⑮

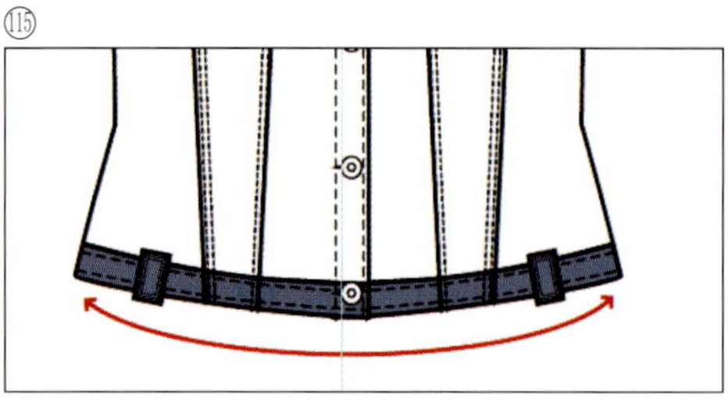

- 弧线的起点与终点位置产生了箭头。

（注意：此快捷键为应用上一个效果执行菜单栏中的【效果】命令，执行此操作必须是刚刚使用过添加箭头效果）

绘制所有标注线线段

选择工具，快捷键“**V**”
钢笔工具，快捷键“**P**”
椭圆工具，快捷键“**L**”

⑯

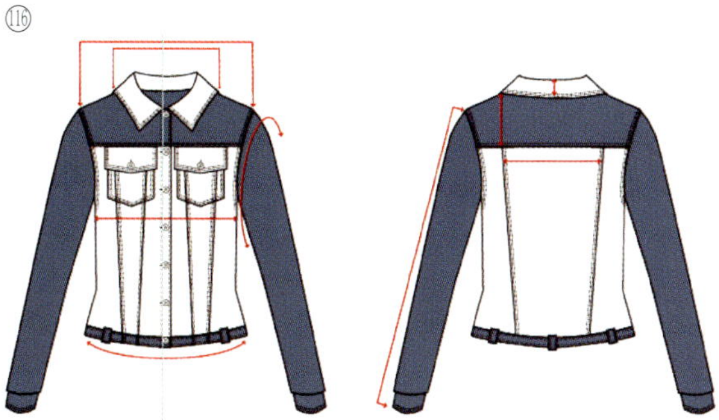

⑯

- 运用相同方法将所有需要标注的线段绘制完成。

添加文字标注

文字工具，快捷键“**T**”

- 在工具箱中设置填充色为黑色，无描边色（）。
- 使用工具箱中【文字】工具，即快捷键“**T**”，在控制栏中“字体大小”框中，设置字体大小为 **12pt**。

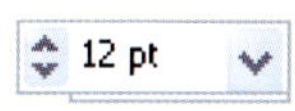

⑰

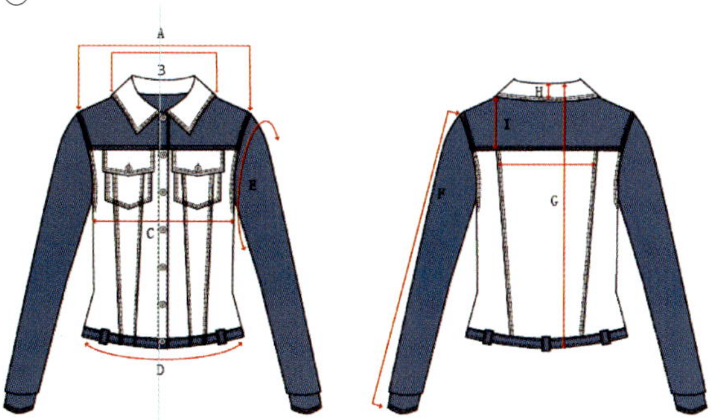

⑰

- 在每条标注线旁边点击，输入对应字母作为文字标注。

（注意：需要输入中文文字作为标注时则需要同时按下键盘上“**Shift**”键和“**Ctrl**”键，在出现中文输入法后，随即在相对应的位置进行中文的输入）

⑱

12. 导出休闲夹克款式图到Word文档

导出款式图

⑱

- 执行菜单栏中【文件/导出】命令。
- 在随即弹出的【导出】对话框中设置保存路径，保存文件名为“牛仔夹克”。
- 点击“确定”。
- 随即弹出JPEG选项对话框，设置需要保存图像的“大小”和“分辨率”。

⑲

注　此图只为厂家提供的由计算机输出的生产实例图片，仅供示意。

款式图与Word文档相结合

⑲

- 此图为已输出为JPEG格式的夹克款式图与Word结合在一起的服装制单。

（注意：将**Illustrator**绘制完成后的款式图输出为**JPEG**格式或是**TIFF**格式，可以用来网络传输或是数码打印输出等）

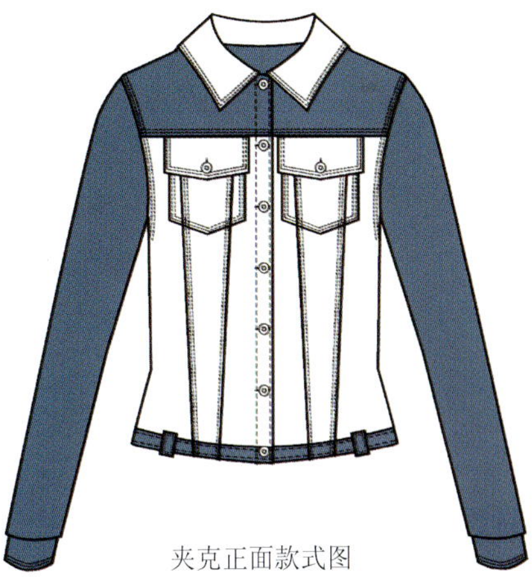
夹克正面款式图

夹克背面款式图

夹克着装图

三、松紧腰头灯笼裤的绘制

①

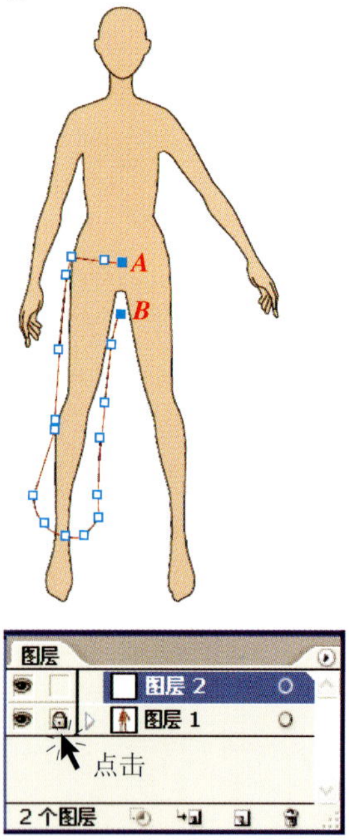

②

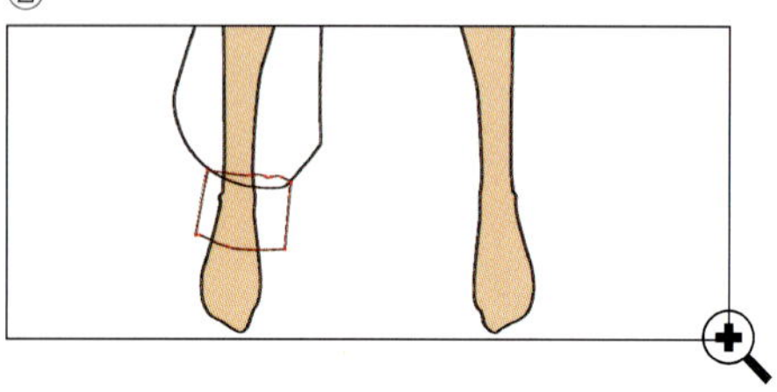

③

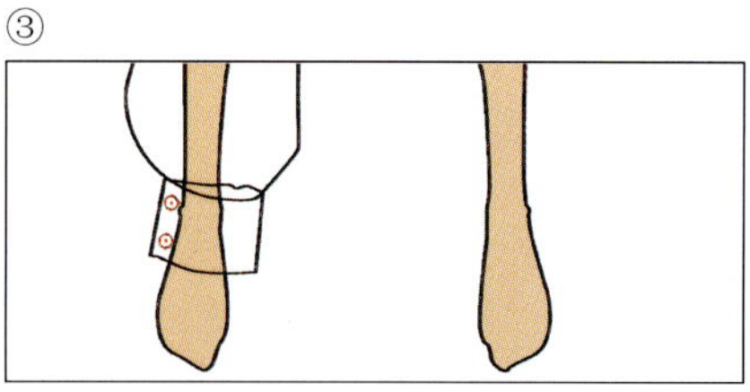

④

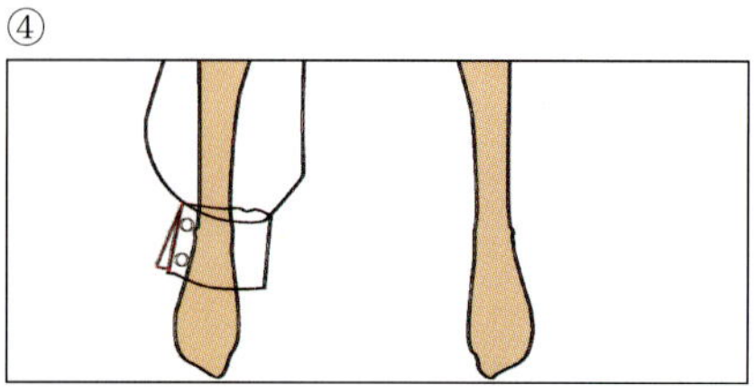

1. 创建裤子基本形状

新建文档

- 在 **Adobe Illustrator** 中执行菜单栏中执行【文件 / 新建】命令，快捷键“**Ctrl+N**”，随即弹出【新建文档】对话框，设置：“名称”为松紧腰头灯笼裤；“大小”为 **A4**；“取向”为纵向（）；选择“**RGB** 颜色”（）。
- 点击“确定”。

完成半边裤子外形

钢笔工具，快捷键“**P**”
缩放工具，快捷键“**Z**”
选择工具，快捷键“**V**”
椭圆工具，快捷键“**L**”

- 执行菜单栏中【文件 / 置入】命令，置入人体草图。
- 在【图层】浮动面板点击，锁定“图层 **1**”。
- 点击【图层】浮动面板中，创建“图层 **2**”。

①

- 使用工具箱中【钢笔】工具，快捷键“**P**”。
- 在工具箱中设置无填充色、描边色、描边粗细。
- 从腰中部 ***A*** 点开始确定裤子外形锚点起点，直至 ***B*** 点结束。

（注意：此处形状的创建需呈开放式）

- 使用工具箱中【选择】工具，点击图纸空白区域，取消选择对象。

②

- 使用工具箱中【缩放】工具，快捷键“**Z**”，框选放大裤脚部分。
- 使用工具箱中【钢笔】工具，快捷键“**P**”，创建裤口部分。

③

- 使用工具箱中【椭圆】工具，快捷键“**L**”，创建裤口纽扣。

④

- 使用工具箱中【钢笔】工具，快捷键“**P**”，创建裤口其余部分。

三、松紧腰头灯笼裤的绘制

镜像复制半边裤子外形

选择工具，快捷键“V”
镜像工具，快捷键“O”

⑤

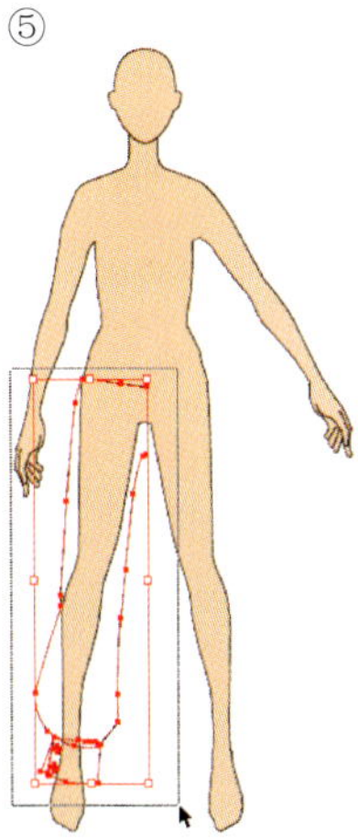

⑤
- 使用工具箱中【选择】工具，快捷键“V”，框选刚刚绘制的所有裤子部分。
- 双击工具箱中【镜像】工具。
- 随即弹出【镜像】对话框，选择“垂直”（⊙），勾选“预览”选项（☑）。
- 点击“复制”。

⑥

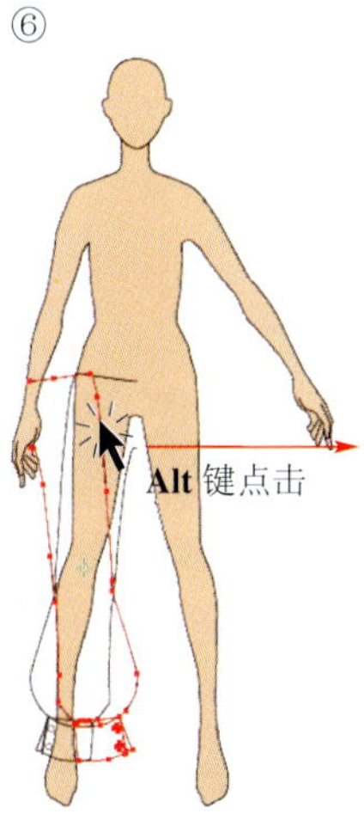

⑥
- 使用工具箱中【选择】工具，快捷键“V”，在刚刚镜像复制的对象被选择的状态下，按下键盘上“**Shift**”键，向右拖曳到适当位置。

⑦

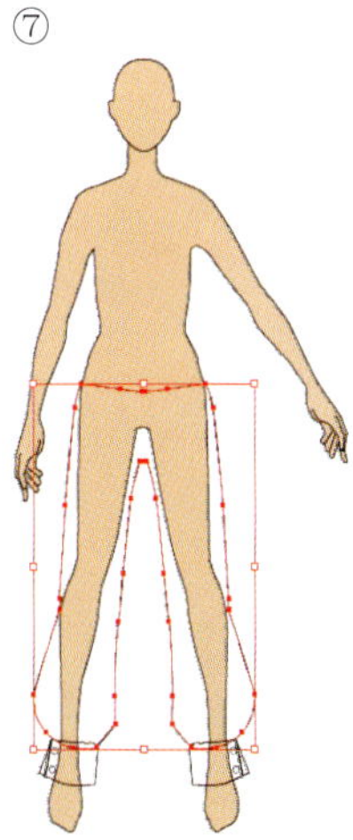

⑦
- 使用工具箱中【选择】工具，快捷键“V”，框选裤子主体部分。
- 在【路径查找器】浮动面板中，点击“与形状区域相加”按钮（◘），合并两个对象。

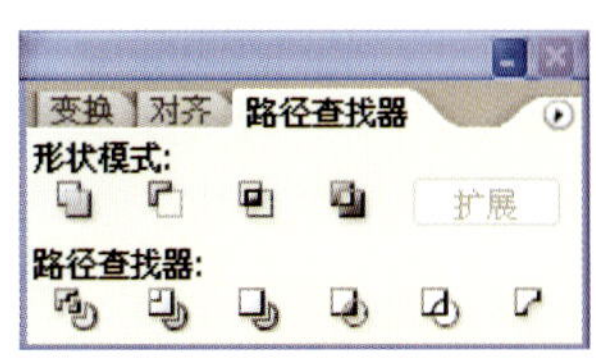

- 点击“扩展”按钮。

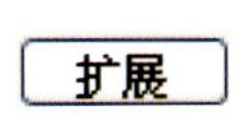

三、松紧腰头灯笼裤的绘制

⑧

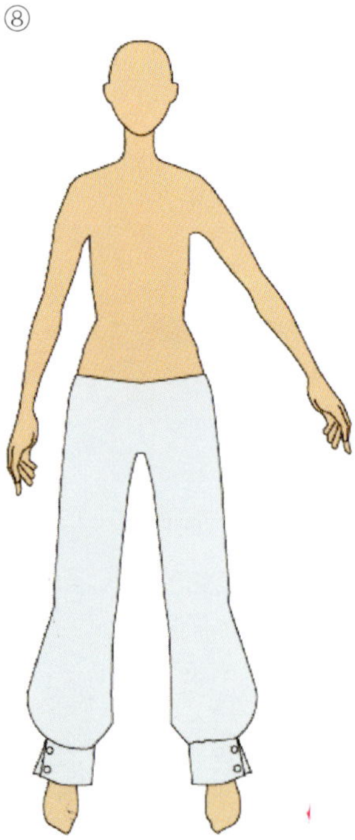

填充颜色

选择工具，即快捷键“V”

⑧

- 使用工具箱中【选择】工具，快捷键“V”，框选刚刚裤子所有部分。
- 在【颜色】浮动面板中，设置颜色 **R** 为 **208**，**G** 为 **219**，**B** 为 **224**，作为裤子的填充色（）。

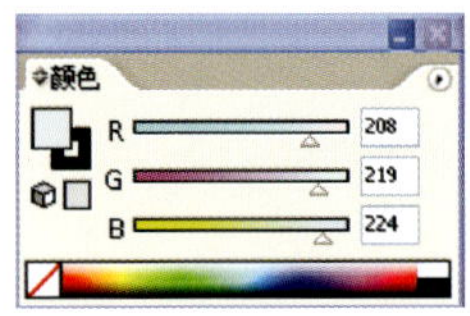

分割裤子

钢笔工具，快捷键“**P**”

选择工具，快捷键“**V**”

⑨

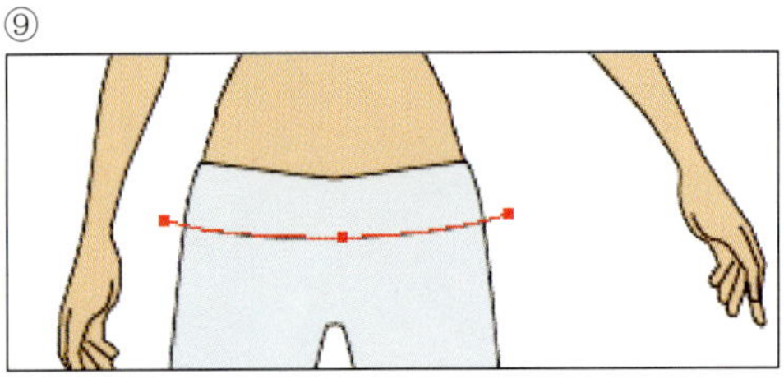

⑨

- 在工具箱中设置无填充色，描边色为黑色（）。
- 使用工具箱中【钢笔】工具，快捷键“**P**”。
- 在裤头位置处点击，创建一条分割线。
- 使用工具箱中【选择】工具，快捷键“**P**”，框选分割线和裤子选择。
- 在【路径查找器】浮动面板中点击“分割”按钮（）。

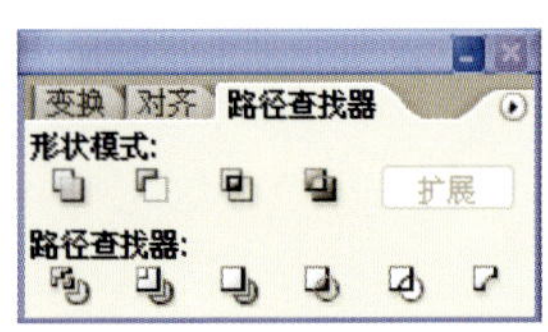

⑩

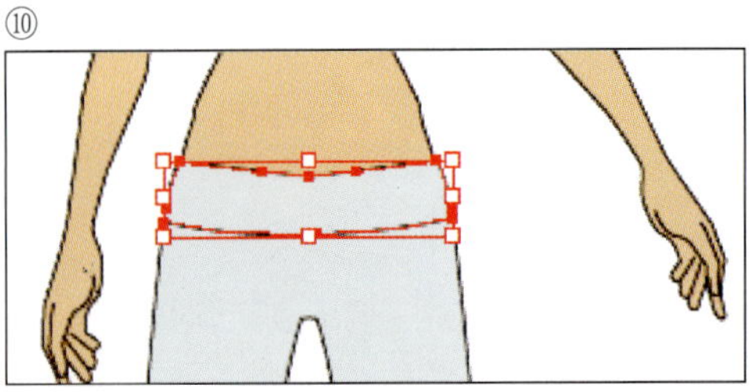

⑩

- 点击鼠标右键，在随即弹出的快捷菜单中点击选择【取消编组】命令。
- 使用工具箱中【选择】工具，点击选择裤子腰头部分。

三、松紧腰头灯笼裤的绘制

填充腰头颜色

选择工具，即快捷键“V”

⑪

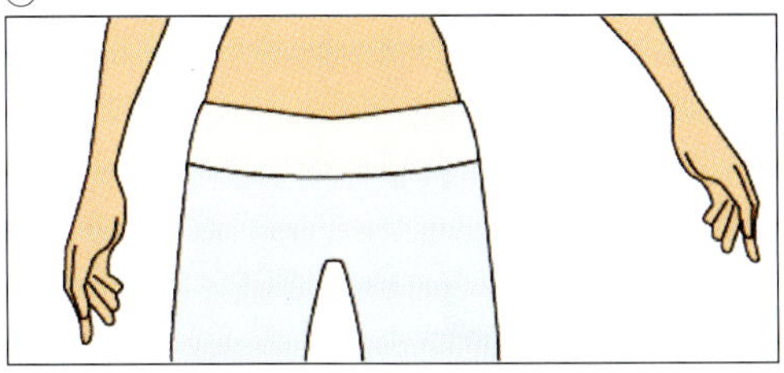

⑪

• 使用工具箱中【选择】工具，点击选择裤子腰头部分。

• 在【颜色】浮动面板中设置 **R** 为 **223**，**G** 为 **225**，**B** 为 **215**，为裤子腰头部分填充色（）。

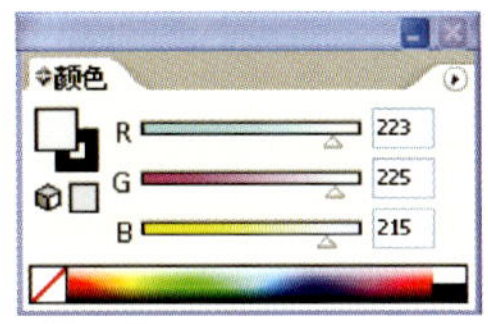

2. 绘制松紧腰头及画笔

绘制腰头

钢笔工具，快捷键“**P**”

吸管工具，快捷键“**I**”

选择工具，快捷键“**V**”

⑫

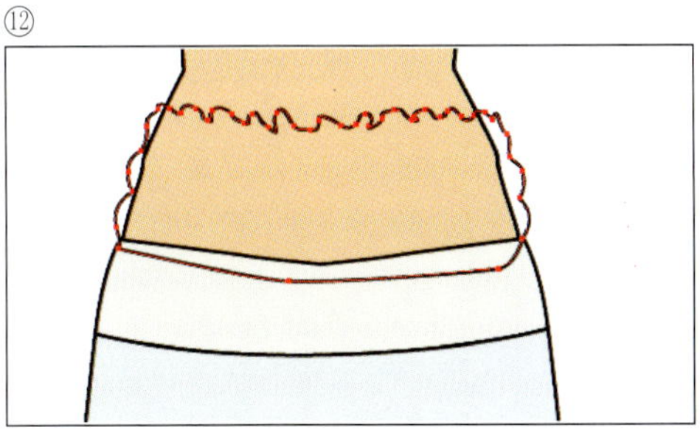

⑫

• 在工具箱中设置无填充色，描边色为黑色（）。

• 使用工具箱中【钢笔】工具，快捷键“**P**”，在裤子腰头上方绘制松紧腰头轮廓。

⑬

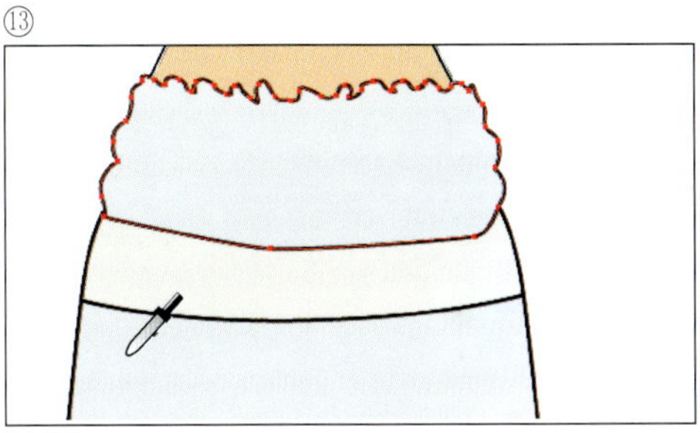

⑬

• 使用工具箱中【吸管】工具，在裤子主体部分点击，吸取其填充色。

⑭

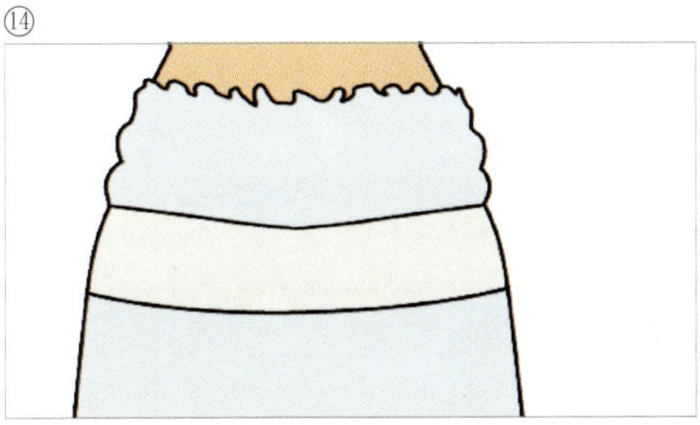

⑭

• 在刚刚绘制的松紧腰头轮廓被选择的状态下，执行菜单栏中【排列 / 置于底层】命令。

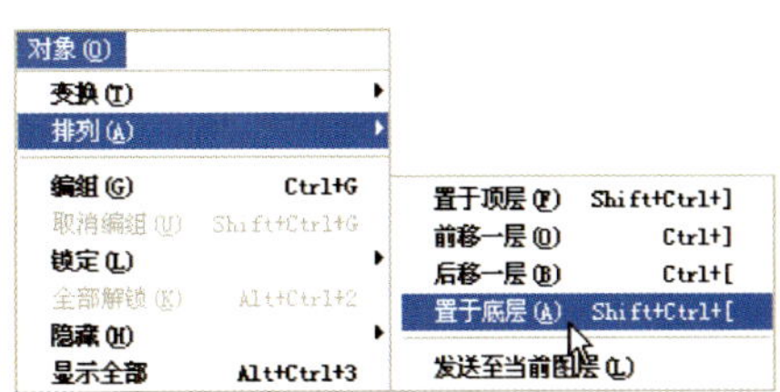

三、松紧腰头灯笼裤的绘制

锁定、创建图层

选择工具，快捷键“V”

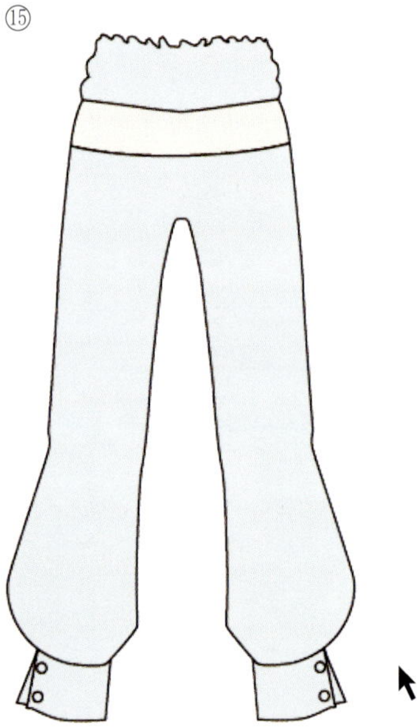

⑮
- 使用工具箱中【选择】工具，快捷键“**V**”，在画板空白处点击，取消所有选择对象。
- 在【图层】浮动面板中，点击“图层”左边的“切换可视性”按钮（👁）。
- 在【图层】浮动面板中，点击下方的“创建新图层”按钮（），新建“图层 **3**”。

点击

绘制松紧腰头画笔一

缩放工具，快捷键“Z”
钢笔工具，快捷键“P”
吸管工具，快捷键“V”

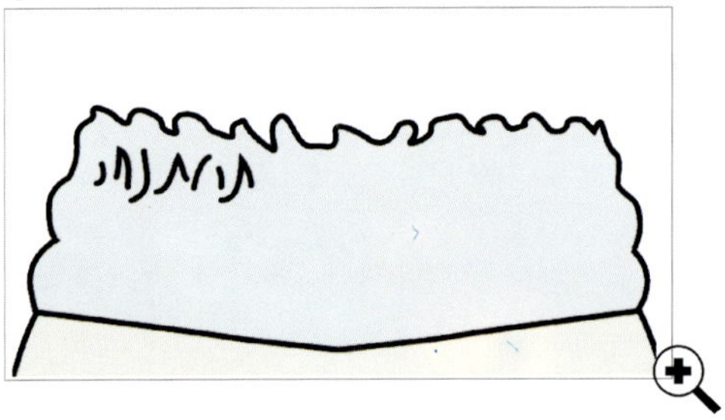

⑯
- 使用工具箱中【缩放】工具，快捷键“**Z**”，放大松紧腰头部分。
- 使用工具箱中【钢笔】工具，快捷键“**P**”，在描边浮动面板中设置画笔“粗细”为 **1pt**，点击“圆头端点”按钮（）。

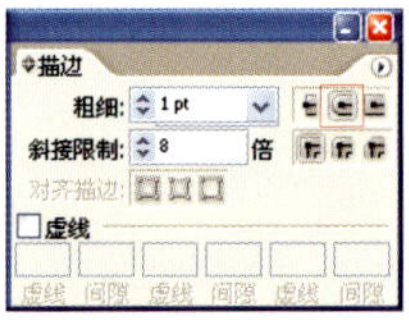

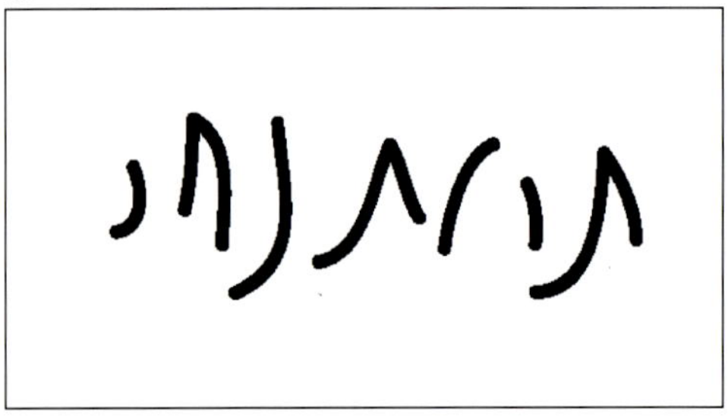

⑰
- 在松紧腰头内部绘制系列不规则路径。
- 在【图层】浮动面板中点击“图层 **1**”和“图层 **2**”左边的“切换可视性”按钮（👁），隐藏两个图层中的所有对象。
- 使用工具箱中缩放工具，放大刚刚绘制的系列路径。

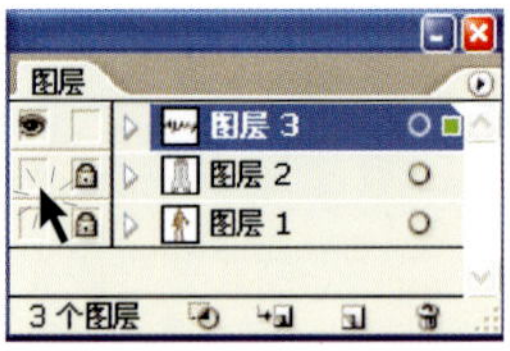

三、松紧腰头灯笼裤的绘制

绘制松紧腰头画笔一

选择工具，快捷键“P”

矩形工具，快捷键“M”

⑱

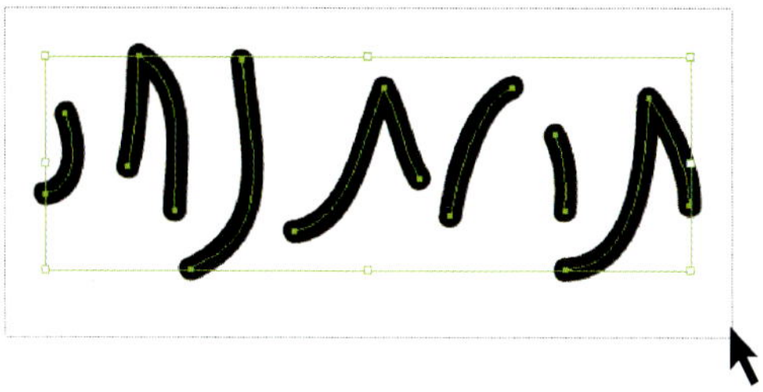

⑱

- 使用工具箱中【选择】工具，快捷键“V”，框选系列短路径。
- 在【画笔】浮动面板中，点击右上角箭头（▸），在随即弹出的快捷菜单中点击选择【打开画笔库 / 艺术效果 – 书法】命令。

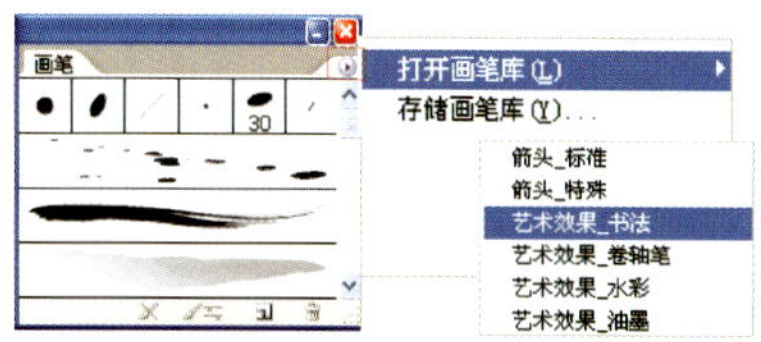

- 在【艺术效果 – 书法】浮动面板中点击选择“1点扁平”画笔。

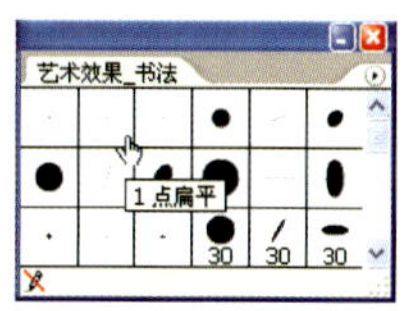

⑲

⑲

- 系列短路径被改变形状。

⑳

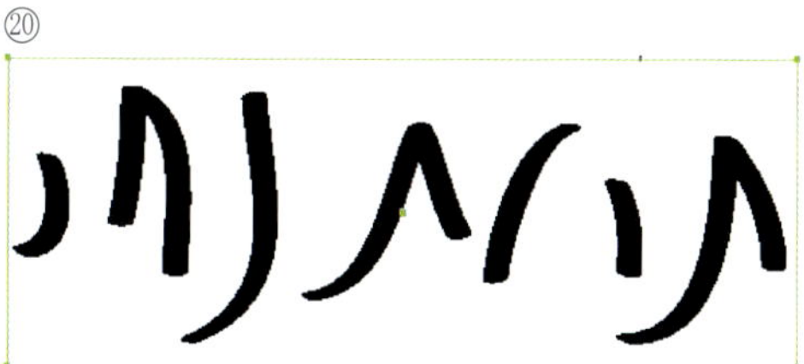

⑳

- 在工具箱中设置无描边色，无填充色（▨）。
- 使用工具箱中【矩形】工具，绘制一个能包围所有路径的透明矩形。
- 将透明矩形放置于路径下方。

㉑

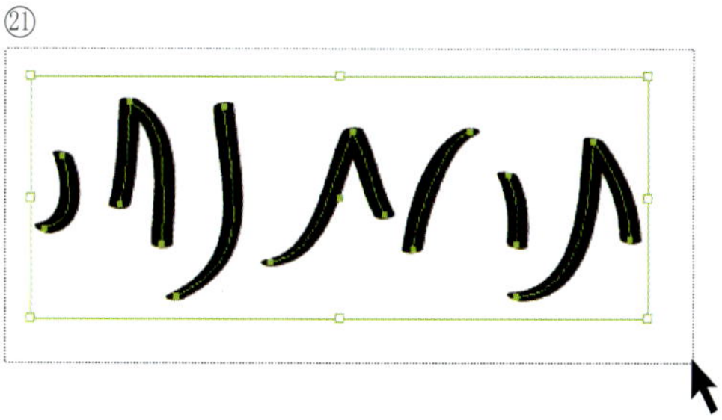

㉑

- 使用工具箱中【选择】工具，快捷键“V”，框选所有路径和透明矩形。

㉒

松紧腰头画笔一

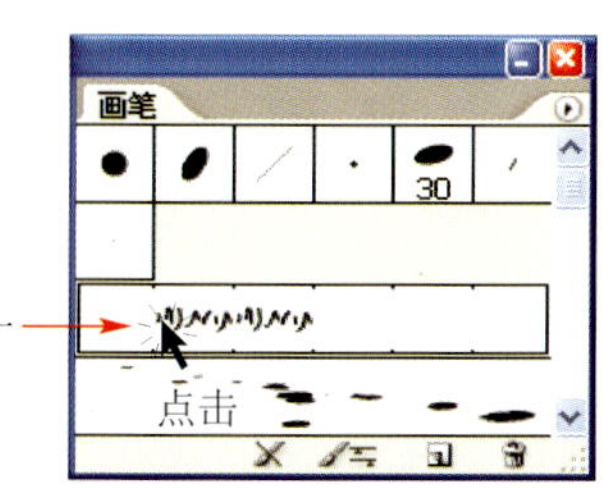

㉒

- 点击【画笔】浮动面板中“新建画笔”按钮（ ◰ ）。
- 将其新建为“松紧腰头图案画笔”。

三、松紧腰头灯笼裤的绘制

运用紧腰头画笔一

钢笔工具，快捷键“**P**”
选择工具，快捷键“**V**”

㉓

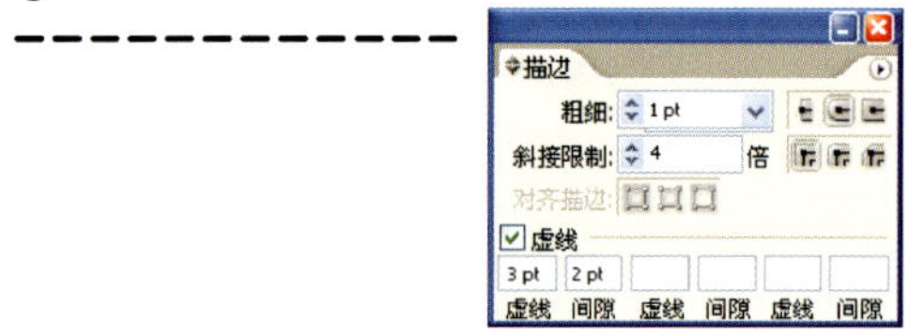

㉓

- 使用工具箱中【钢笔】工具，快捷键“**P**”，在【描边】浮动面板中设置描边“粗细”为**1pt**，点击“圆头端点”按钮（ ），勾选“虚线”选项（ ），设置“虚线”为**3pt**，“间隙”为**2pt**。

㉔

㉔

- 执行菜单栏中【编辑/首选项/常规】命令，在随即弹出的【首选项】对话框中，设置“键盘增量”为**1mm**，点击“确定”。
- 使用工具箱中【选择】工具，快捷键“**V**”，点击选择刚刚绘制的虚线，按下键盘上的“**Alt**”键，鼠标呈现双箭头状态（ ），按下键盘上向下箭头键，向下移动一次。
- 复制一条水平虚线路径。

㉕

㉕

- 使用工具箱中【选择】工具，快捷键“**V**”，点击刚刚绘制的虚线，按下键盘上的“**Alt**”键，鼠标呈现双箭头状态（ ），按下键盘上向下箭头键，依次向下移动。
- 复制三条水平虚线路径。

㉖

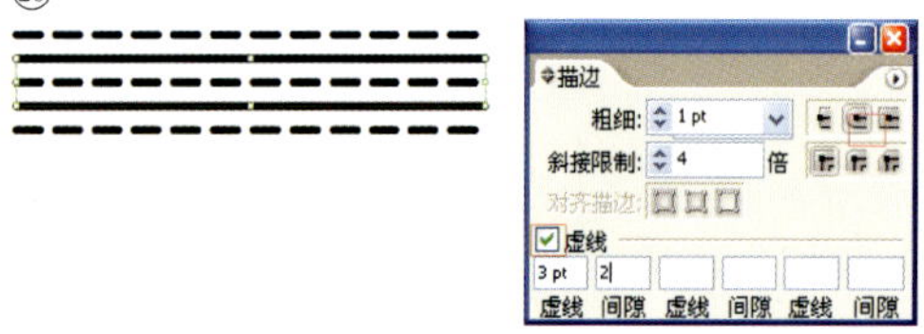

㉖

- 使用工具箱中【选择】工具，快捷键“**V**”，按下键盘上“**Shift**”键，点击选择第二条和第四条虚线。
- 在【描边】浮动面板中，点击取消“虚线”选项的勾选（ ）。
- 第二条和第四条虚线呈实线状态。

㉗

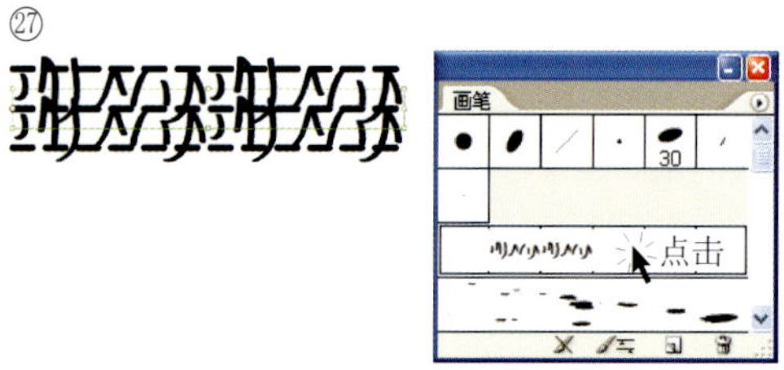

㉗

- 在第二条直线和第四条直线被选择的状态下，在【画笔】浮动面板中点击选择刚刚新建的松紧腰头图案画笔。

三、松紧腰头灯笼裤的绘制

绘制紧腰头画笔二

矩形工具，即快捷键“**P**”
钢笔工具，即快捷键“**V**”
选择工具
直接选择工具

㉘

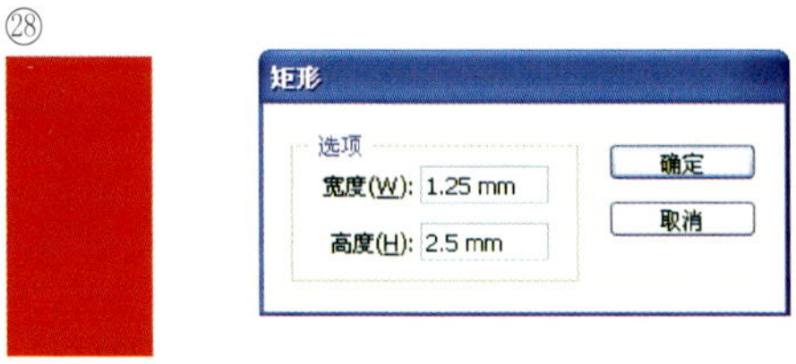

- 在工具箱中设置无描边色，填充色为所需要的颜色（）。
- 双击工具箱中【矩形】工具，在随即弹出的【矩形】对话框中，设置“宽度”为**1.25mm**，“高度”为**2.5mm**。
- 点击“确定”。

㉙

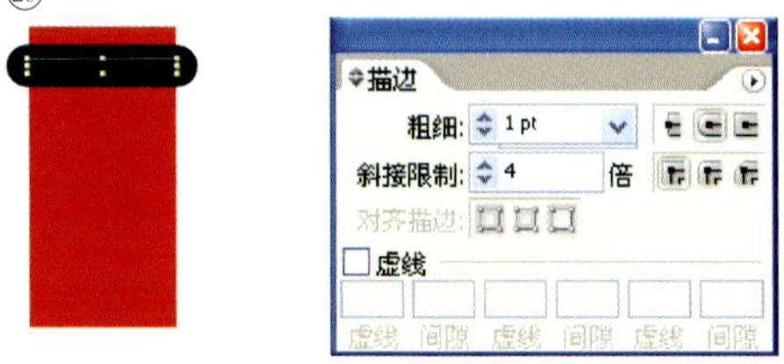

- 在工具箱中设置无填充色，描边色为黑色（）。
- 使用工具箱中【直线】工具，快捷键“\”，在画板上点击，随即弹出【直线段工具选项】对话框，设置直线“长度”为**0.75mm**，“角度”为**0**°。
- 点击“确定”。

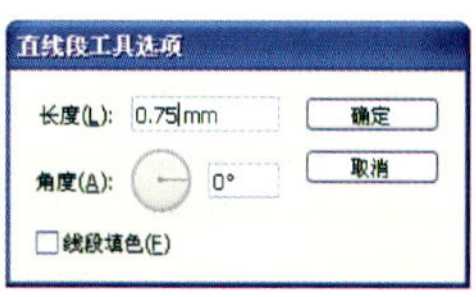

- 在描边浮动面板中，设置描边“粗细”为**1pt**，点击“圆头端点”按钮（）。

㉚

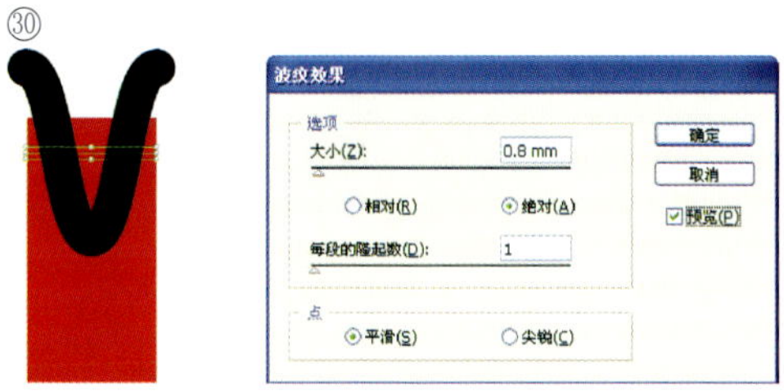

- 执行菜单栏中【效果/扭曲和变换/波纹效果】命令。
- 在随即弹出的波纹效果对话框中，设置“大小”为**0.8mm**，“每段的隆起数”为**1**，点击选择“平滑”复选框（），勾选“预览”选项（），可观看画板中的效果。

㉛

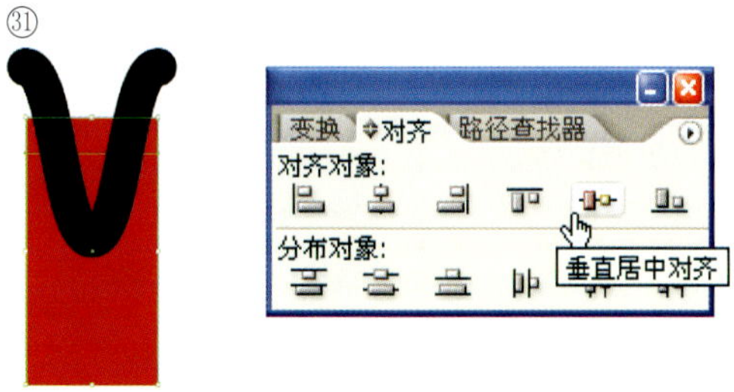

- 使用工具箱中【选择】工具，快捷键“**V**”，在对齐浮动面板中点击“垂直居中对齐”按钮（）。

㉜

- 则矩形和变形后的直线呈对齐状态。

三、松紧腰头灯笼裤的绘制

㉝

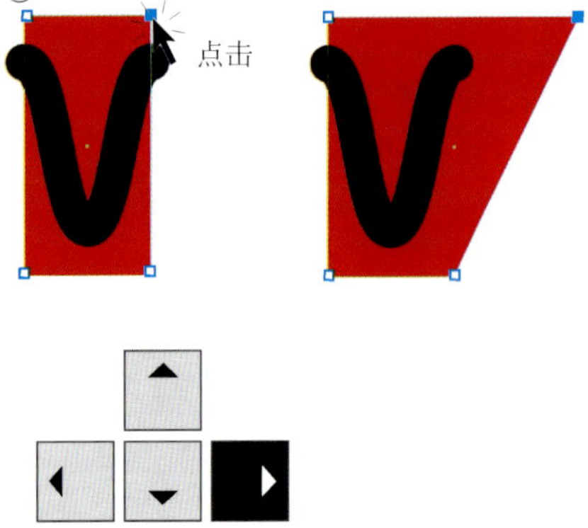

㉝

- 执行菜单栏中【编辑/首选项/常规】命令。
- 在随即弹出的【首选项】对话框中，设置“键盘增量”为 **1.25mm**。
- 点击“确定”。
- 使用工具箱中【直接选择】工具，快捷键“**A**”，点击选择矩形右上角锚点，按下键盘上向右箭头，移动锚点。

㉞

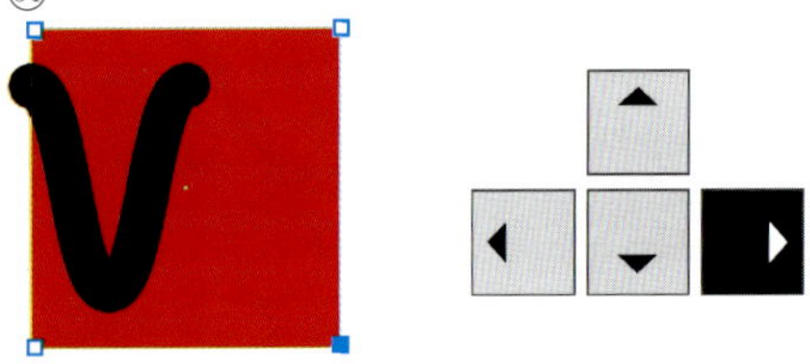

㉞

- 重复上一步操作，移动矩形右下角锚点。

㉟

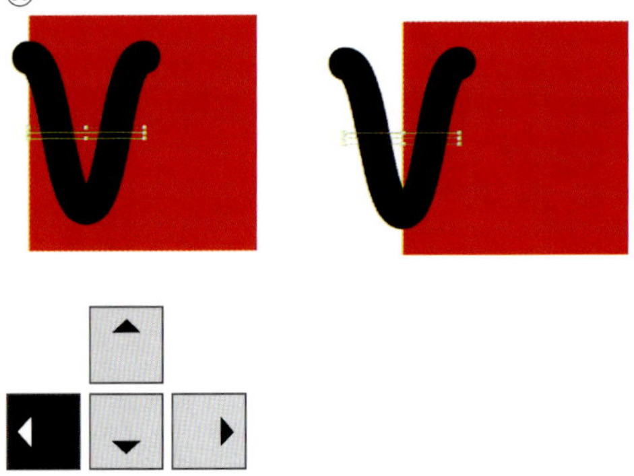

㉟

- 执行菜单栏中【编辑/首选项/常规】命令。
- 在随即弹出的【首选项】对话框中，设置“键盘增量”为 **0.625mm**。

（注意：**0.625mm** 的距离即为矩形宽度的一半）

- 点击“确定”。
- 使用工具箱中【选择】工具，快捷键“**V**”，点击选择波纹线，按下键盘上向左箭头，移动波纹线。

㊱

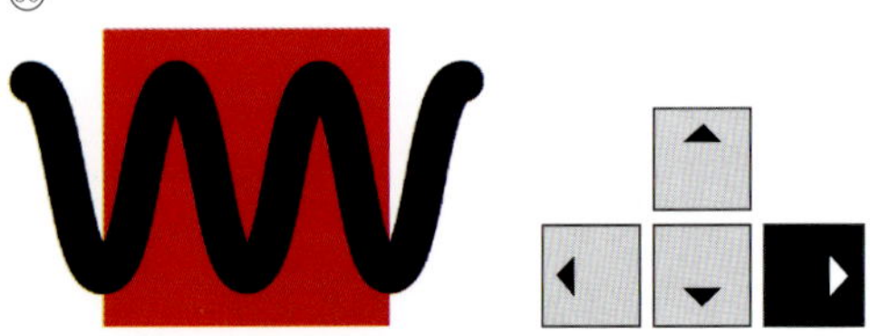

㊱

- 执行菜单栏中【编辑/首选项/常规】命令，在随即弹出的【首选项】对话框中，设置“键盘增量”为 **1.25mm**。
- 点击“确定”。
- 在波纹线被选择的状态下，按下键盘上“**Alt**”键，鼠标呈现双箭头状态，连续两次按下键盘上相右箭头，向右等距离复制两个波纹线。

三、松紧腰头灯笼裤的绘制

㊲

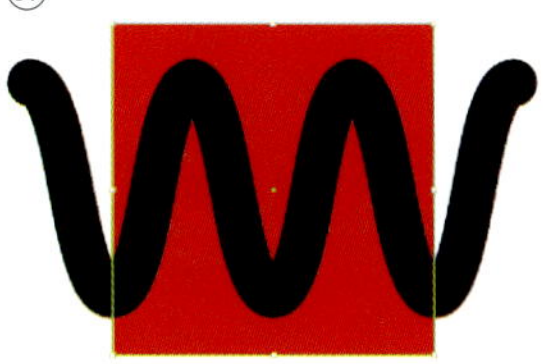

㊲
- 使用工具箱中【选择】工具，快捷键“V”，点击选择矩形。

㊳

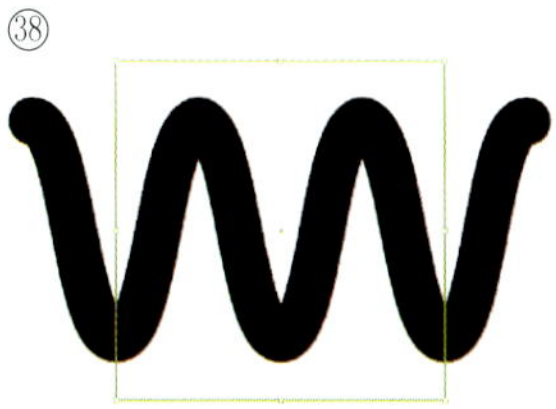

㊳
- 在工具箱中设置无描边色，无填充色（ ）。
- 使用工具箱中【矩形】工具，绘制一个能包围所有路径的透明矩形。
- 将透明矩形放置于路径下方。

㊴

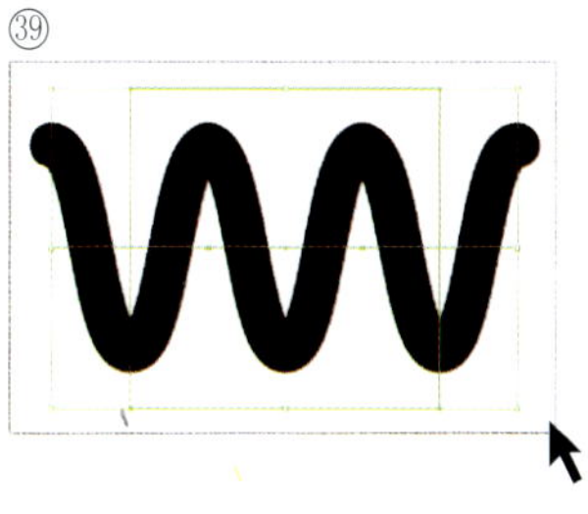

㊴
- 使用工具箱中【选择】工具，快捷键“V”，框选透明矩形和波浪线。
- 在【画笔】浮动面板中，点击下方“新建画笔”按钮（ ）。
- 随即弹出【新建画笔】对话框，点击选择新建“图案画笔”。

㊵

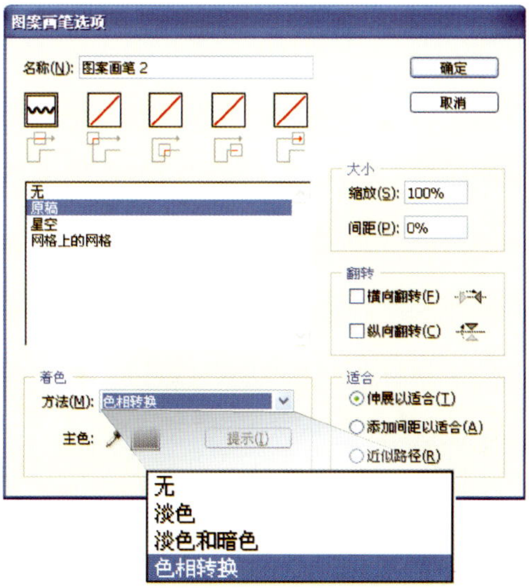

㊵
- 随即弹出【图案画笔选项】对话框，在下方的着色“方法”选项中，选择“色相转换”。
- 点击“确定”。

（注意：色相转换的画笔，会跟随着工具栏中描边颜色做出同样变色）

- 则松紧腰头画笔 **2** 出现在画笔浮动面板中。

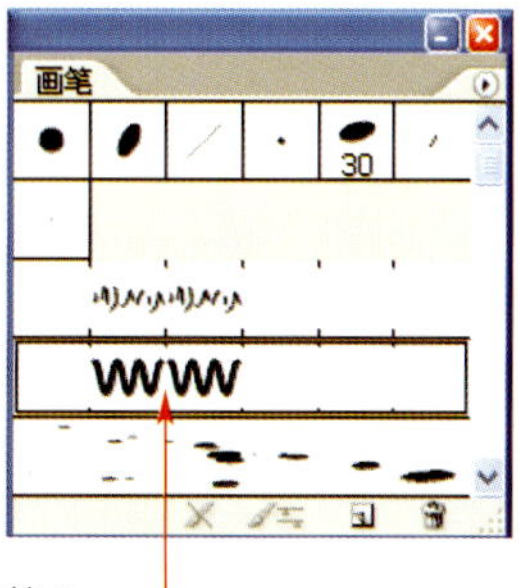

松紧腰头画笔 **2**

三、松紧腰头灯笼裤的绘制

运用紧腰头画笔二

钢笔工具，快捷键“**P**”
选择工具，快捷键“**V**”

⑪

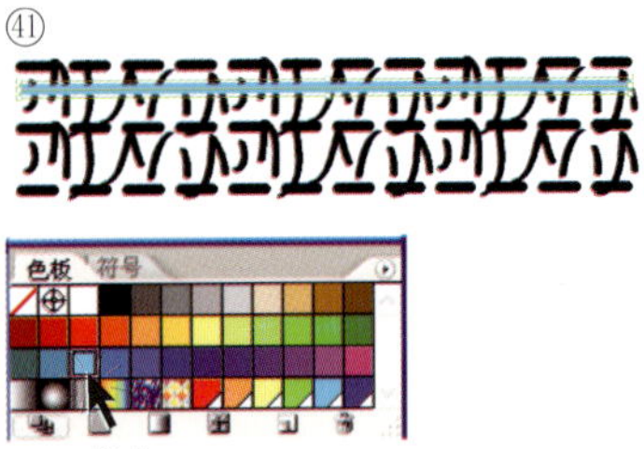

点击

⑪

- 在工具箱中设置无填充色（），点击描边色框为当前色框。
- 在【色板】浮动面板中，点击选择需要的颜色作为当前描边颜色（）。
- 使用工具箱中【钢笔】工具，快捷键“**P**”，在适当的位置绘制直线路径。

⑫

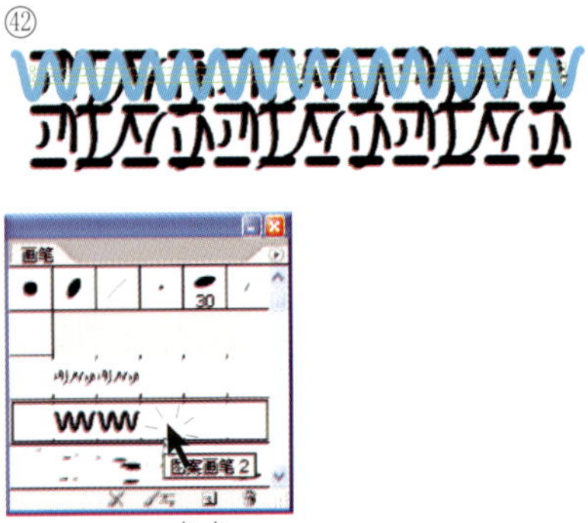

点击

⑫

- 在【画笔】浮动面板中，点击选择刚刚新建的松紧腰头画笔 **2** 图案画笔作为路径的描边。

更改松紧腰头画笔二为虚线

钢笔工具，快捷键“**P**”
选择工具，快捷键“**V**”

- 在刚刚绘制的松紧腰头画笔被选择的状态下，执行菜单栏中【对象 / 扩展外观】命令。

⑬

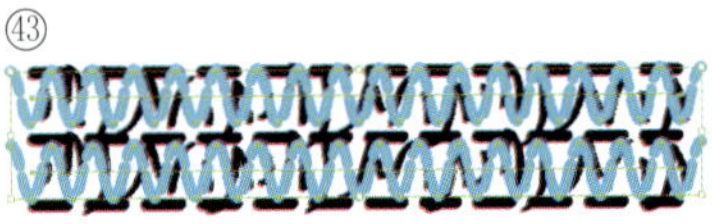

⑬

- 使用工具箱中【选择】工具，快捷键“**V**”，按下键盘上“**Alt**”键，鼠标呈现双箭头状态，向下拖曳，复制波浪线到适当位置。
- 使用工具箱中【选择】工具，快捷键“**V**”，按下键盘上“**Shift**”键，点击选择刚刚绘制的两条波纹线。

⑭

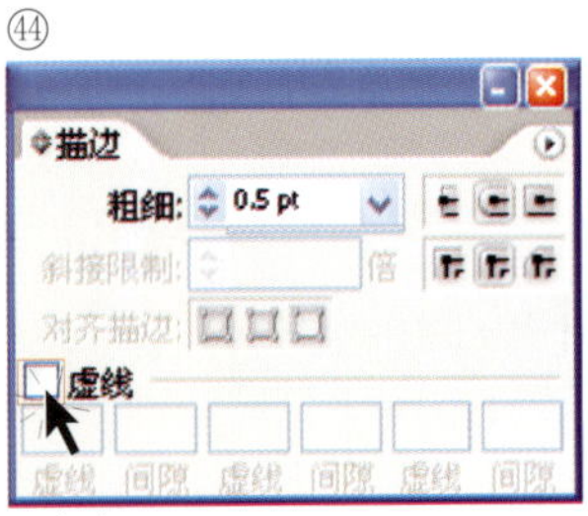

点击

⑭

- 在【描边】浮动面板中，勾选“虚线”选项（），改变粗细为 **0.5pt**。

⑮

⑮

- 两条波纹线变细。

三、松紧腰头灯笼裤的绘制

绘制松紧腰头画笔三

矩形工具，快捷键“M”
选择工具，快捷键“P”

㊻

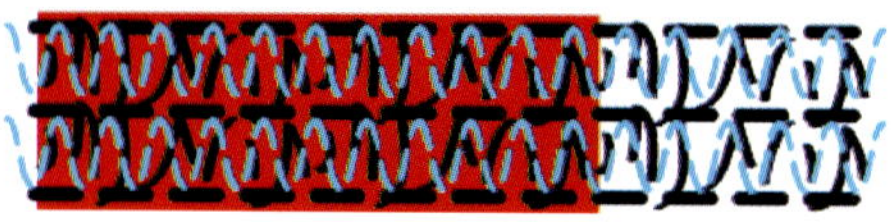

㊻
- 使用工具箱中【矩形】工具，绘制一个能包围所有路径的矩形。
- 将矩形放置于路径下方。

㊼

㊼
- 在刚刚绘制的矩形被选择的状态下，在工具箱中设置无填充色，无描边色（）。
- 矩形成为透明状态。

㊽

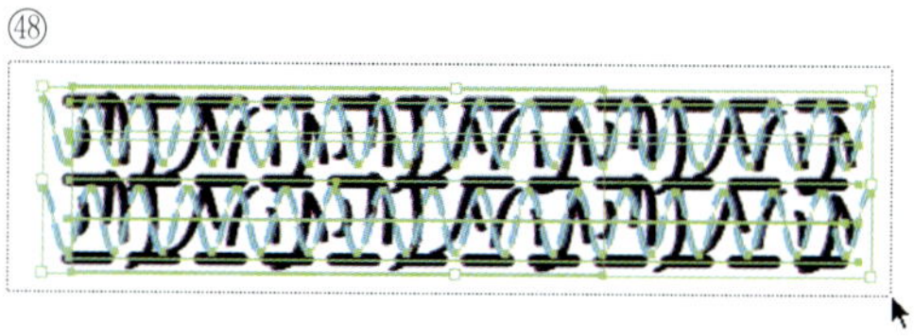

㊽
- 使用工具箱中【选择】工具，快捷键“V”，框选刚刚绘制的几个对象。

㊾

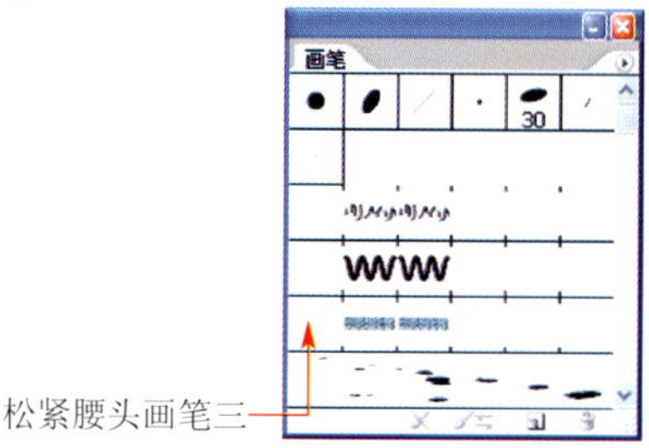

㊾
- 点击【画笔】浮动面板中“新建画笔”按钮（）。
- 将其新建为“松紧腰头画笔 **3**”。

设定图层为可见

选择工具，即快捷键“V”

㊿

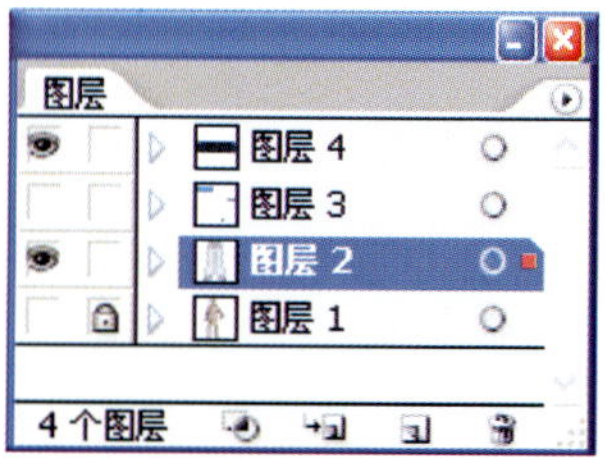

㊿
- 在【图层】浮动面板中，点击“图层 **2**”左边的“切换可视性”按钮（），设置“图层 **2**”为可见图层。

三、松紧腰头灯笼裤的绘制

运用松紧腰头画笔三

选择工具，快捷键“**V**”
钢笔工具，快捷键“**P**”

⑤1

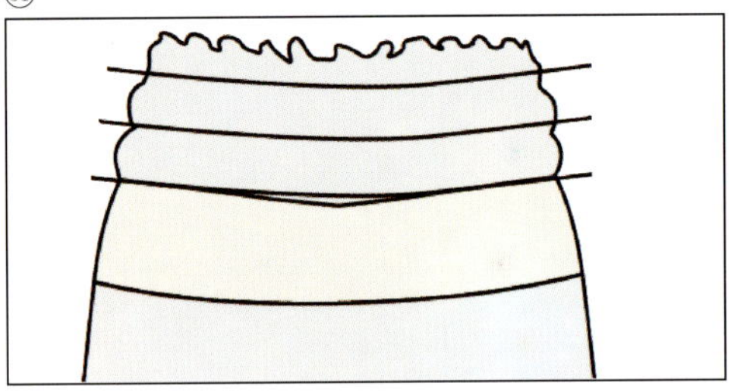

• 在【图层】浮动面板中，点击下方的“创建新图层”按钮（ ），新建“图层 **4**”。

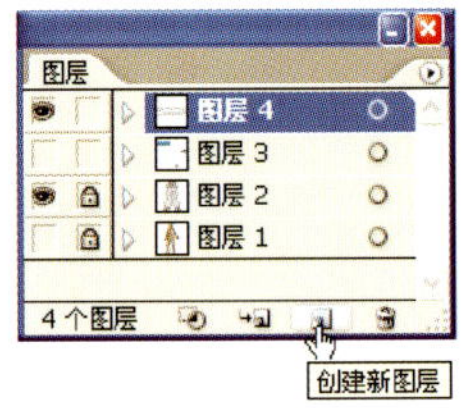

• 在工具箱中设置无填充色，描边色为黑色（ ）。

⑤2

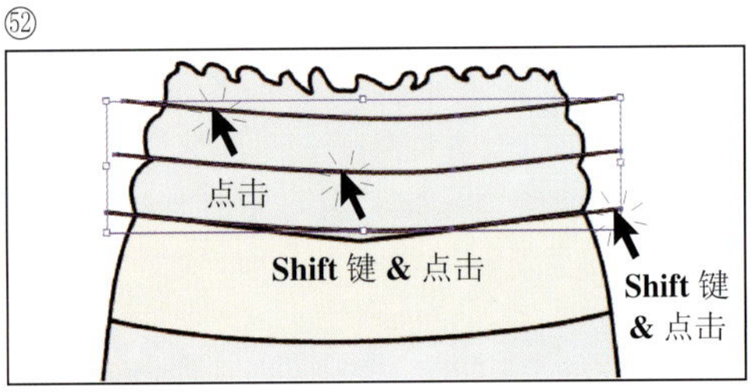

⑤1
• 使用工具箱中【钢笔】工具，快捷键“**P**”，在裤子松紧腰头的适当位置分别绘制三条路径。

⑤2
• 使用工具箱中【选择】工具，快捷键“**V**”，按下键盘上“**Shift**”键，选择刚刚绘制的三条路径。

⑤3

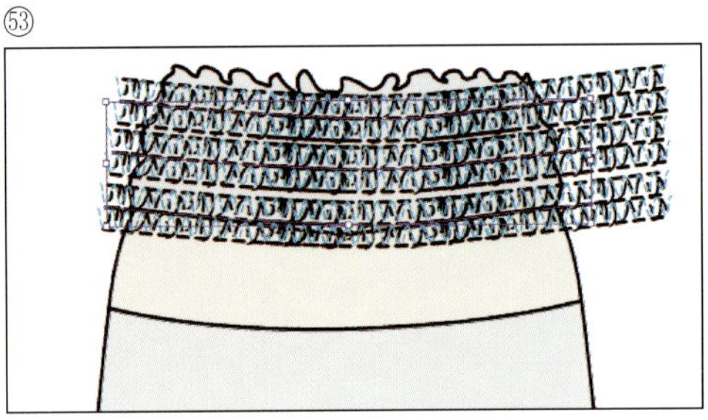

⑤3
• 在【画笔】浮动面板中，点击选择刚刚新建的“松紧腰头画笔 **3**”。

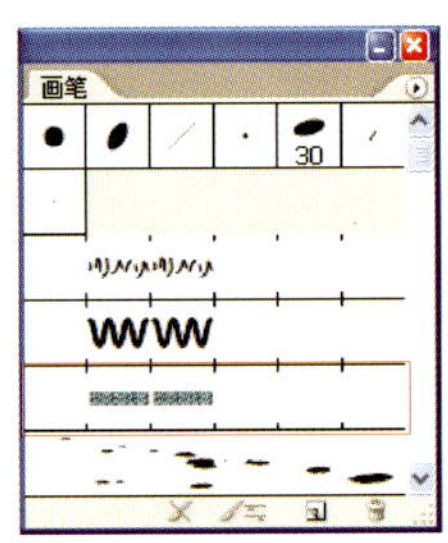

⑤4

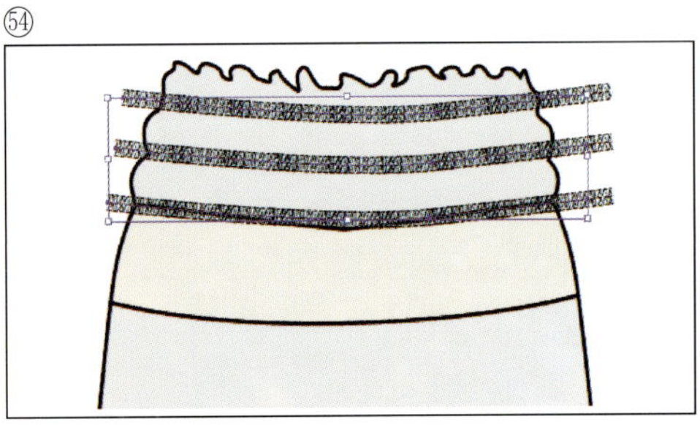

⑤4
• 在控制面板中，设置“描边粗细”为 **0.35pt**。

三、松紧腰头灯笼裤的绘制

运用松紧腰头画笔一

选择工具，快捷键“V”

钢笔工具，快捷键“P”

⑤⑤

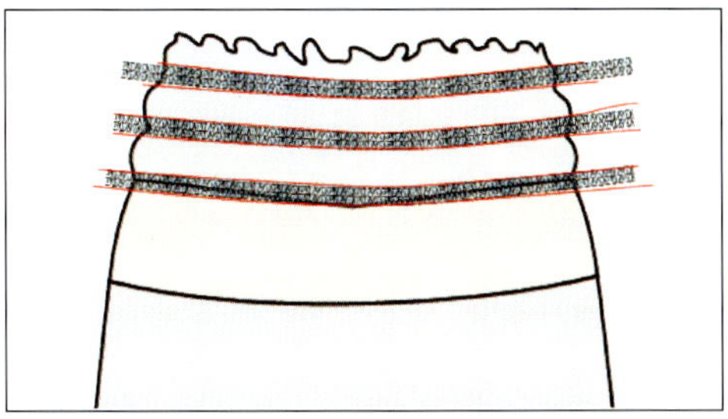

⑤⑤
- 使用工具箱中【钢笔】工具，快捷键“P”，在刚刚绘制的三条图案路径各自的上下边缘分别绘制六条相同弧度的路径。

⑤⑥

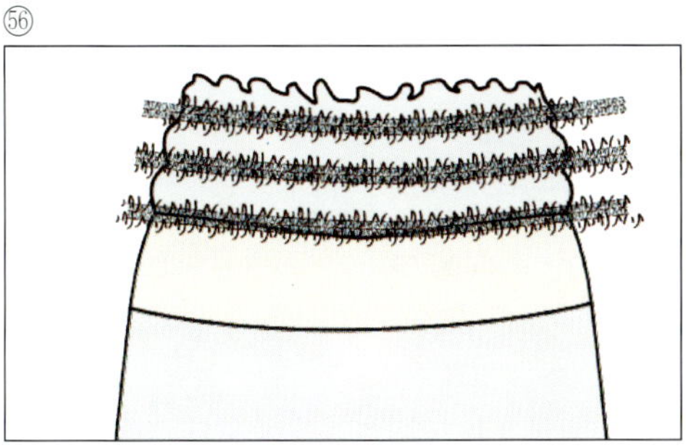

⑤⑥
- 使用工具箱中【选择】工具，快捷键“V”，选择刚刚绘制的六条路径。
- 在画笔浮动面板中，点击选择之前新建的“松紧腰头画笔一”。

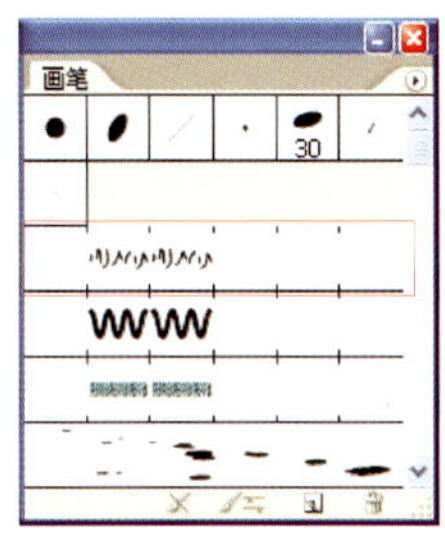

- 在控制面板中，设置“描边粗细”为 **0.5pt**。

剪切松紧腰头形状

选择工具，即快捷键“P”

⑤⑦

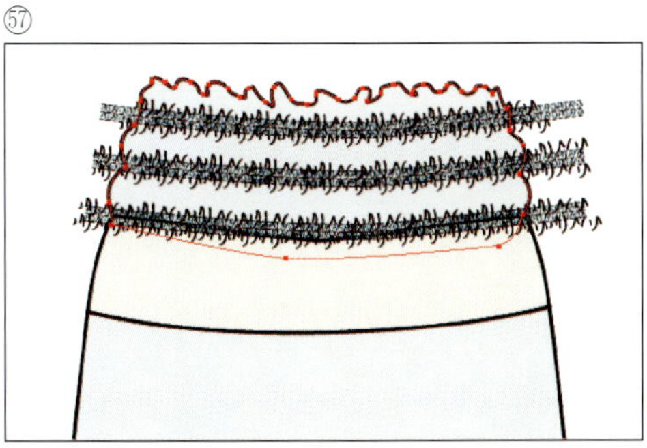

⑤⑦
- 使用工具箱中【选择】工具，快捷键“V ”，点击选择松紧腰头。
- 执行菜单栏中【编辑 / 复制】命令。
- 再执行菜单栏中【编辑 / 贴在前面】命令。

⑤⑧

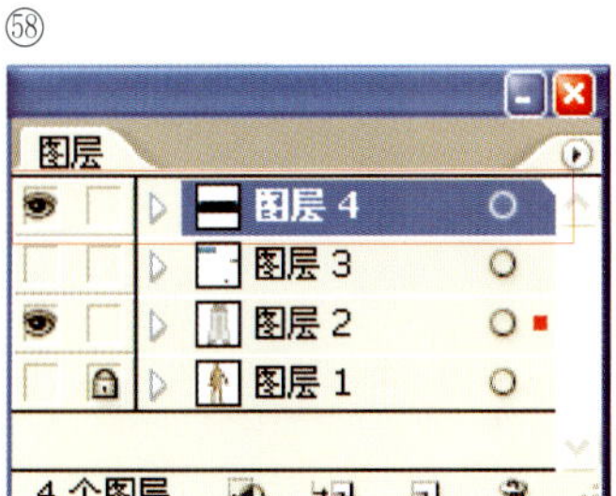

⑤⑧
- 在图层面板中点击“图层 **4**”，使其成为当前被选择层。
- 点击鼠标右键，在随即弹出的快捷菜单中点击选择【排列 / 发送至当前图层】命令。

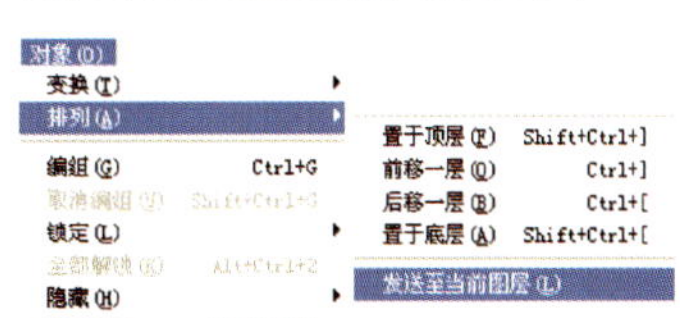

（注意：需要将松紧腰头移动到“图层 **4**”，松紧腰头画笔才能进行剪切）

⑲

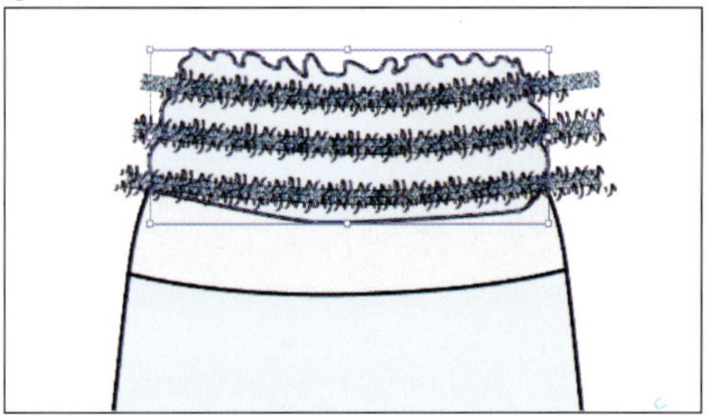

⑲
- 在松紧腰头处于被选择状态下，点击鼠标右键，在随即弹出的快捷菜单中点击选择【排列/置于顶层】命令。

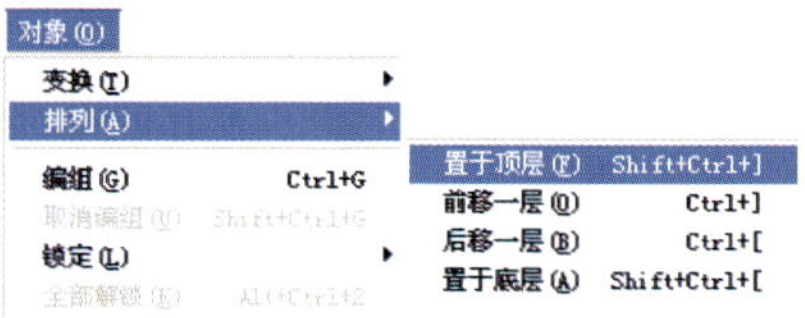

⑳

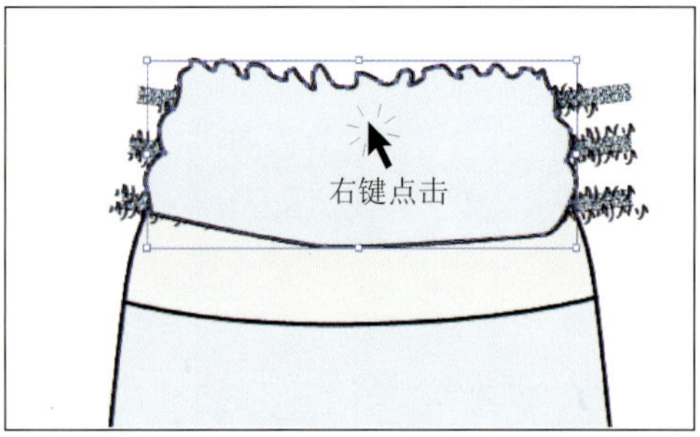

⑳
- 则松紧腰头处于最顶层位置。
- 在【图层】浮动面板中，点击“图层4”最右边的“指示所选图稿”按钮，选择该图层所有对象。

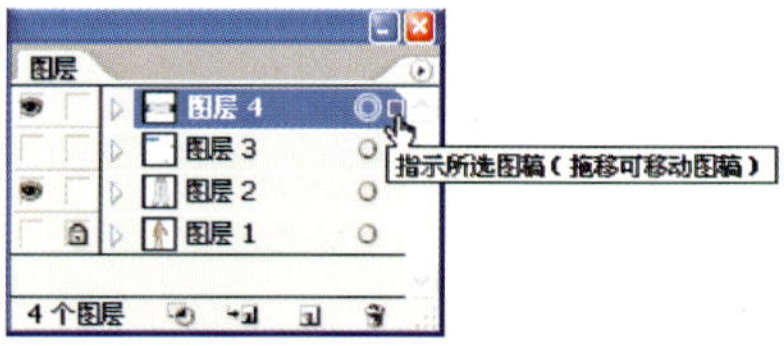

- 在松紧腰头位置点击鼠标右键。
- 在随即弹出的快捷菜单中，点击【建立剪切蒙板】命令。

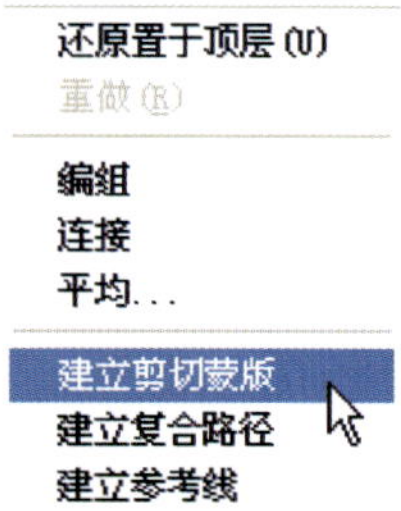

（注意：需要将松紧腰头移动到“图层4”，松紧腰头画笔才能进行剪切）

㉑

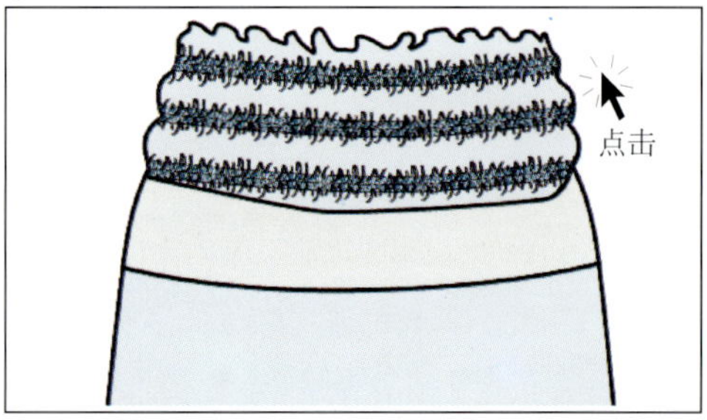

㉑
- 则松紧腰头画笔被松紧腰头外形剪切。
- 使用工具箱中【选择】工具，快捷键“V”，在画板空白处点击，取消所有对象选择。

3. 绘制附件、局部线段

绘制松紧腰头附件部分

选择工具，快捷键“V”
钢笔工具，快捷键“P”
椭圆工具，快捷键“L”

⑥②

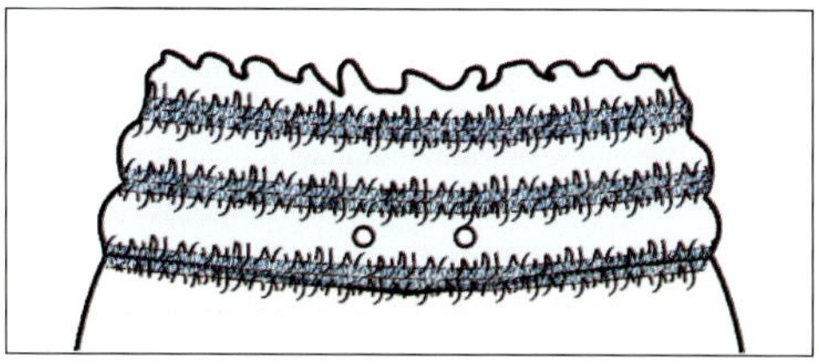

⑥②
- 在工具箱中设置无填充色，描边色为黑色（）。
- 使用工具箱中【椭圆】工具，快捷键“L”，在松紧腰头位置绘制适当大小的两个圆孔。

⑥③

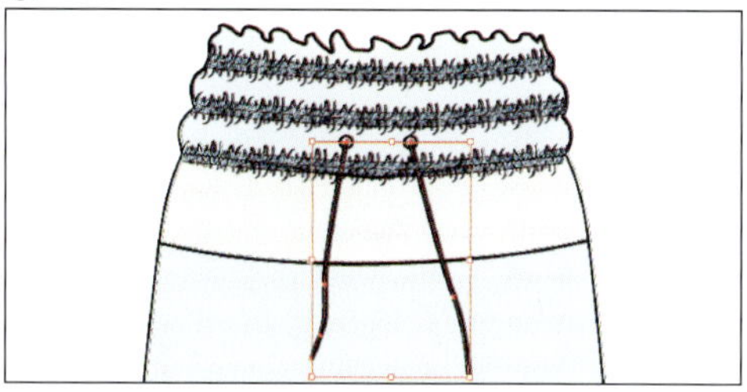

⑥③
- 在【描边】浮动面板中，设置描边“粗细”为 **1.5pt**。
- 使用工具箱中【钢笔】工具，快捷键“P”，分别从刚刚绘制的两个圆孔位置开始绘制两条作为腰绳的曲线路径。

改变腰绳的填充属性

选择工具，即快捷键“V”
吸管工具，即快捷键“I”

⑥④

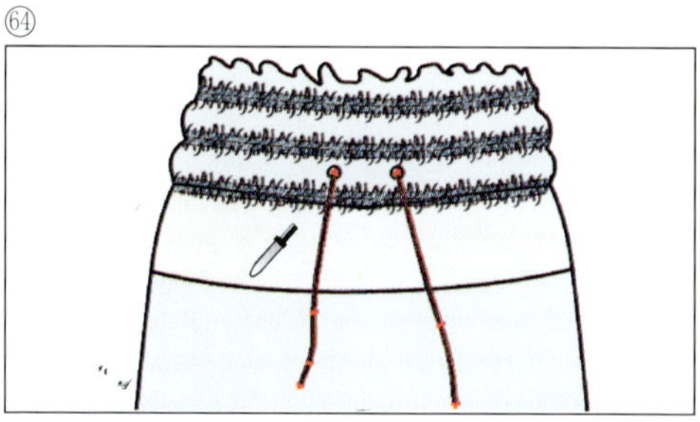

⑥④
- 使用工具箱中【选择】工具，快捷键“V”，按下键盘上“**Shift**”键，选择刚刚绘制的两条腰绳。
- 执行菜单栏中【对象/扩展外观】命令，在随即弹出的【扩展】对话框中勾选“填充”选项（☑）和“描边”选项（☑）。
- 点击“确定”。

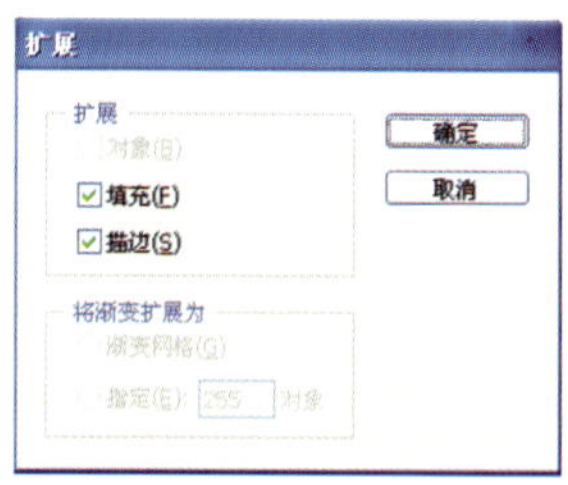

- 使用工具箱中【吸管】工具，即快捷键“I”。
- 移动裤子分割处点击。

⑥⑤

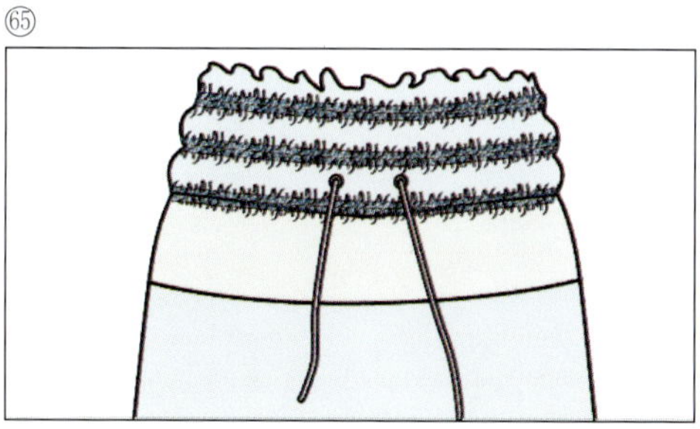

⑥⑤
- 则腰绳的填充与描边状态都与裤子分割处一致。

三、松紧腰头灯笼裤的绘制

绘制松紧腰头局部线条

选择工具，快捷键“**V**”

钢笔工具，快捷键“**P**”

⑯

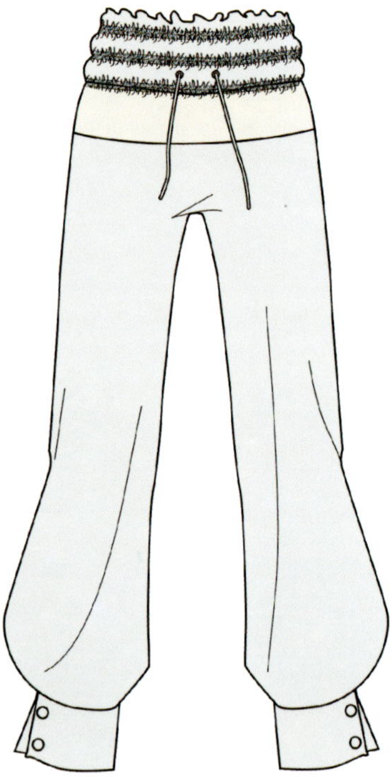

⑯

- 在工具箱中设置无填充色，描边色为黑色（）。
- 使用工具箱中【钢笔】工具，快捷键“**P**”，在控制面板中设置“描边粗细”为**0.5pt**。在裤子的不同位置分别绘制需要的局部线条。

三、松紧腰头灯笼裤的绘制

松紧腰头灯笼裤着装图

松紧腰头灯笼裤款式图变色一

松紧腰头灯笼裤款式图变色二

①

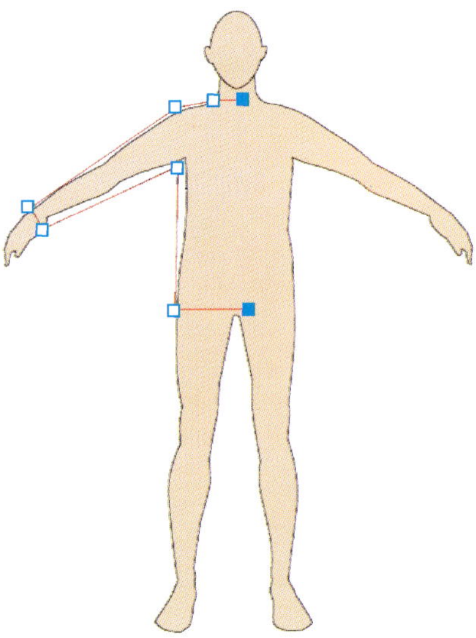

②

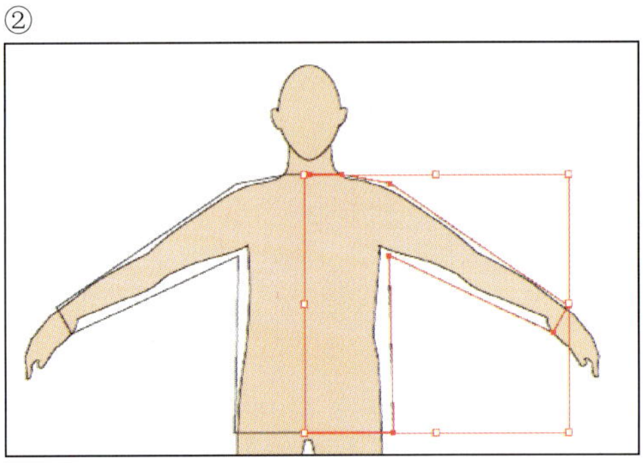

③

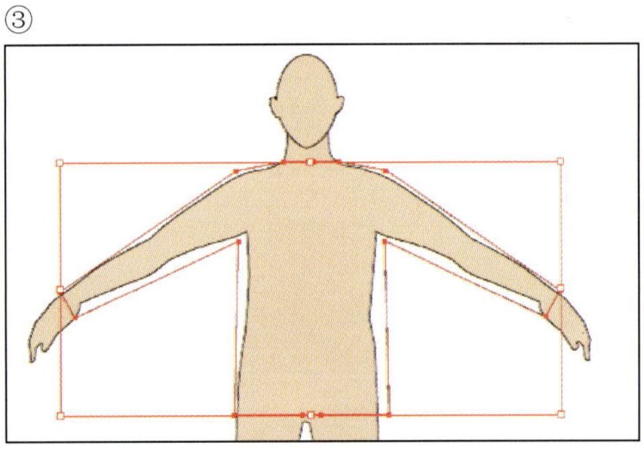

1. 创建 T 恤基本形状

新建文档

- 在 **Adobe Illustrator** 中执行菜单栏中【文件 / 新建】命令，快捷键“**Ctrl+N**”，随即弹出【新建文档】对话框，设置：“名称”为松紧腰头灯笼裤；“大小”为 **A4**；“取向”纵向（ ）；“**RGB** 颜色”（ ）。
- 点击“确定”。

绘制 T 恤基本外形

钢笔工具，即快捷键“**P**”
选择工具，即快捷键“**V**”

- 执行菜单栏中【文件 / 置入】命令，置入人体草图。
- 在【图层】浮动面板上点击图层 **1** 的锁定按钮（ ）。
- 点击【图层】浮动面板中新建图层（ ），创建“图层 **2**”。

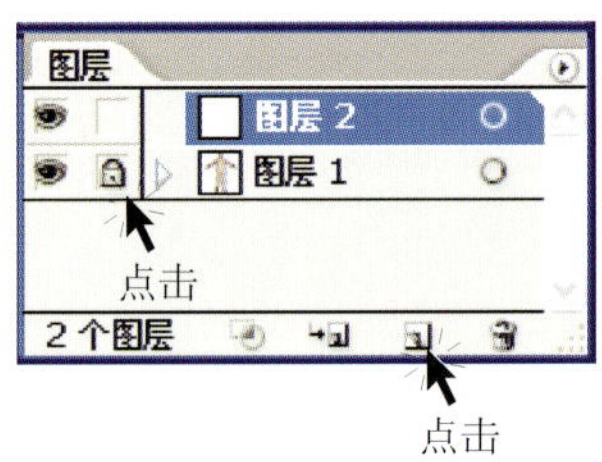

①
- 在工具箱中设置无填充色，描边色为黑色（ ），在【控制】面板中设置“描边粗细”为 **1pt**。
- 使用工具箱中【钢笔】工具，快捷键“**P**”，沿人体上部绘制左半边 **T** 恤外形。

②
- 使用工具箱中【选择】工具，快捷键“**V**”，点击选择刚刚绘制的左半边 **T** 恤。
- 使用工具箱中【镜像】工具，垂直镜像复制右半边 **T** 恤。

③
- 使用工具箱中【选择】工具，按下键盘上“**Shift**”键，点击选择两个半边 **T** 恤。
- 在【路径查找器】浮动面板中，点击“与形状区域相加”按钮（ ）。
- 点击“扩展”按钮。

④

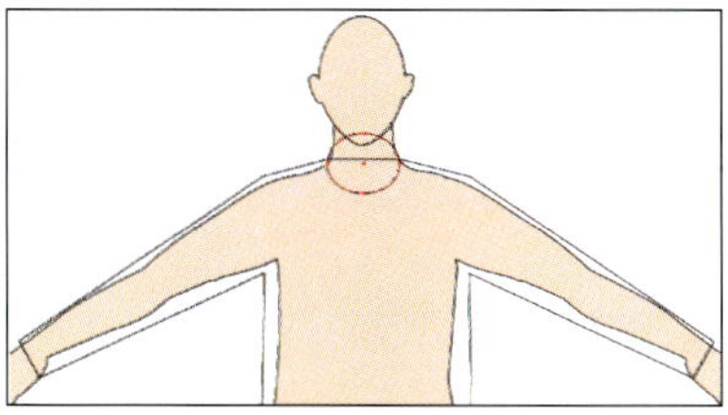

创建领子形状

椭圆工具，即快捷键“P”
选择工具，即快捷键“V”

④
- 使用工具箱中【椭圆】工具，快捷键“V”，在领子理想位置绘制适当大小的椭圆。

⑤

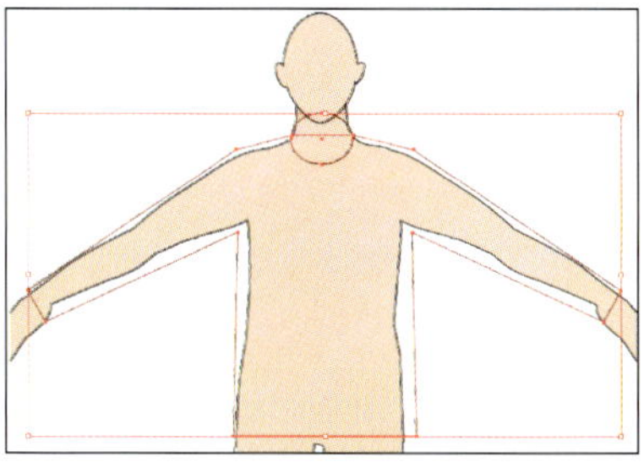

⑤
- 使用工具箱中【选择】工具，快捷键“V”，框选T恤轮廓和刚刚绘制的椭圆。
- 在【路径查找器】浮动面板中，点击“与形状区域相减”按钮（ ），点击“扩展”按钮。

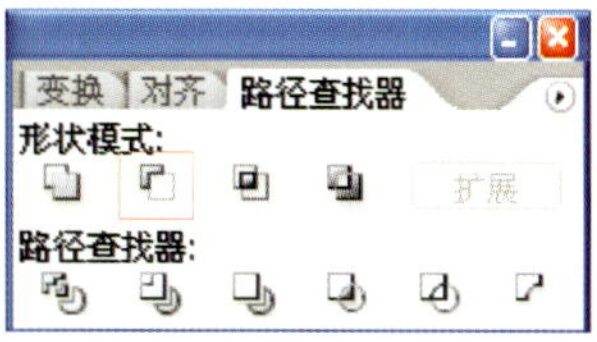

⑥

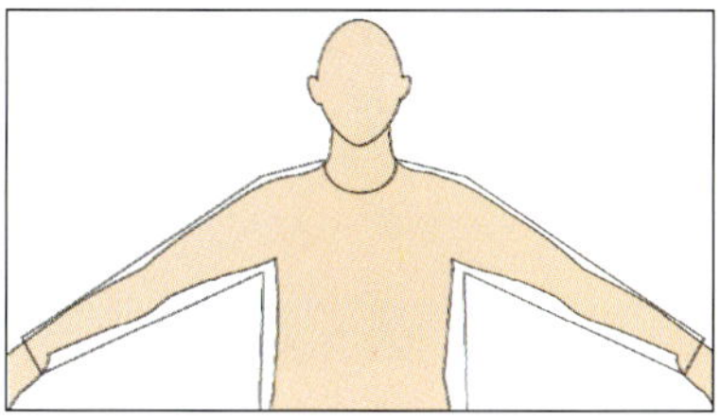

⑥
- 产生理想的领口弧线。

⑦

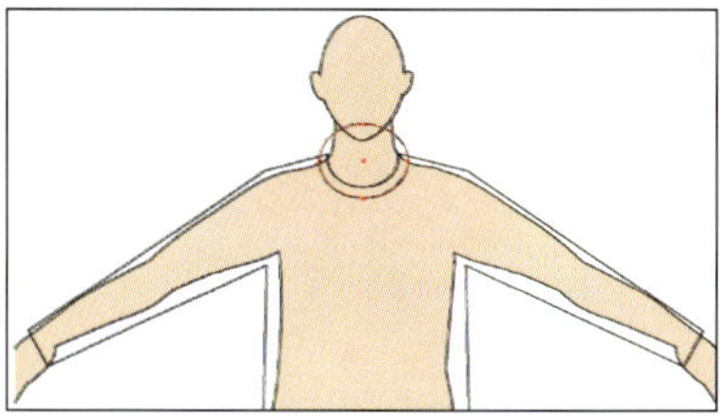

⑦
- 使用工具箱中【椭圆】工具，快捷键“V”，再在领子理想位置绘制适当大小的椭圆。

⑧

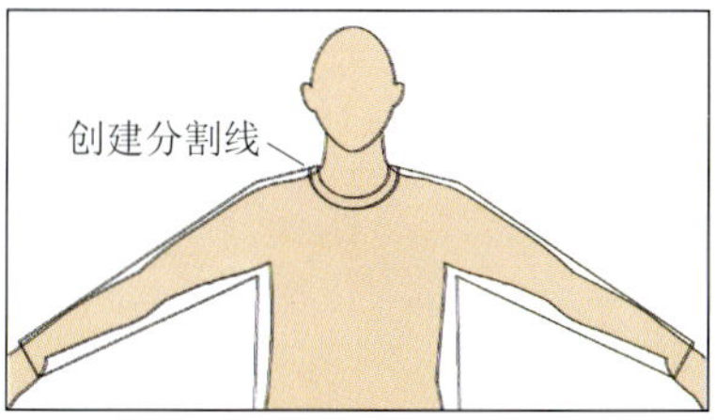

⑧
- 运用相同方法创建领部分割线。
- 创建出T恤领子形状。

四、罗纹领 T 恤的绘制

创建袖子

钢笔工具，即快捷键“P”

选择工具，即快捷键“V”

- 在【图层】浮动面板中，点击“图层 1”左边的眼睛框，隐藏图层。

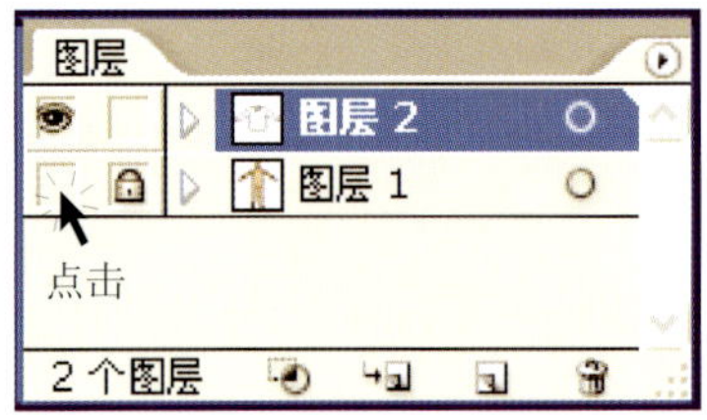

⑨

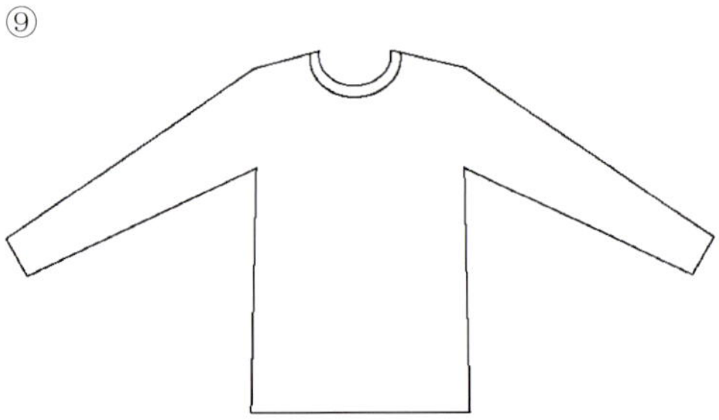

⑨
- 则人体草图被隐藏。

⑩

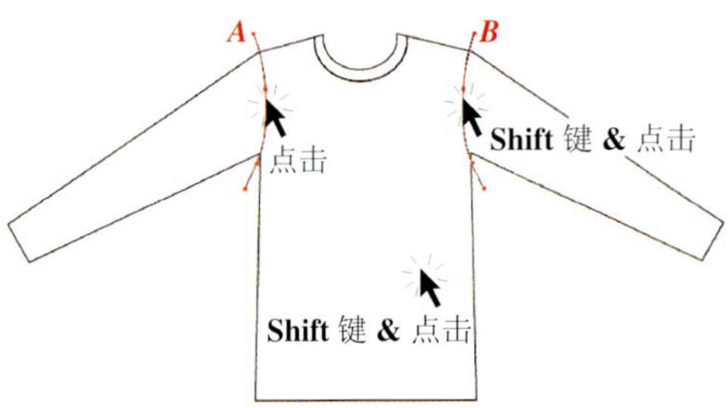

⑩
- 使用工具箱中【钢笔】工具，快捷键“P”，如图 10 所示绘制弧线作为袖子分割线。
- 使用工具箱中【选择】工具，快捷键“V”，按下键盘上“Shift”键，选择刚刚绘制的两条袖子分割线和 T 恤衣身。
- 在【路径查找器】浮动面板中，点击“分割”按钮（ ）。

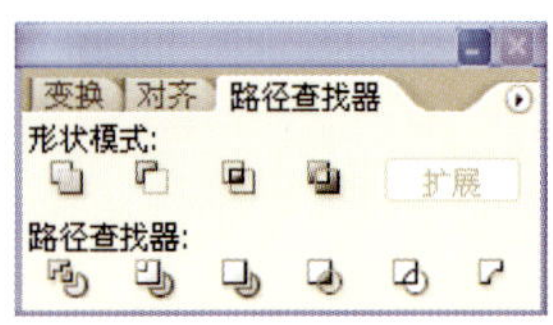

- 则 T 恤袖子部分的形状被分割出来。

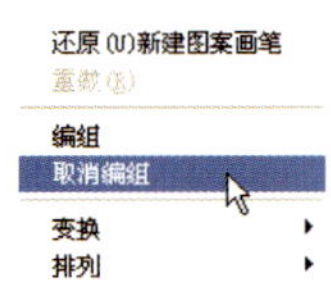

- 点击鼠标右键，在随即弹出的快捷菜单中，点击选择【取消编组】命令。

⑪

⑪
- 在画板空白处点击，取消所有对象选择。

四、罗纹领 T 恤的绘制

调整袖头形状

缩放工具，快捷键“Z”
钢笔工具，快捷键“P”
选择工具，快捷键“V”
直接选择工具，快捷键“A”
转换锚点工具，无快捷键

⑫

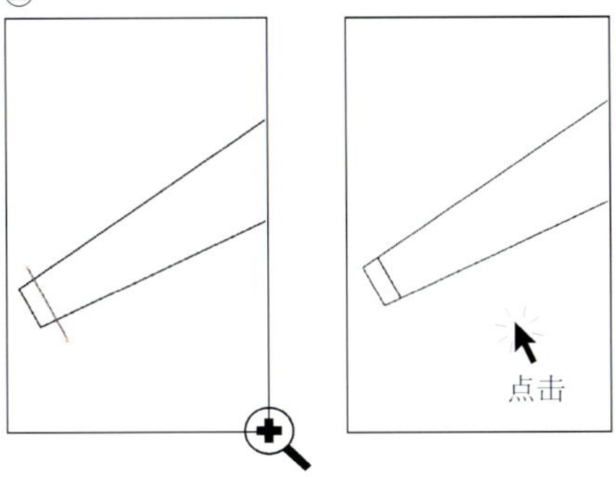

⑫

- 使用工具箱中【缩放】工具，快捷键“Z”，框选放大袖头部分。
- 使用工具箱中【钢笔】工具，快捷键“P”，在左边袖头处绘制弧线作为分割线。
- 使用工具箱中【选择】工具，快捷键“V”，框选刚刚绘制的袖头分割线和左边袖子。
- 在【路径查找器】浮动面板中，点击“分割”按钮（ ）。

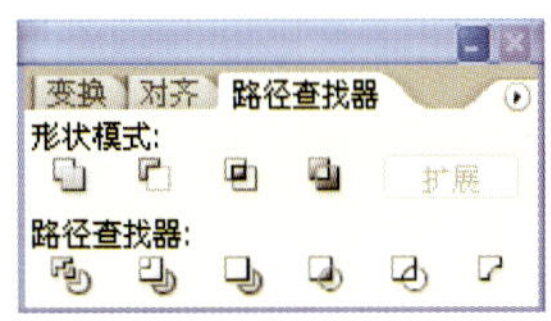

- 点击鼠标右键，在随即弹出的快捷菜单中，点击选择【取消编组】命令。
- 在画板空白处点击，取消所有对象选择。

⑬

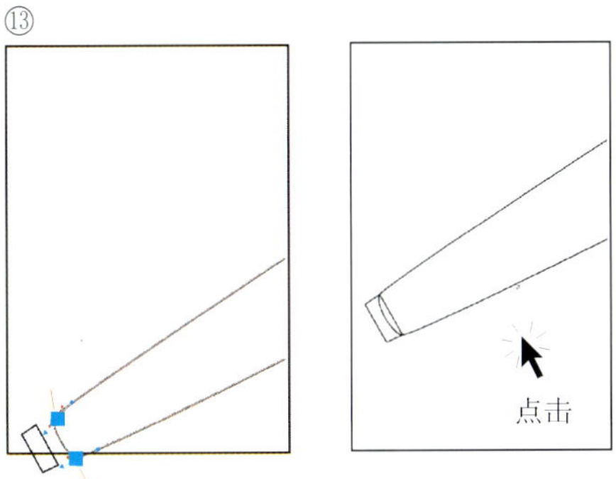

⑬

- 使用工具箱中【直接选择】工具，分别点击并拖曳袖子末端的两个锚点，改变路径弧度。
- 在画板空白处点击，取消所有对象选择。

⑭

⑭

- 重复以上几步操作，绘制右边袖头部分。

2.T 恤填色

分割 T 恤衣身部分

钢笔工具，即快捷键“**P**”
选择工具，即快捷键“**V**”

⑮

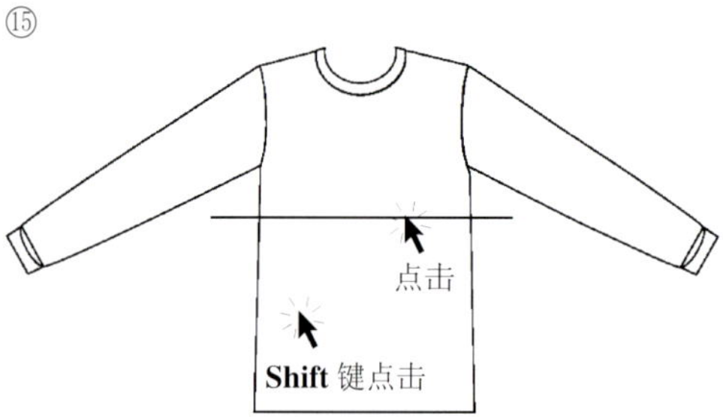

⑮
- 使用工具箱中【钢笔】工具，快捷键“**P**”，在 **T** 恤衣身的适当位置绘制一条直线作为分割线。
- 使用工具箱中【选择】工具，快捷键“**V**”，框选刚刚绘制的衣身分割线和 **T** 恤衣身部分。
- 在【路径查找器】浮动面板中，点击“分割”按钮。

⑯

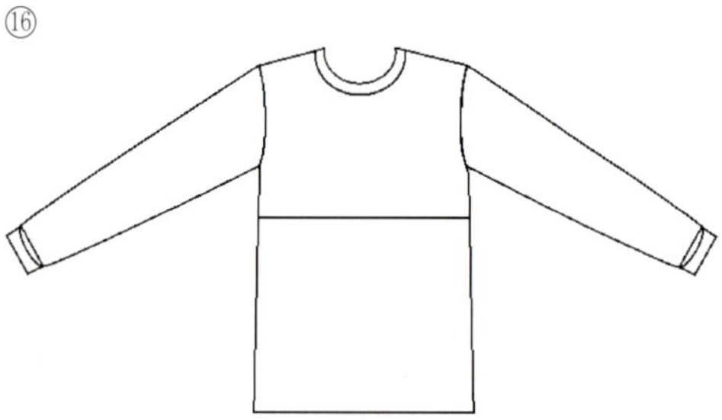

⑯
- 即 **T** 恤被直线分割。
- 点击鼠标右键，在随即弹出的快捷菜单中，点击选择【取消编组】命令。

分割 T 恤袖子部分

钢笔工具，即快捷键“**P**”
选择工具，即快捷键“**V**”

⑰

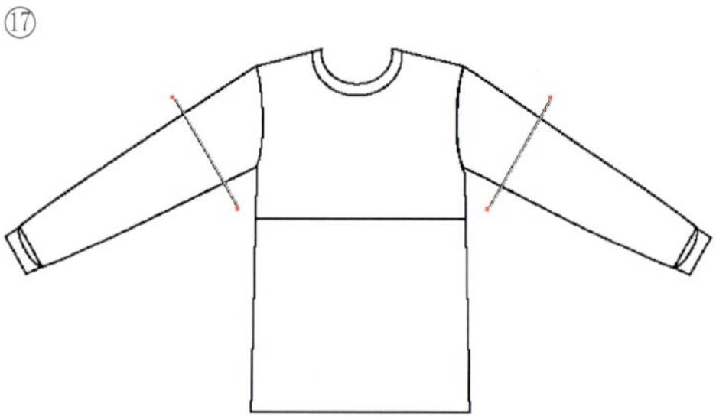

⑰
- 使用工具箱中【钢笔】工具，快捷键“**P**”，在两边袖子的适当位置分别绘制两条直线作为袖子的分割线。
- 使用工具箱中【选择】工具，快捷键“**V**”，框选刚刚绘制的袖子分割线和两边袖子部分。

⑱

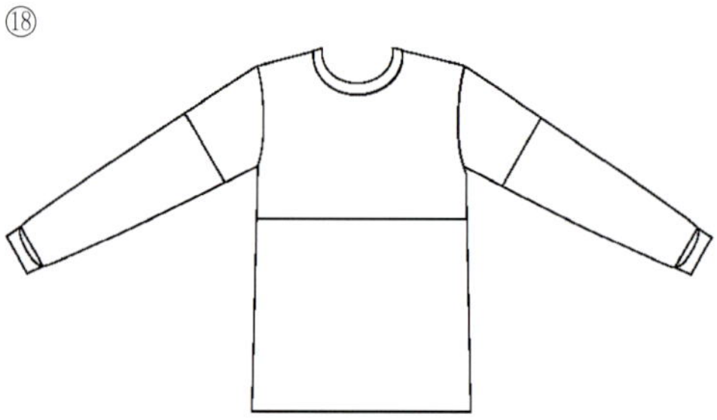

⑱
- 重复以上几步操作，将袖子进行分割。

填充颜色

选择工具，即快捷键“V”

⑲

- 使用工具箱中【选择】工具，快捷键“V”，按下键盘上“Shift”键，点击衣身、袖子上半部分。
- 在【色板】浮动面板中，点击右上角箭头（▶），在随即弹出的快捷菜单中点击【打开色板库 / PANTONE solid matte】命令。

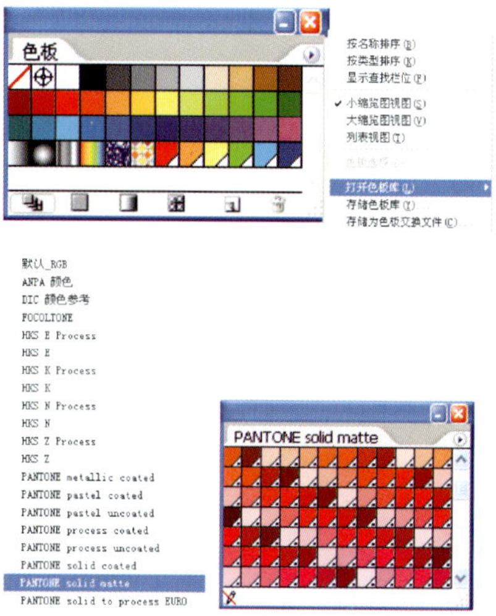

- 在【PANTONE solid matte】浮动面板中，点击选择所需要的颜色作为填充色。

⑳

- 使用工具箱中【选择】工具，快捷键“V”，按下键盘上“Shift”键，点击选择衣身、袖子下半部分。
- 在【PANTONE solid matte】浮动面板中，点击选择所需要的颜色作为填充色。

㉑

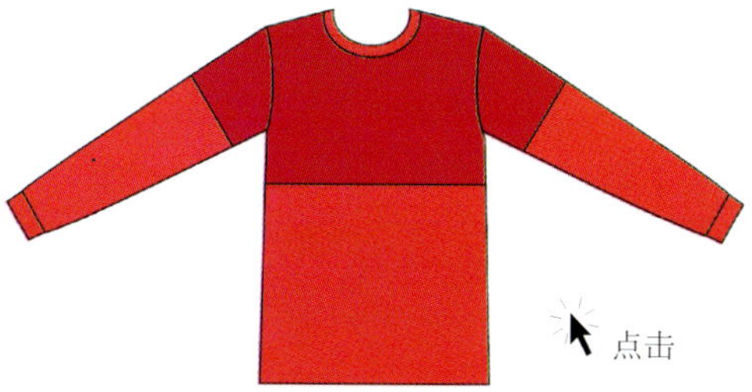

- 在画板空白处点击，取消所有对象选择。

四、罗纹领 T 恤的绘制

3. 罗纹领的绘制

创建罗纹领画笔

钢笔工具，即快捷键“P”

矩形工具，即快捷键“P”

选择工具，即快捷键“V”

㉒

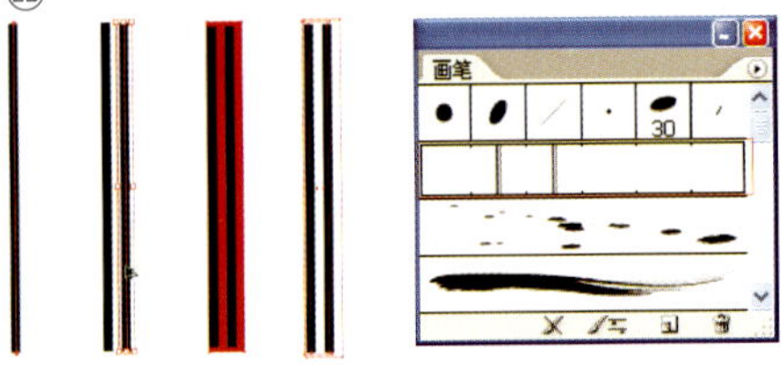

- 使用工具箱中【钢笔】工具，快捷键“**P**”，绘制一条直线路径。
- 使用工具箱中【选择】工具，快捷键“**V**”，按下键盘上“**Alt**”键，当鼠标呈现双箭头（），按下键盘“**Shift**”键，向右拖曳，移动复制直线。
- 使用工具箱中【矩形】工具，快捷键“**M**”，在刚刚绘制的两条直线位置绘制适当大小的矩形，并设置为无填充色，无描边色。
- 使用工具箱中【选择】工具，快捷键“**V**”，框选刚刚绘制的两条直线和矩形，创建为罗纹领画笔。

运用罗纹领画笔

椭圆工具，快捷键“L”

剪刀工具，快捷键“C”

选择工具，快捷键“V”

㉓

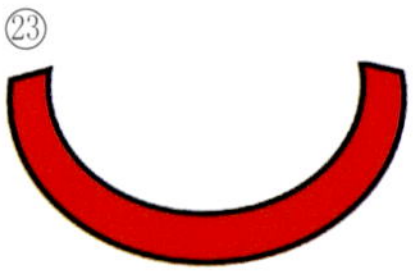

- 绘制 **T** 恤领子部分。

㉔

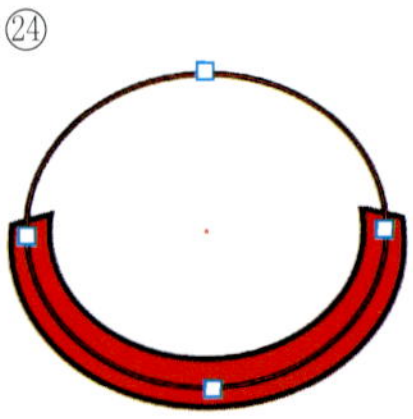

- 使用工具箱中【椭圆】工具，快捷键“**L**”，在领子位置绘制适当大小的椭圆。

㉕

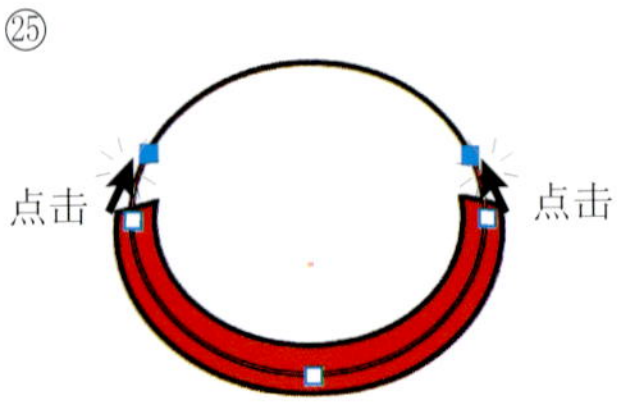

- 使用工具箱中【剪刀】工具，快捷键“**C**”，在领子上方的刚刚绘制的椭圆路径上分别点击，剪开椭圆路径。

㉖

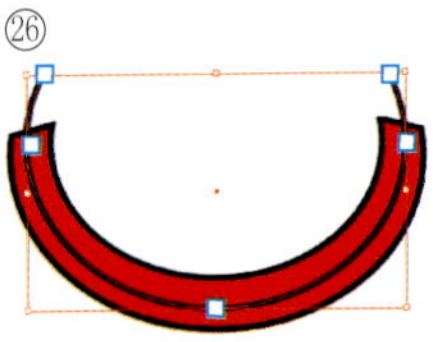

- 使用工具箱中【选择】工具，快捷键“**V**”，点击剪开后的上半部分椭圆。
- 按下键盘上“**Delete**”键，删除上半部分椭圆。
- 使用工具箱中【选择】工具，快捷键“**V**”，点击剩余的半部分椭圆。

㉗

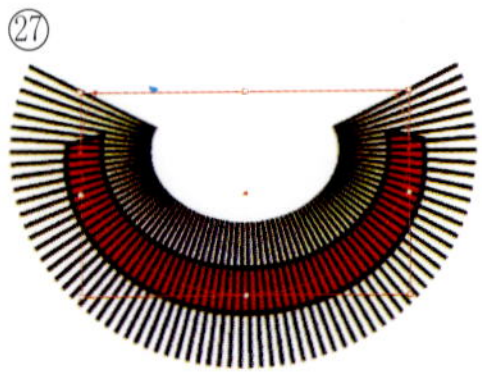

- 在【画笔】浮动面板中，点击选择刚刚新建的罗纹领画笔。
- 则罗纹领画笔沿路径填充。

四、罗纹领 T 恤的绘制

剪切罗纹领形状

选择工具，快捷键“V”

直接选择工具，快捷键“A”

㉘

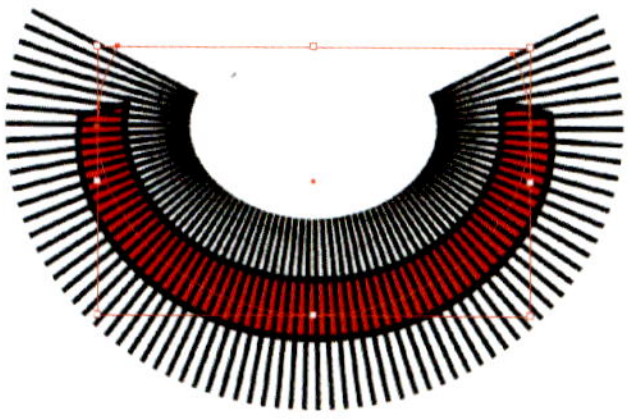

㉘

- 使用工具箱中【选择】工具，快捷键“**V**”，选择 **T** 恤领子部分。
- 执行菜单栏中【编辑 / 复制】命令，快捷键“**Ctrl+C**”。

㉙

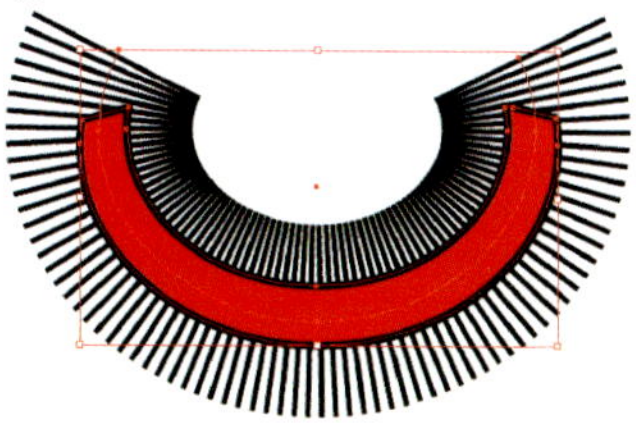

㉙

- 在复制 **T** 恤领子部分处于被选择状态下，点击鼠标右键，在随即弹出的快捷菜单中点击选择【排列 / 置于顶层】命令。

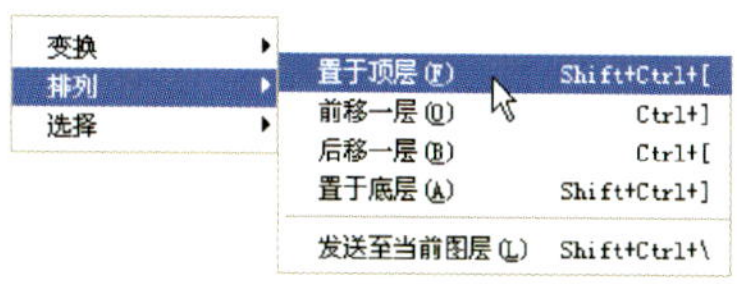

- 使用工具箱中【选择】工具，快捷键“**V**”，框选罗纹路径和领子形状。
- 点击鼠标右键，在随即弹出的快捷菜单中点击选择【建立剪切蒙版】命令。

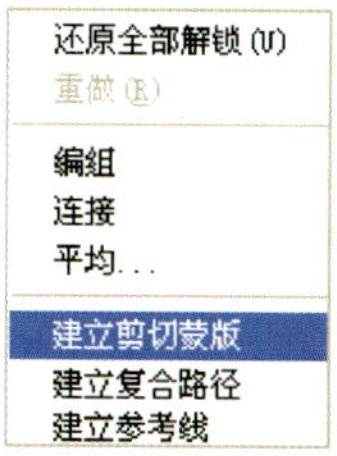

㉚

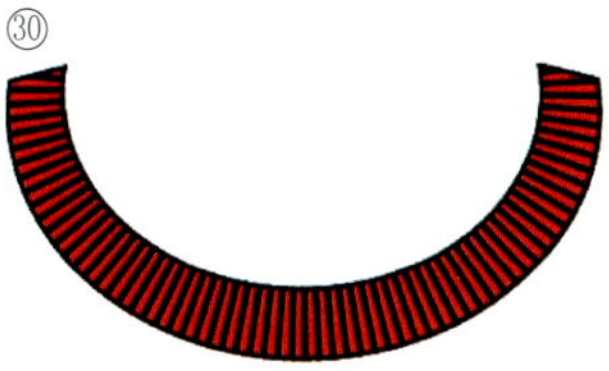

㉚

- 则 **T** 恤领子部分将罗纹领画笔进行剪切。

㉛

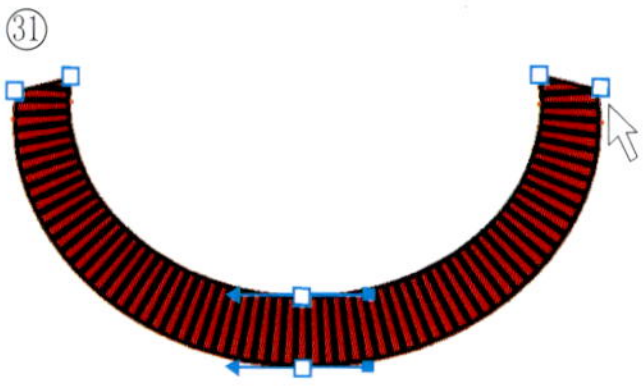

㉛

- 使用工具箱中【直接选择】工具，点击剪切蒙版后形状的边缘。

㉜

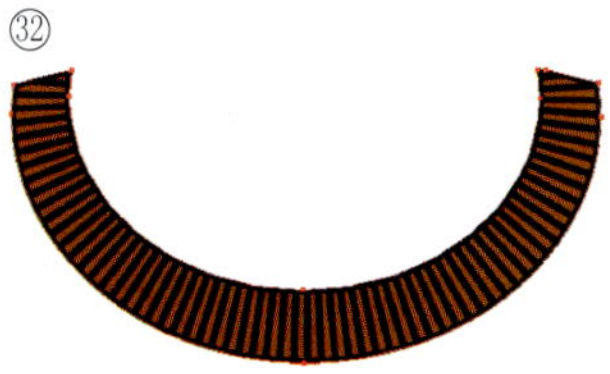

㉜

- 在工具箱中设置描边色为黑色，填充色为所需要的颜色（■）。

（注意：在执行剪切操作后，使用直接选择工具可以单独将蒙版形状进行颜色和形状的修改）

四、罗纹领 T 恤的绘制

创建罗纹袖口和罗纹后领部分

缩放工具，快捷键“Z”
选择工具，快捷键“V”
直接选择工具，快捷键“A”

㉝

㉝
- 重复以上几步，绘制左右罗纹袖口。

㉞

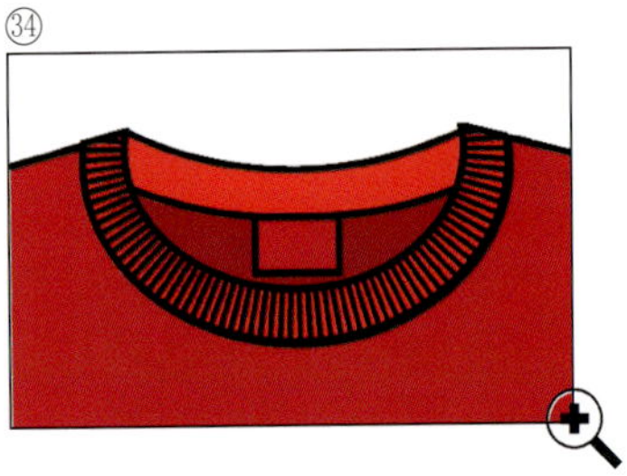

㉞
- 使用工具箱中【缩放】工具，快捷键“Z”，框选放大领子部分。
- 使用工具箱中【钢笔】工具，快捷键“P”，绘制后领部分形状轮廓。

㉟

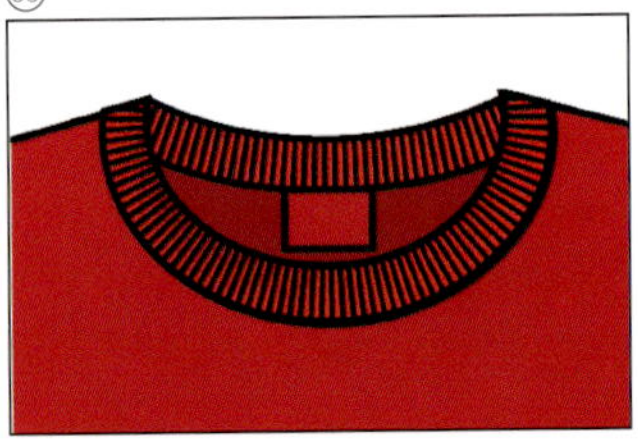

㉟
- 采用罗纹前领的制作方法，添加后领的罗纹效果。

㊱

㊱
- 使用工具箱中【选择】工具，快捷键“V”，在画板空白处点击，取消所有选择对象。

四、罗纹领 T 恤的绘制

㊲

绘制罗纹翻领

选择工具，即快捷键“V”

直接选择工具

㊲

- 在工具箱中设置无描边色，填充色为所需要的颜色（▣）。
- 使用工具箱中【钢笔】工具，快捷键“**P**”，分别绘制出翻领的各个部分轮廓。

㊳

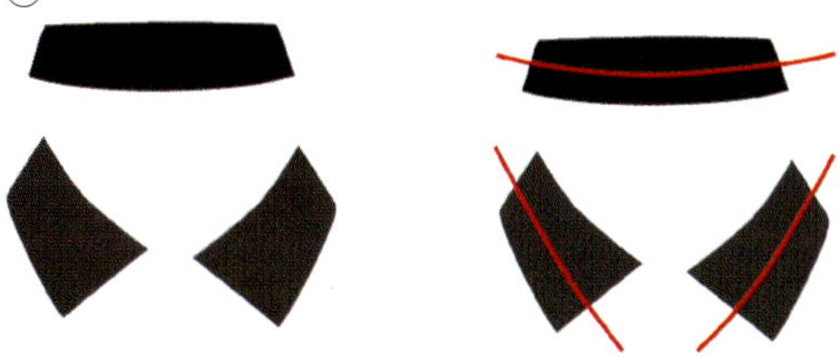

㊳

- 使用工具箱中【钢笔】工具，快捷键“**P**”，沿刚刚绘制的翻领各个部分的弧度分别绘制弧线，作为罗纹画笔填充的路径。

㊴

㊴

- 使用工具箱中【选择】工具，点击选择三条弧形路径。
- 在【画笔】浮动面板中，点击选择刚刚创建的罗纹领画笔。
- 则罗纹领画笔沿路径填充。

㊵

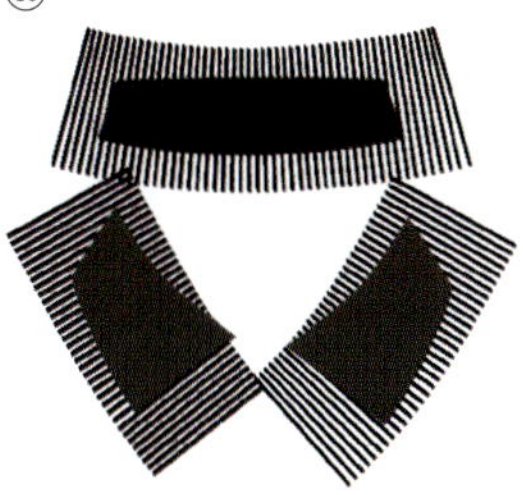

㊵

- 使用工具箱中【选择】工具，选择 **T** 恤领子部分形状。
- 执行【编辑菜单 / 复制】命令，快捷键“**Ctrl+C**”，将 **T** 恤领子复制。
- 点击鼠标右键，在随即弹出的快捷菜单中点击选择【排列 / 置于顶层】命令。

㊶

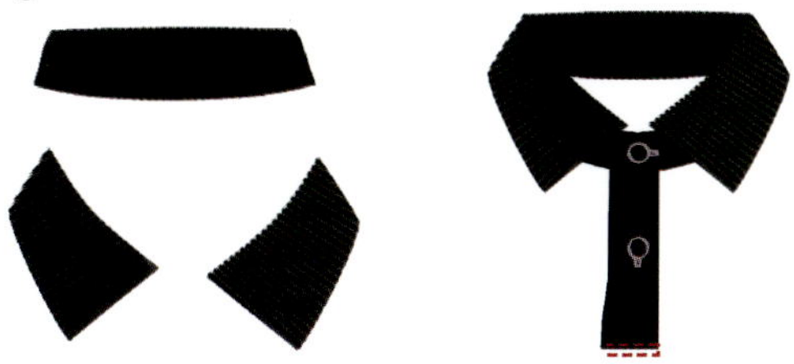

㊶

- 使用工具箱中【选择】工具，快捷键“**V**”，框选所有领子部分及罗纹路径。
- 点击鼠标右键，在随即弹出的快捷菜单中点击选择【建立剪切蒙版】命令。
- 则 **T** 恤领子部分将罗纹领画笔进行剪切。

4. 三角缝合针的绘制

绘制三角缝合针画笔

选择工具，快捷键“V”
矩形工具，快捷键“M”

㊷

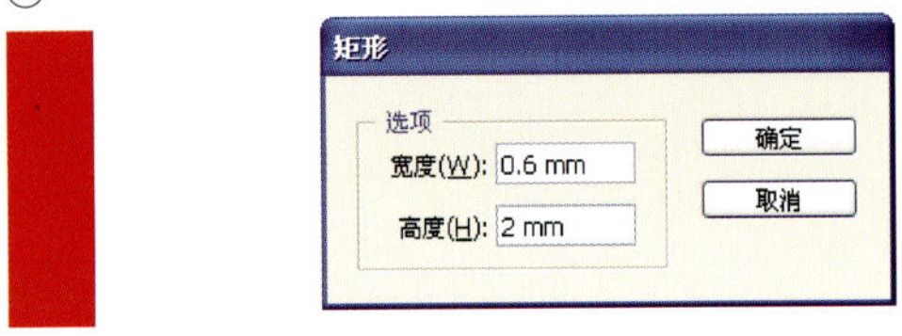

- 在工具箱中设置无描边，填充色为“**R** 为 **245**，**G** 为 **130**，**B** 为 **31**”（）。
- 双击工具箱中【矩形】工具，在随即弹出的【矩形】对话框中，设置“宽度”为 **0.6mm**，“高度”为 **2mm**。

㊸

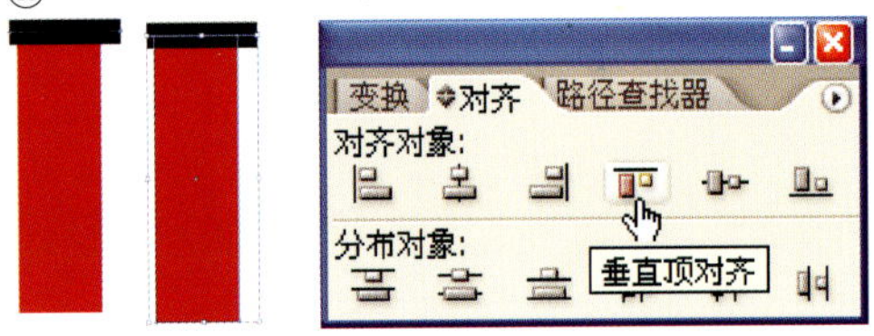

- 在工具箱中设置无填充色，填充色为黑色（）。
- 使用工具箱中【钢笔】工具，快捷键“**P**”，绘制一条直线路径。
- 使用工具箱中【选择】工具，快捷键“**V**”，框选矩形和直线路径。
- 在【对齐】浮动面板中点击“垂直顶对齐”按钮（）。

㊹

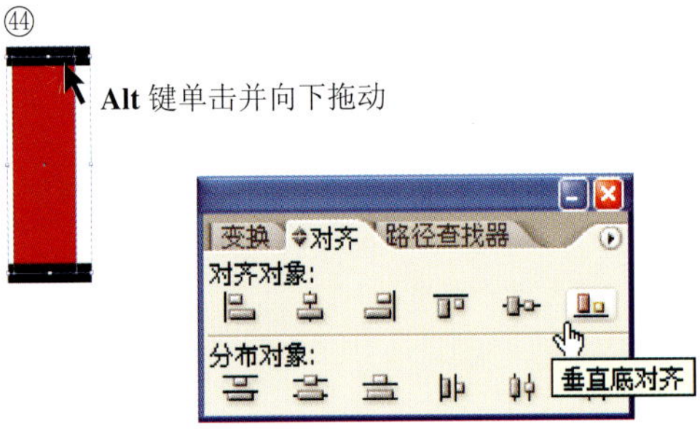

- 使用工具箱中【选择】工具，快捷键“**V**”点击选择直线路径，按下键盘上“**Alt**”键，向下拖曳，垂直向下移动复制直线路径。
- 使用工具箱中【选择】工具，快捷键“**V**”，框选上下两条直线路径和矩形。
- 在【对齐】浮动面板中点击“垂直底对齐”按钮（）。

㊺

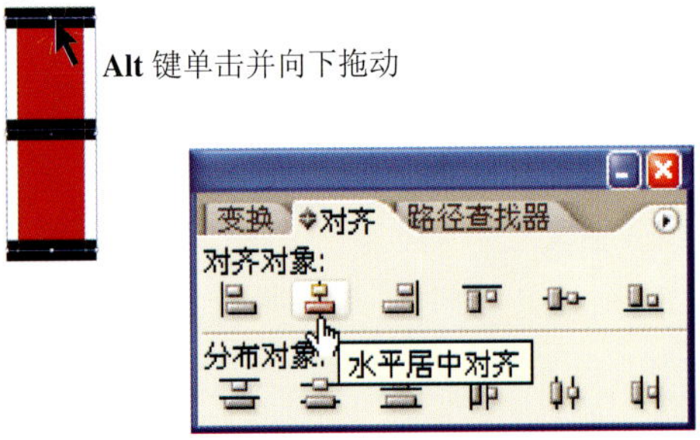

- 使用工具箱中【选择】工具，快捷键“**V**”，点击选择第一条直线路径，按下键盘上“**Alt**”键，向下拖曳，垂直向下移动复制出中间位置的直线路径。
- 在【对齐】浮动面板中点击“水平居中对齐”按钮（）。

㊻

- 使用工具箱中【钢笔】工具，快捷键“**P**”，以刚刚绘制的三条直线路径为参考，绘制“**V**”形路径。

建立三角缝合针画笔

选择工具，快捷键“V”
矩形工具，快捷键“M”

⑰

⑰
- 使用工具箱中【选择】工具，快捷键“V”，点击选择矩形，在工具箱中设置无填充色，无描变色（）。
- 框选矩形、三条直线路径和“V”形路径。

⑱

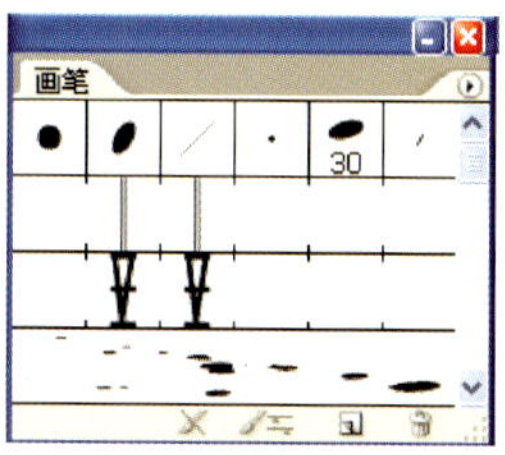

⑱
- 在【画笔】浮动面板中点击“创建新画笔”按钮，新建三角缝合针画笔，并设置着色方法为“色相转换”。
- 随即弹出【图案画笔选项】对话框，在下方的着色“方法”选项中，选择“色相转换”。
- 点击“确定”。

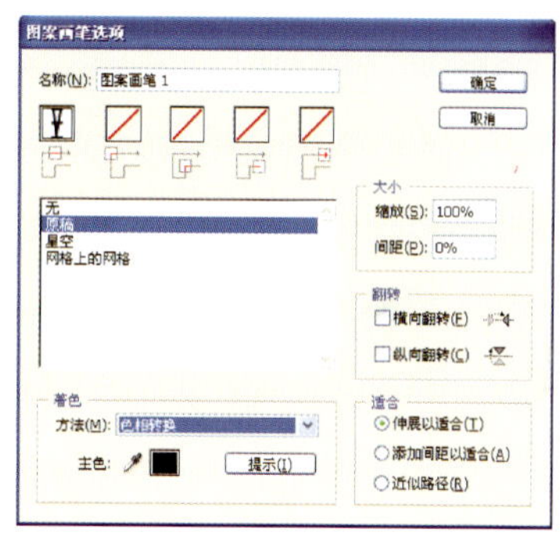

⑲

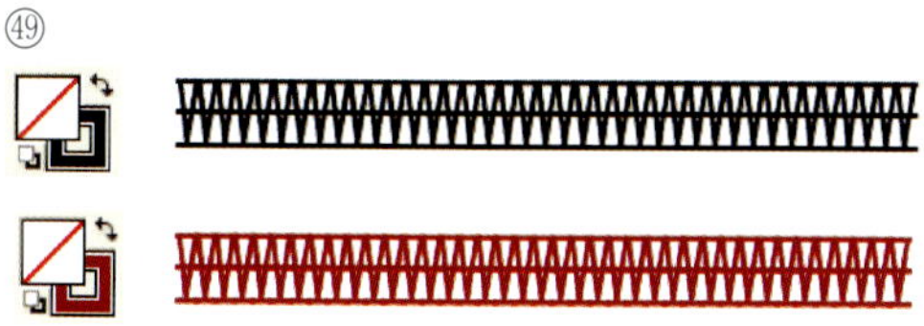

⑲
- 分别在工具箱中设置无填充色，描边色为需要的颜色和。
- 使用工具箱中【钢笔】工具，快捷键“P”，绘制出与描边颜色一致的三角针缝合线段。

⑳

⑳
- 使用工具箱中【钢笔】工具，快捷键“P”，分别在T恤上如图所示位置绘制三处三角针缝合线段。

5. 文字图案添加

绘制文字图案

选择工具，快捷键“V”
文字工具，快捷键“T”
路径文字工具，无快捷键

㉛

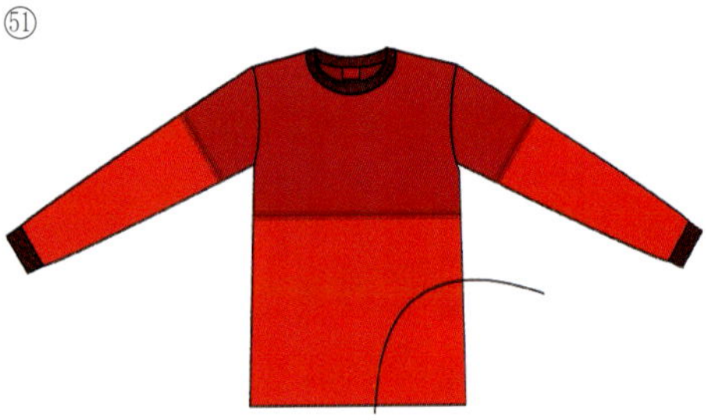

㉛
- 使用工具箱中【钢笔】工具，快捷键“**P**”，在**T** 恤适当处绘制一条理想弧度的曲线路径。

㉜

㉜
- 使用工具箱中【文字】工具，快捷键“**T**”，在刚刚绘制的曲线路径上点击。

㉝

㉝
- 在控制面板中设置“字体”为黑体，“字体大小”为 **28pt**，使用键盘输入所需要的字母“**RUN PRIDE**”。
- 在画板空白处点击，取消所有对象选择。

㉞

㉞
- 使用工具箱中【文字】工具，快捷键“**T**”，在**T** 恤右下角处点击。
- 在工具箱中设置白色为描边色和填充色（），在控制面板中设置“字体大小”为 **75pt**，在 **T** 恤右下角适当位置点击输入数字“**5**”。

剪切 T 恤形状

选择工具，快捷键“V”
直接选择工具，快捷键“A”

⑤⑤

点击

⑤⑤
- 使用工具箱中【选择】工具，快捷键“**V**”，点击选择 **T** 恤衣身下部分。
- 执行菜单栏中【编辑 / 复制】命令，快捷键“**Ctrl+C**”。
- 即复制一个 **T** 恤衣身下部分。
- 在复制的 **T** 恤衣身下部分处于被选择状态下，点击鼠标右键，在随即弹出的快捷菜单中点击选择【排列 / 置于顶层】命令。

⑤⑥

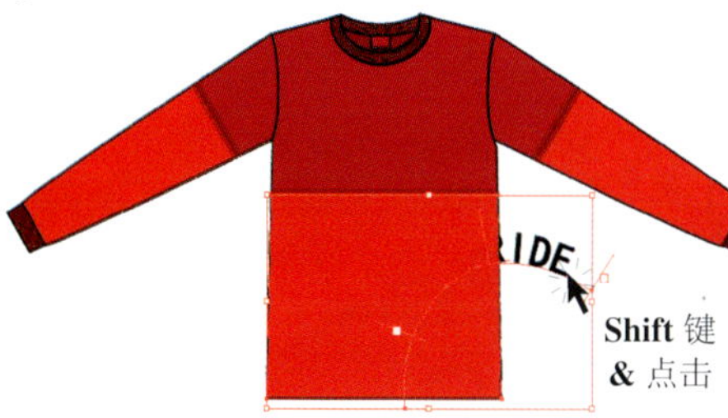

⑤⑥
- 使用工具箱中【选择】工具，快捷键“**V**”，按下键盘上“**Shift**”键，点击选择刚刚复制的 **T** 恤衣身下部分和路径文字。

⑤⑦

⑤⑦
- 点击鼠标右键，在随即弹出的快捷菜单中，点击选择【建立剪切蒙版】命令。

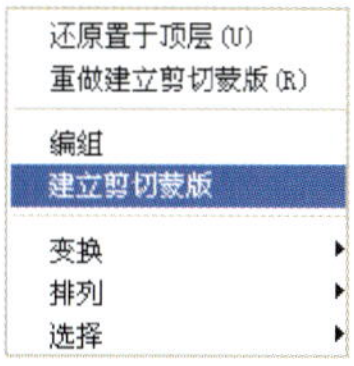

- 则 **T** 恤将文字图案进行剪切。

四、罗纹领 T 恤的绘制

罗纹领 T 恤着装图

罗纹领 T 恤款式图一

罗纹领 T 恤款式图二

五、荷叶边内衣的绘制

①

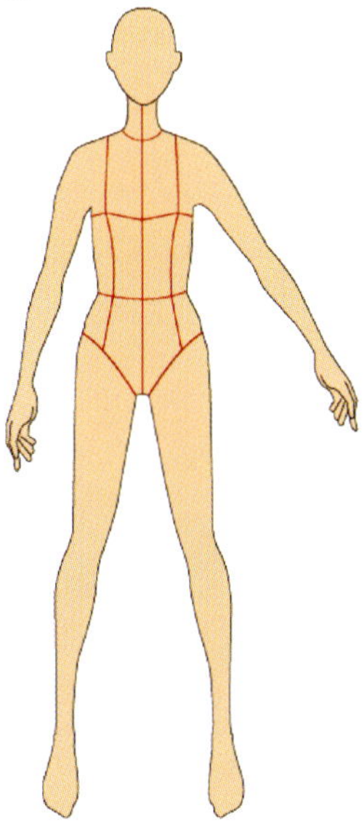

②

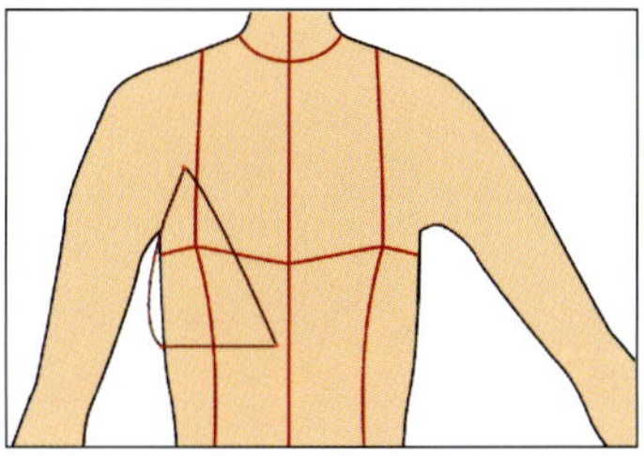

③

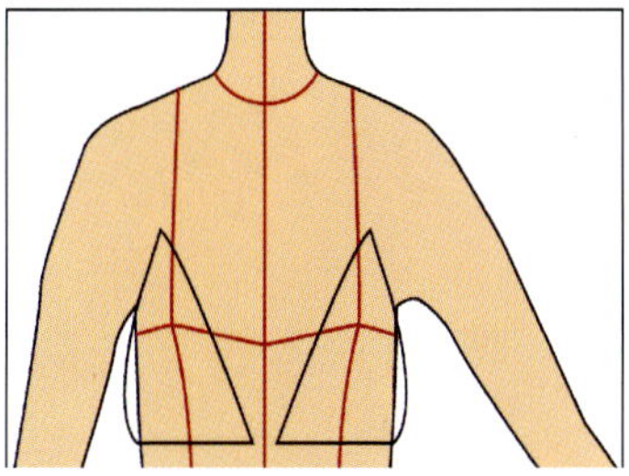

④

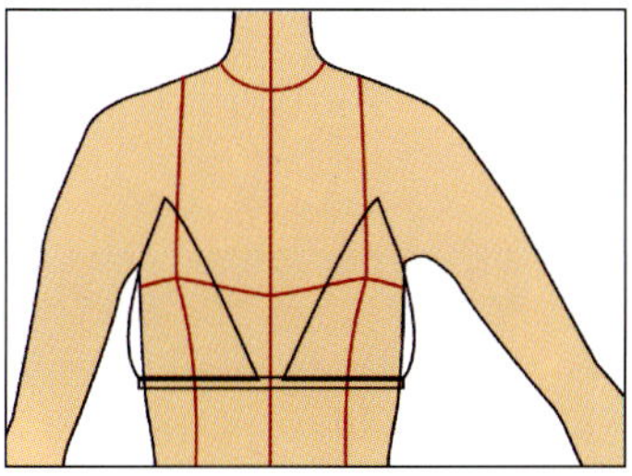

1. 创建内衣基本形状

新建文档

- 在 **Adobe Illustrator** 中执行菜单栏中执行【文件 / 新建】命令，快捷键“**Ctrl+N**”，随即弹出【新建文档】对话框，设置：“名称”为荷叶边装饰内衣；“大小”为 **A4**；“取向”为纵向（ ）；“**RGB** 颜色”（ ）。
- 点击“确定”。

绘制内衣基本形状

钢笔工具，快捷键“**P**”
选择工具，快捷键“**V**”
矩形工具，快捷键“**M**”

①
- 执行菜单栏中【文件 / 置入】命令，置入人体草图。
- 在【图层】浮动面板点击锁定“图层 **1**”（ ）。
- 点击【图层】浮动面板中新建图层（ ），创建“图层 **2**”。

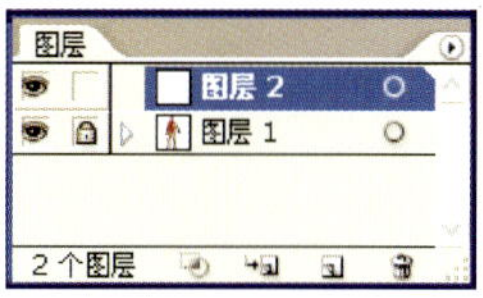

②
- 在工具箱中设置无填充色，描边色为黑色（ ）。
- 使用工具箱中【钢笔】工具，快捷键“**P**”，沿人体草图的左胸部绘制一半内衣的基本形状。

③
- 使用工具箱中【选择】工具，快捷键“**V**”，点击刚刚绘制的左半边内衣。
- 使用工具箱中【镜像】工具，垂直镜像复制出右半边内衣。

④
- 使用工具箱中【矩形】工具，快捷键“**R**”，在刚刚绘制的内衣基本形状下方绘制适当大小的矩形。

五、荷叶边内衣的绘制

绘制内衣肩带部分

选择工具，快捷键“**V**”
钢笔工具，快捷键“**P**”
圆角矩形工具，快捷键“**H**”

⑤

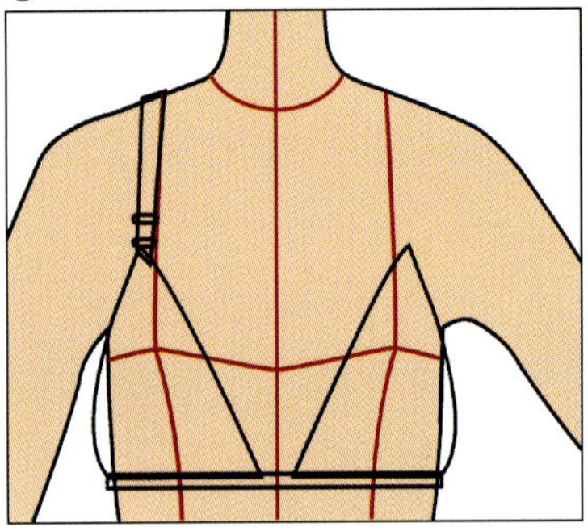

⑤

- 使用工具箱中【钢笔】工具，快捷键“**P**”，在内衣左边上方适当位置，绘制内衣肩带形状。
- 双击工具箱中【圆角选择】工具，在随即弹出的【圆角矩形】对话框中，设置“宽度”为 **2.8mm**，“高度”为 **1mm**，“圆角半径”为 **4mm**。
- 点击“确定”。

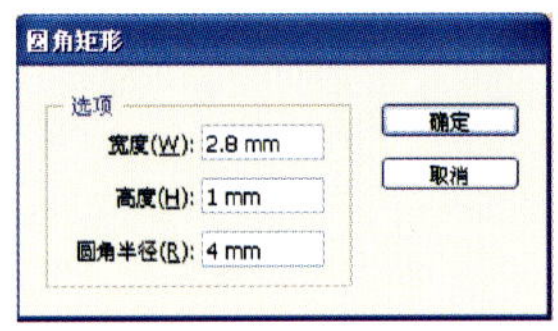

⑥

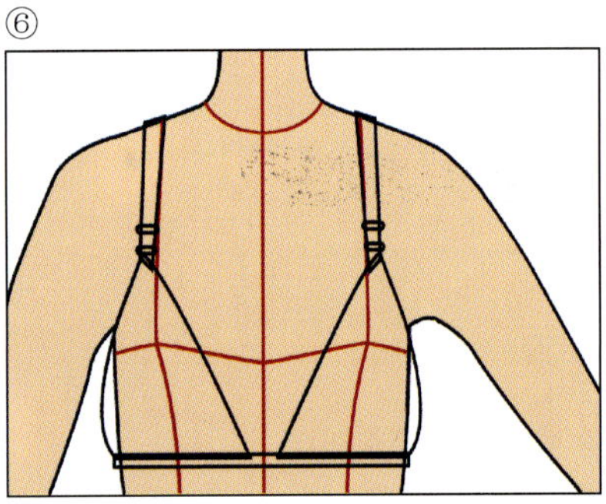

⑥

- 使用工具箱中【选择】工具，移动刚刚绘制的圆角矩形到内衣肩带下端，按下键盘上“**Alt**”键向上移动复制一个。
- 使用工具箱中【选择】工具，选择刚刚绘制的肩带形状和两个圆角矩形，按下键盘上“**Alt**”键，向右拖曳，移动复制肩带到右边。

绘制内裤基本外形

选择工具，快捷键“**V**”
钢笔工具，快捷键“**P**”

⑦

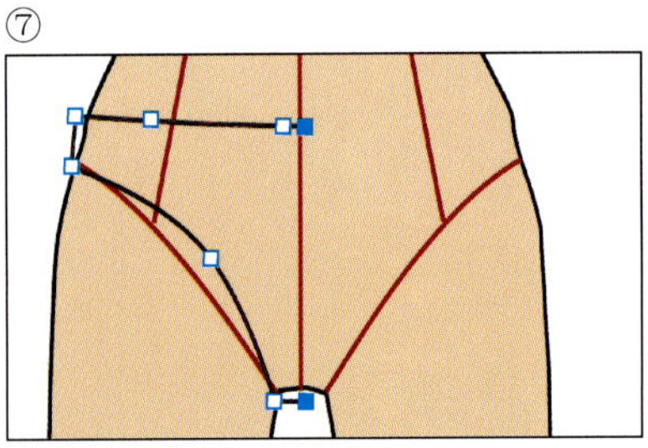

⑦

- 使用工具箱中【钢笔】工具，快捷键“**P**”，在人体草图的适当位置，绘制内裤的左半边形状。

⑧

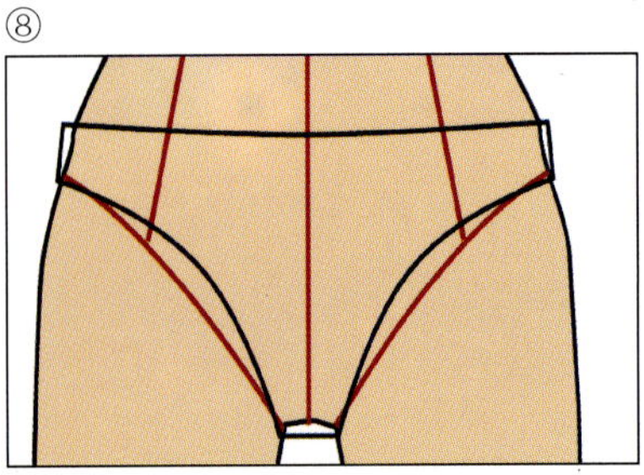

⑧

- 使用工具箱中【选择】工具，快捷键“**V**”，点击选择刚刚绘制的左半边内裤。
- 使用工具箱中【镜像】工具，垂直镜像复制出右半边内衣。
- 使用工具箱中【选择】工具，快捷键“**V**”，框选内裤的两部分形状。
- 在路径查找器驱动面板中，点击“与形状区域相加”按钮（ ）。
- 点击“扩展”按钮。

绘制内裤细节

钢笔工具，快捷键“**P**”

选择工具，快捷键“**V**”

⑨

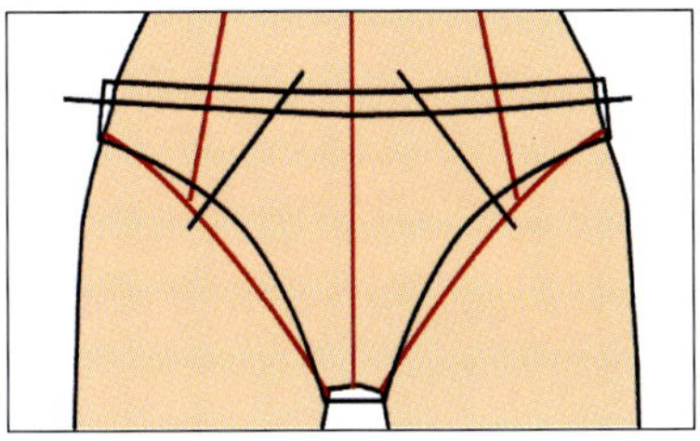

⑨

- 使用工具箱中【钢笔】工具，快捷键“**P**”，分别在内裤上绘制三条路径。

⑩

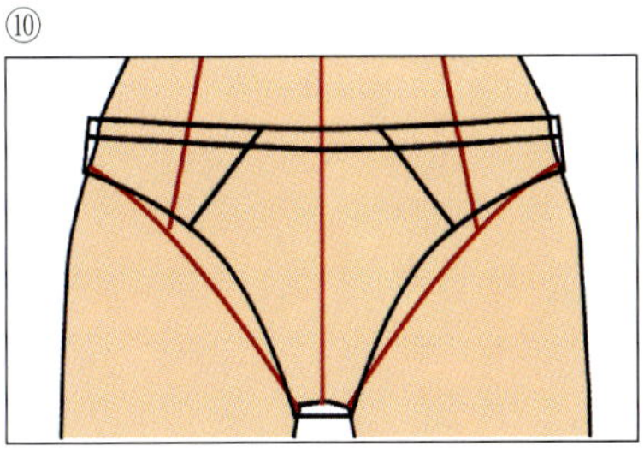

⑩

- 使用工具箱中【选择】工具，快捷键“**V**”，框选内裤形状和刚刚绘制的三条路径。
- 在【路径查找器】对话框中，点击选择【分割】命令（）。

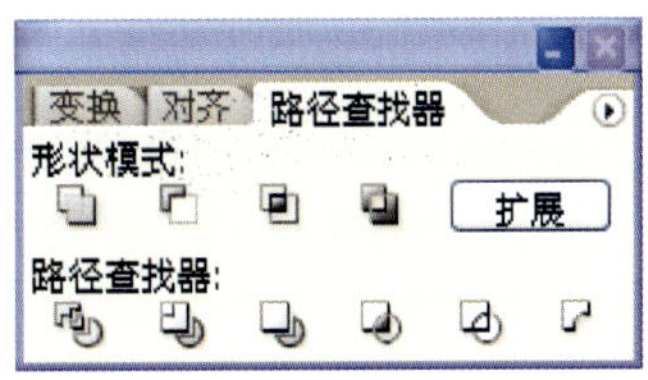

- 点击鼠标右键，在随即弹出的快捷菜单中点击选择【取消编组】命令。

⑪

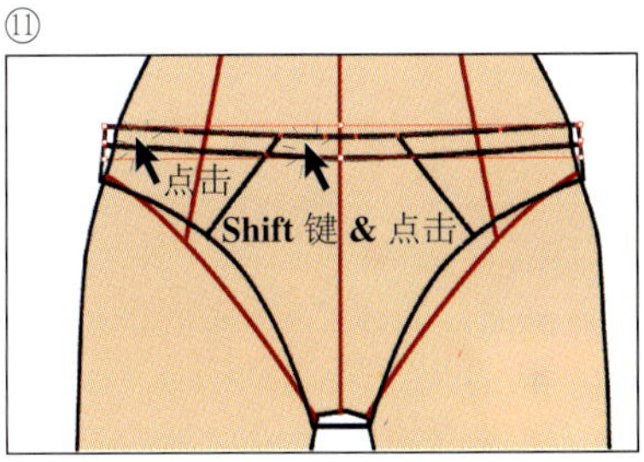

⑪

- 使用工具箱中【选择】工具，快捷键“**V**”，按下键盘上“**Shift**”键，点击选择刚刚被分割的上部的三个部分。

⑫

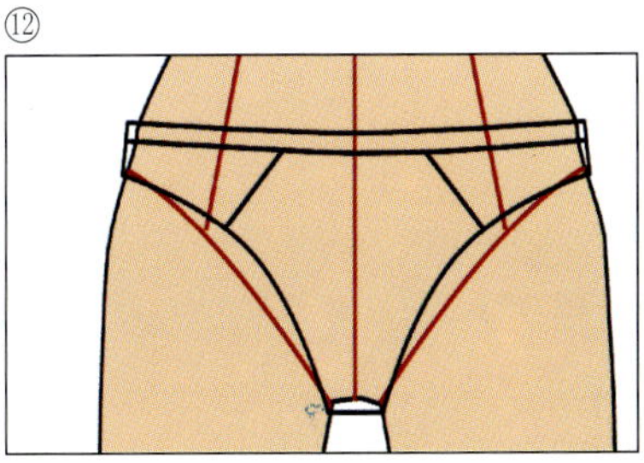

⑫

- 在【路径查找器】浮动面板中，点击“与形状区域相加”按钮（）。
- 点击“扩展”按钮。

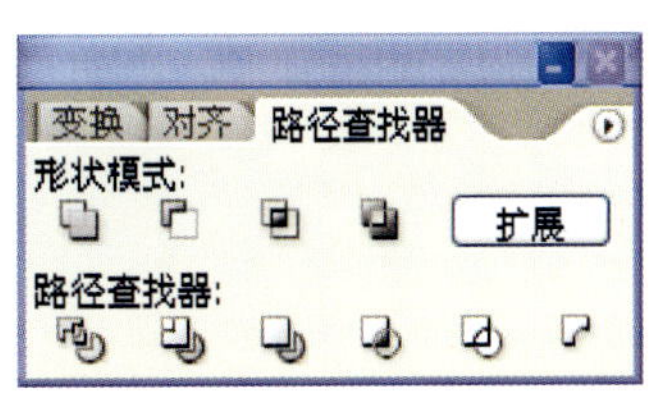

填充内衣颜色

选择工具，即快捷键“V”

⑬

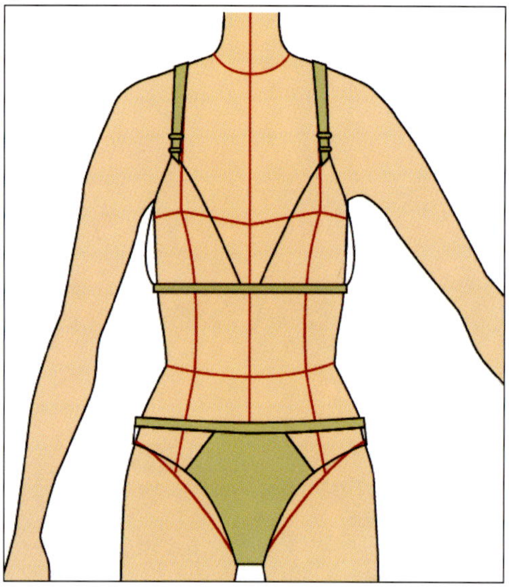

⑬

- 使用工具箱中【选择】工具，快捷键“**V**”，按下键盘上“**Shift**”键，点击选择需要填充的部分。
- 在【色板】浮动面板中，点击选择所需要的颜色作为填充色（）。
- 即内衣局部被填充颜色。

⑭

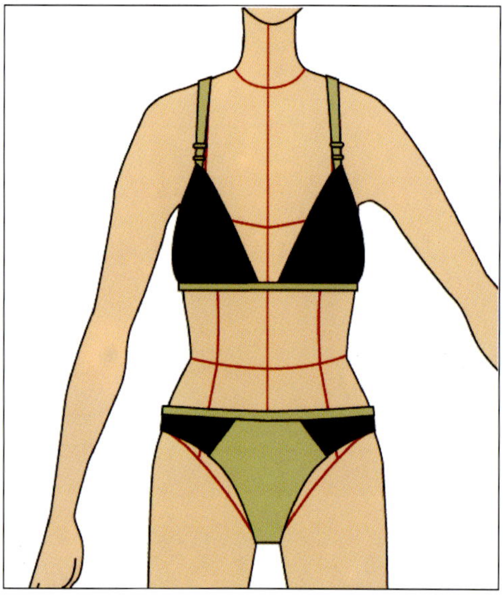

⑭

- 使用工具箱中【选择】工具，快捷键“**V**”，按下键盘上“**Shift**”键，点击选择需要填充的部分。
- 在【色板】浮动面板中，点击选择所需要的颜色作为填充色（）。
- 即内衣局部被填充颜色。

2. 荷叶边的创建

创建无接缝荷叶边线

钢笔工具，快捷键“P”
选择工具，快捷键“V”
缩放工具，快捷键“Z”
直接选择工具，快捷键“A”

⑮

⑮
- 使用工具箱中【钢笔】工具，快捷键“P”，绘制不规则曲线路径。

⑯

⑯
- 使用工具箱中【选择】工具，快捷键“V”，点击选择不规则曲线路径。
- 按下键盘上“**Alt+Shift**”，向右水平拖曳，复制曲线路径到适当位置。
- 即复制出第二条不规则曲线路径，且与第一条尾部相连。

⑰

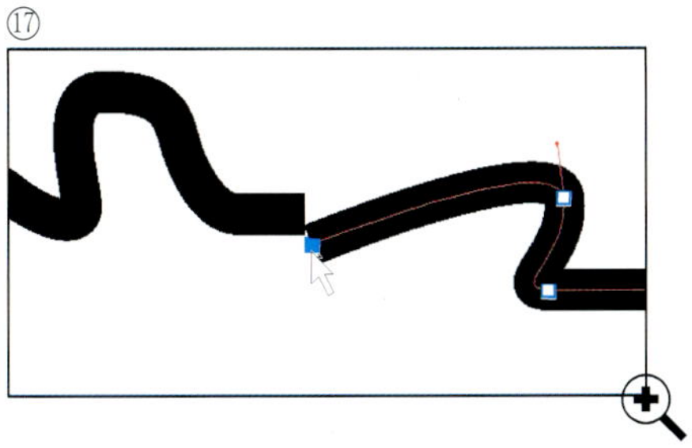

⑰
- 使用工具箱中【缩放】工具，快捷键“Z”，框选放大两条曲线路径的交接部分。

⑱

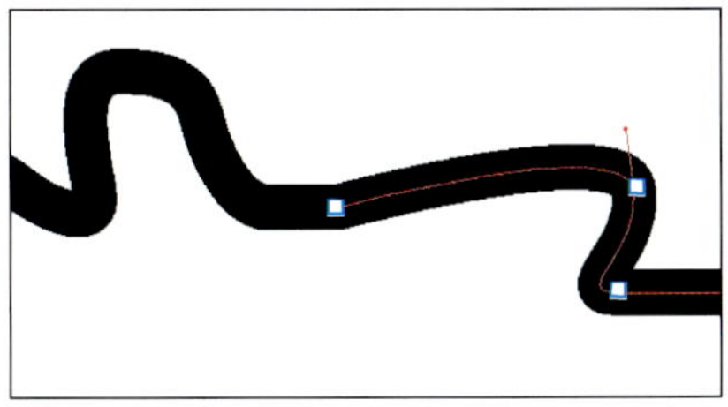

⑱
- 使用工具箱中【直接选择】工具，快捷键“A”，点击选择最左端锚点，并拖曳，移动到原曲线最右端锚点位置。

⑲

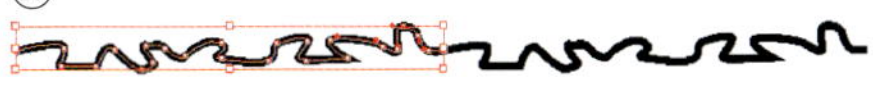

⑲
- 使用工具箱中【直接选择】工具，快捷键“A”，选择左端曲线路径。
- 按下键盘上“**Delete**”键，删除左端曲线路径。

⑳

⑳
- 则界面上只剩下右端曲线路径。

五、荷叶边内衣的绘制

复制荷叶边

选择工具，快捷键“V”
钢笔工具，快捷键“P”
直接选择工具，快捷键“A”

㉑

- 使用工具箱中【选择】工具，快捷键“V”，按下键盘上“**Alt+Shift**”，向下拖曳，水平向下复制曲线路径到适当位置，形成荷叶边外形。
- 使用工具箱中【选择】工具，快捷键“V”，按下键盘上“**Shift**”键，点击选择上下两条曲线路径。
- 点击鼠标右键，在随即弹出的快捷菜单中，点击选择【编组】命令。

㉒

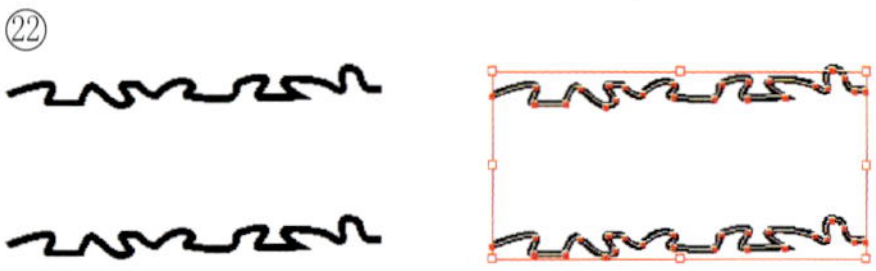

- 使用工具箱中【选择】工具，快捷键“V”，点击选择荷叶边外形，并按下键盘上“**Shift**”键，向右拖曳，复制荷叶边外形。

连接荷叶边端点

选择工具，快捷键“V”
钢笔工具，快捷键“P”
直接选择工具，快捷键“A”

㉓

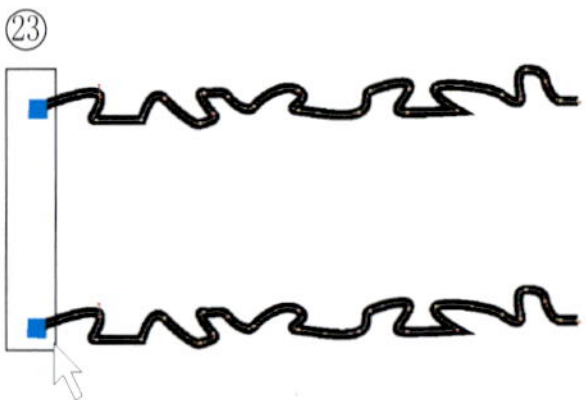

- 使用工具箱中【直接选择】工具，快捷键“A”，框选荷叶边曲线路径最左边的两个锚点。

㉔

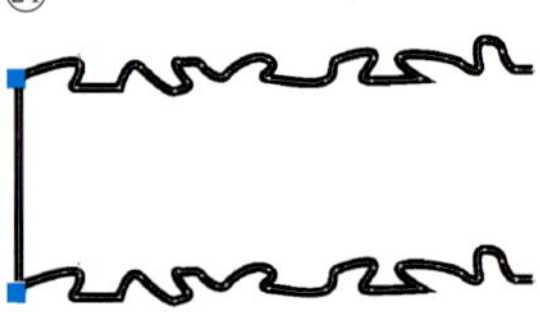

- 点击鼠标右键，在随即弹出的快捷菜单中点击选择【连接】命令。

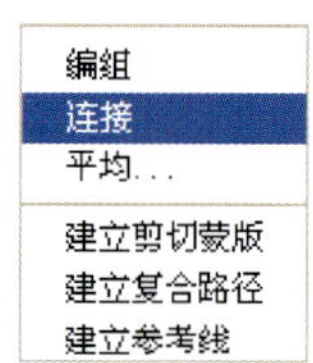

- 则荷叶边曲线路径最左边自动封闭。

㉕

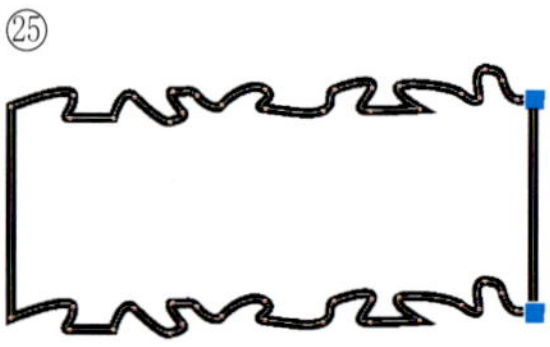

- 运用相同方法将荷叶边曲线路径最右边自动封闭。

五、荷叶边内衣的绘制

填充荷叶边颜色

选择工具，即快捷键“V”

㉖

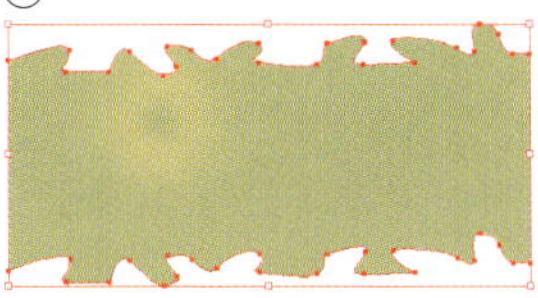

㉖

- 使用工具箱中【选择】工具，快捷键“V”，点击选择连接后的荷叶边外形。
- 在工具箱中设置无描边色，填充色为所需要的颜色（▣）。
- 则荷叶边外形被填充。

对齐荷叶边线与填充色

选择工具，即快捷键“V”

㉗

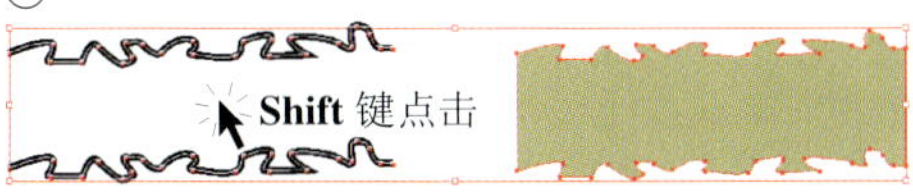

㉗

- 使用工具箱中【选择】工具，快捷键“V”，按下键盘上“Shift”键，点击选择图左侧荷叶边。
- 则两荷叶边都处于被选择状态。

㉘

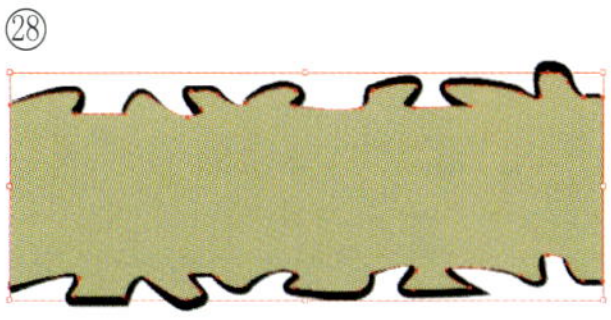

㉘

- 在【对齐】浮动面板中，点击“垂直居中对齐”按钮（▣），再次点击“水平居中对齐”按钮（▣）。

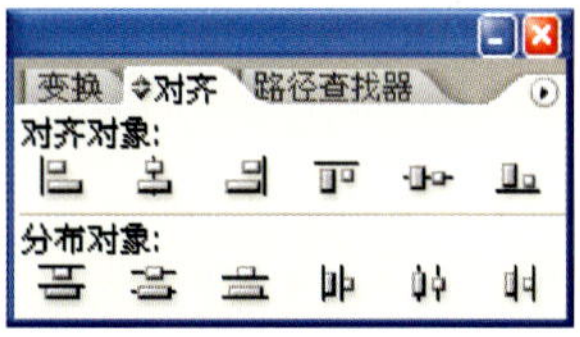

- 则两处荷叶边都处于重叠状态。

调整荷叶边排列顺序

选择工具，即快捷键“V”

㉙

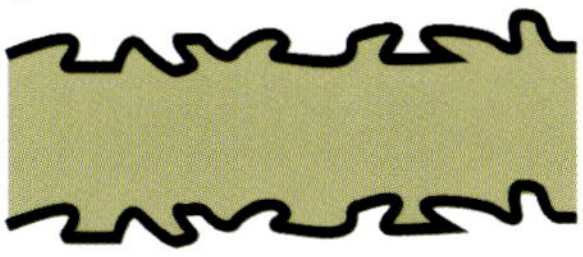

㉙

- 使用工具箱中【选择】工具，快捷键“V”，点击选择图㉗右侧荷叶边。
- 点击鼠标右键，在随即弹出的快捷菜单中点击选择【排列/置于底层】命令。

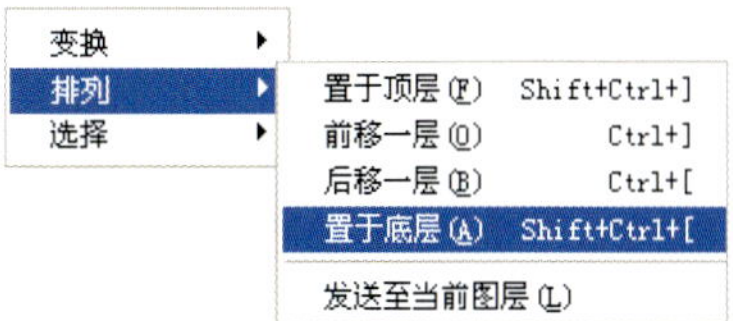

五、荷叶边内衣的绘制

绘制荷叶边内的缝纫线

选择工具，快捷键“V”
钢笔工具，快捷键“P”
直接选择工具，快捷键“A”

㉚

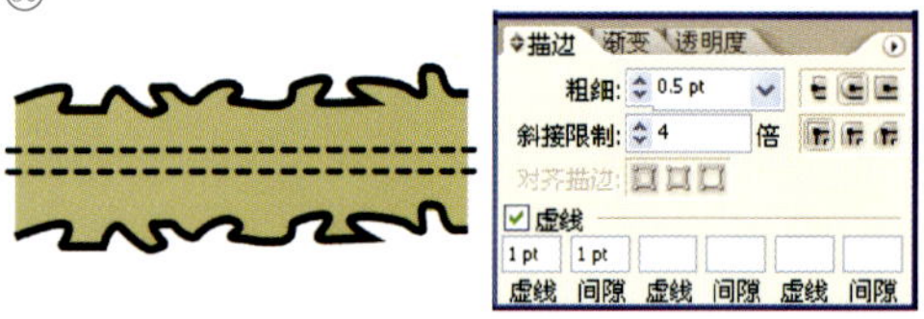

㉚

- 在工具箱中设置无填充色，描边色为黑色（![]）。
- 在【描边】浮动面板中，设置“粗细”为 **0.5pt**，勾选“虚线”选项（☑），并设置“虚线”为 **1pt**，“间隔”为 **1pt**。
- 使用工具箱中【钢笔】工具，快捷键“**P**”，按下键盘上“**Shift**”键，在刚刚绘制的荷叶边的中间位置，绘制两条适当长短的直线缝纫线。

㉛

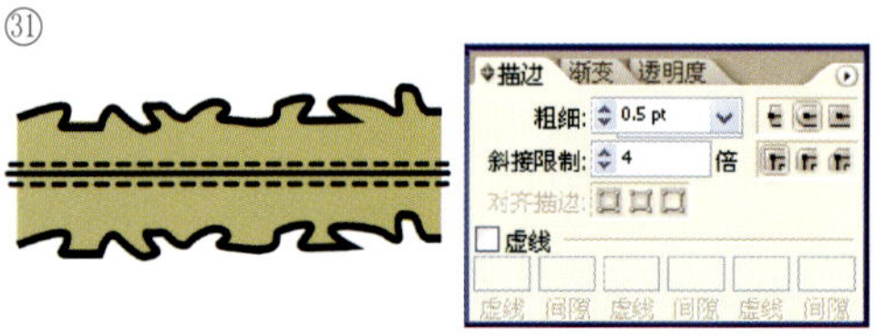

㉛

- 在【描边】浮动面板中，取消“虚线”选项的勾选（☐）。
- 使用工具箱中【钢笔】工具，快捷键“**P**”，按下键盘上“**Shift**”键，在两条直线缝纫线中间位置，绘制一条直线路径。

㉜

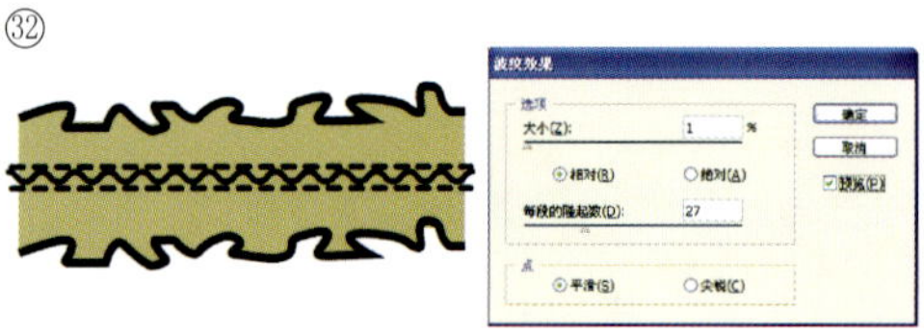

㉜

- 使用工具箱中【选择】工具，快捷键“**V**”，点击中间的直线路径。
- 执行菜单栏中【效果 / 扭曲和变换 / 波纹效果】命令，在随即弹出的【波纹效果】对话框中，设置“大小”为 **1**，“每段的隆起数”为 **27**。
- 点击“确定”。

绘制荷叶边内的褶皱线

选择工具，快捷键“V”
铅笔工具，快捷键“P”

㉝

㉝

- 双击工具箱中【铅笔】工具，在随即弹出的【铅笔工具首选项】对话框中，设置“保真度”为 **2.5**，“范围”为 **12**。
- 点击“确定”。
- 使用工具箱中【铅笔】工具，快捷键“**N**”，在荷叶边内绘制若干褶皱线。

五、荷叶边内衣的绘制

建立荷叶边画笔

选择工具，快捷键“V”

直接选择工具，快捷键“A”

㉞

㉞

- 在工具箱中设置无描边色，无填充色（）。
- 使用工具箱中【矩形】工具，快捷键“R”，绘制一个能包围荷叶边的透明矩形。
- 使用工具箱中【选择】工具，快捷键“V”，选择透明矩形。
- 点击鼠标右键，在随即弹出的快捷菜单中点击选择【排列 / 置于底层】命令。
- 则透明矩形排列于最下方。

㉟

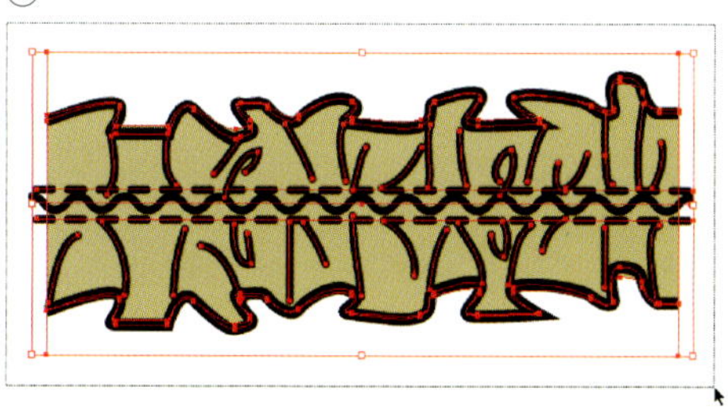

㉟

- 使用工具箱中【选择】工具，快捷键“V”，框选界面上所有已绘制的。
- 在【画笔】浮动面板中，点击下方“新建画笔”按钮（ ）。
- 随即弹出【图案画笔选项】对话框，在下方的着色“方法”选项中，选择“色相转换”。
- 点击“确定”。

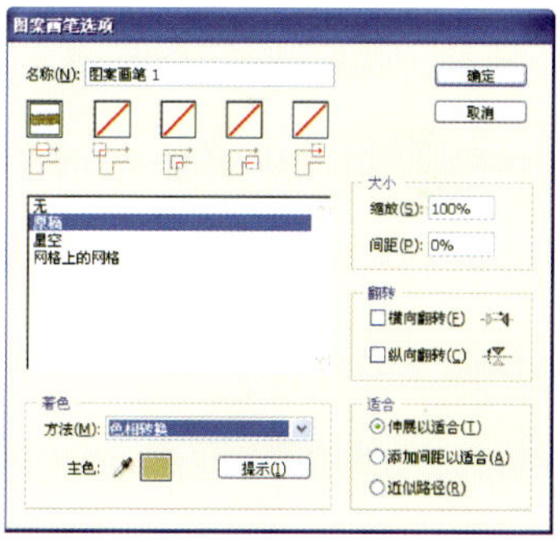

㊱

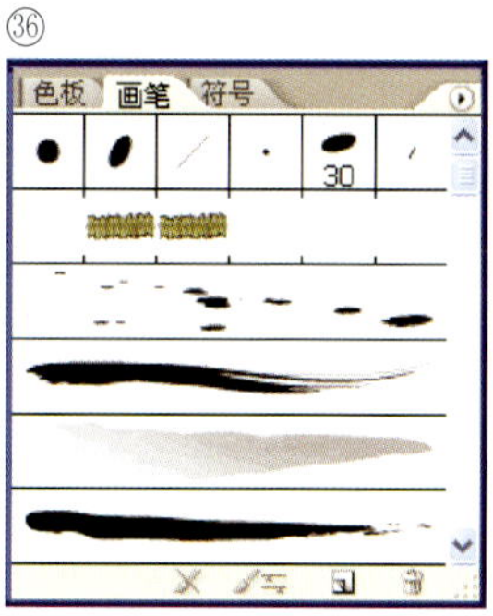

㊱

- 则荷叶边画笔出现在画笔浮动面板中。

㊲

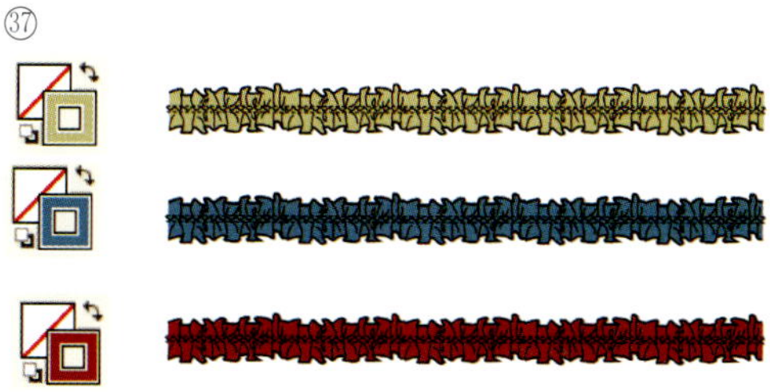

㊲

- 属性为“色相转换”的荷叶边画笔，在改变描边颜色时，随即也改变了荷叶边颜色。

3. 荷叶边在内衣上的运用

荷叶边画笔在内衣上的运用

选择工具，即快捷键“V”

钢笔工具，即快捷键“H”

㊳

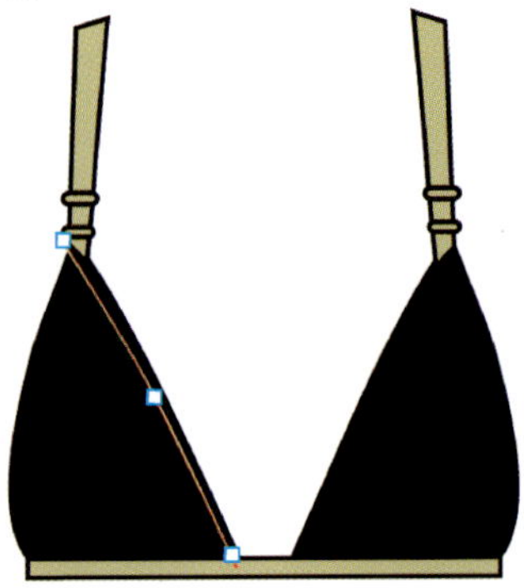

• 使用工具箱中【钢笔】工具，快捷键“P”，沿内衣左边内轮廓边缘绘制适当弧度的路径。

㊴

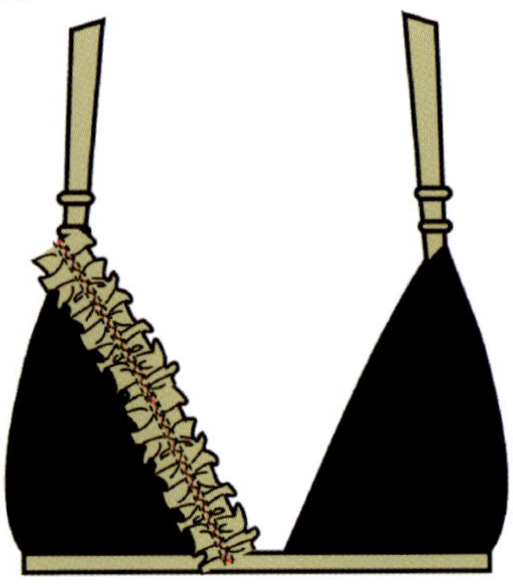

• 在【画笔】浮动面板中，点击选择刚刚新建的荷叶边图案画笔。

荷叶边画笔的调整

选择工具，即快捷键“V”

㊵

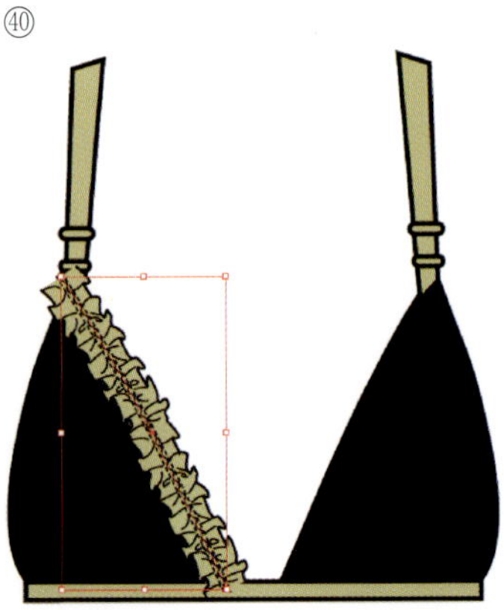

• 使用工具箱中【选择】工具，快捷键“V”，点击选择刚刚在内衣上添加的荷叶边。
• 在控制面板中，设置“描边粗细”为 **0.75pt**。
• 则荷叶边缩小变窄。

五、荷叶边内衣的绘制

荷叶边画笔在内衣上的运用与调整

选择工具，快捷键“V”
钢笔工具，快捷键“P”

㊶

㊶
- 使用工具箱中【钢笔】工具，快捷键“P”，沿内衣左边内轮廓边缘绘制第二条适当弧度的路径。

㊷

㊷
- 在【画笔】浮动面板中，点击选择刚刚新建的荷叶边图案画笔。
- 在控制面板中设置“描边粗细”为 **0.5pt**。

荷叶边画笔的复制与内裤上的运用

钢笔工具，快捷键“P”
选择工具，快捷键“V”
镜像工具，快捷键“O”

㊸

㊸
- 使用工具箱中【选择】工具，快捷键“V”，点击选择左边内衣上的荷叶边。
- 使用工具箱中【镜像】工具，垂直镜像复制成右边内衣上的荷叶边。
- 采用在内衣上添加荷叶边的方法，在内裤的适当位置添加荷叶边。

五、荷叶边内衣的绘制

荷叶边内衣着装图

荷叶边内衣款式图变色一

荷叶边内衣款式图变色二

1. 创建羽绒夹克基本形状

新建文档

- 在 **Adobe Illustrator** 中执行菜单栏中执行【文件 / 新建】命令，快捷键“**Ctrl+N**”，随即弹出【新建文档】对话框，设置：“名称”为松紧腰头灯笼裤；“大小”为 **A4**；“取向”为纵向（ ）；“**RGB** 颜色”（ ）。
- 点击“确定”。

绘制羽绒夹克基本形状

钢笔工具，快捷键“**P**”
选择工具，快捷键“**V**”
矩形工具，快捷键“**M**”

①

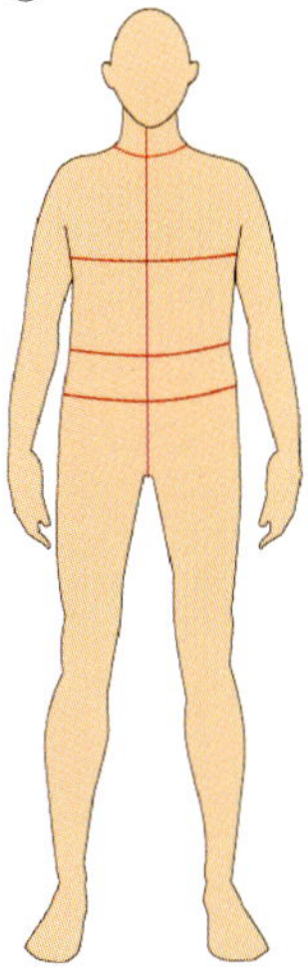

- 执行菜单栏中【文件 / 置入】命令，置入人体草图。
- 在【图层】浮动面板点击锁定“图层 **1**”（ ）
- 点击【图层】浮动面板中新建图层（ ），创建“图层 **2**”。

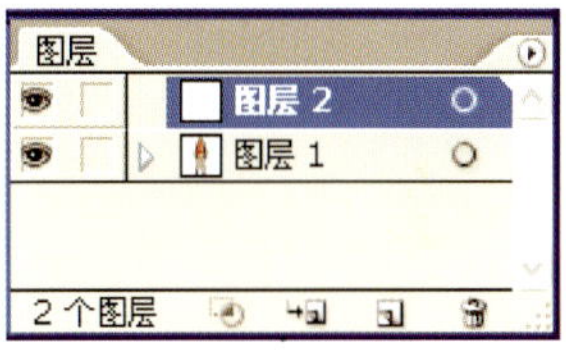

②

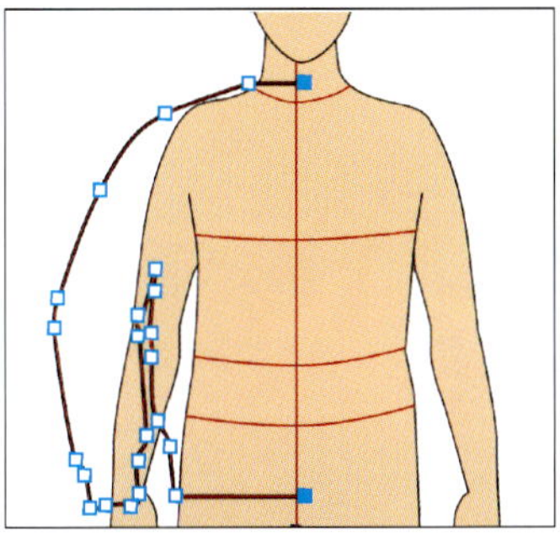

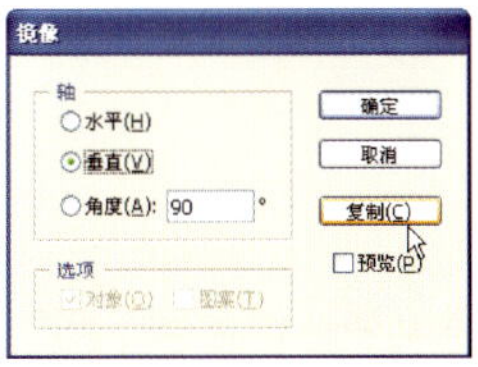

- 在工具箱中设置无填充色，描边色为黑色（ ），在【描边】浮动面板中设置描边“粗细”为 **2.5pt**。

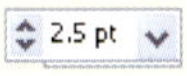

- 使用工具箱中【钢笔】工具，快捷键“**P**”，沿人体草图上身左半部分，绘制夹克左半边轮廓。
- 使用工具箱中【选择】工具，点击鼠标右键，在随即弹出的快捷菜单中，点击选择【变换 / 对称】命令。
- 在随即弹出的镜像对话框中，点击选择“垂直”，再点击“复制”。

③

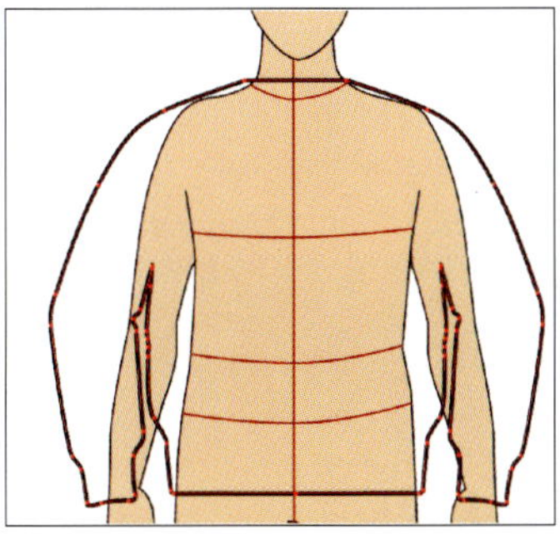

- 使用工具箱中【选择】工具，快捷键“**V**”，按下键盘上“**Shift**”键，向右拖曳移动刚刚镜像复制的对象到适当位置。

六、羽绒夹克的绘制

羽绒夹克填色

选择工具，快捷键“V”
钢笔工具，快捷键“P”

④

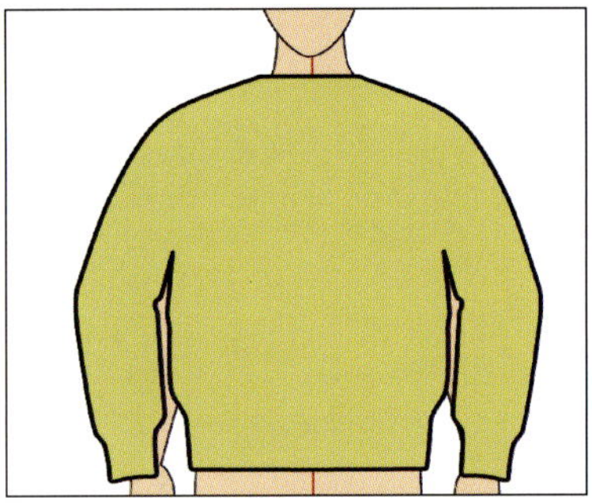

④
- 使用工具箱中【选择】工具，按下键盘上“**Shift**”键，点击选择两个半边羽绒夹克。
- 在【路径查找器】浮动面板中，点击“与形状区域相加”按钮（），再点击“扩展”按钮。

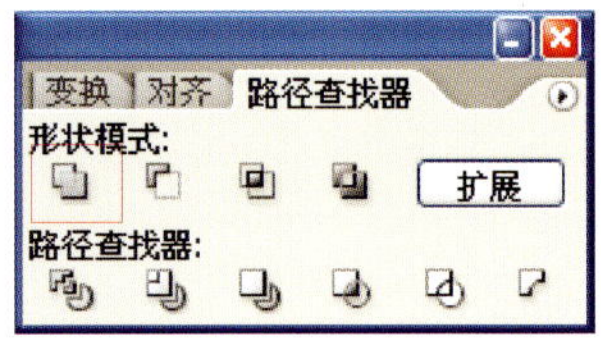

⑤

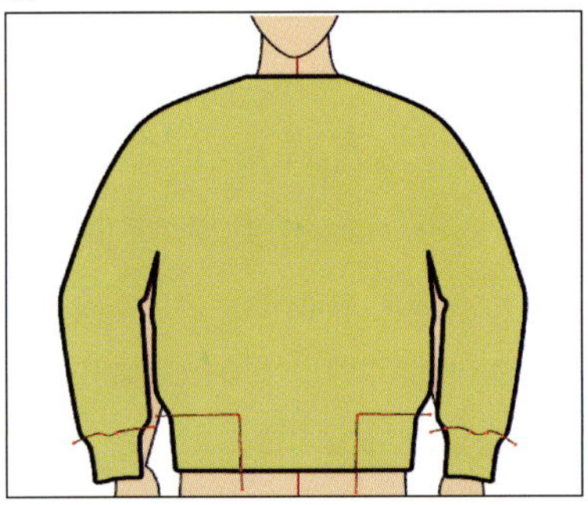

⑤
- 使用工具箱中【选择】工具，点击选择羽绒夹克。在工具箱中设置描边色为黑色，填充色为所需要的颜色（）。
- 使用工具箱中【钢笔】工具，快捷键“**P**”，在袖口和衣身下边缘分别绘制如图所示四条分割线。

⑥

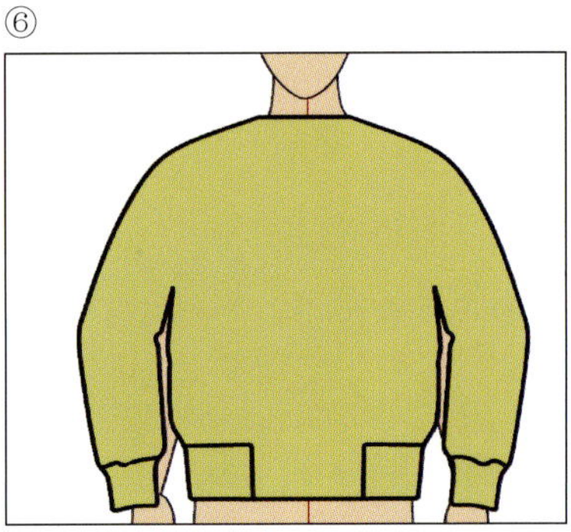

⑥
- 使用工具箱中【选择】工具，框选羽绒夹克和刚刚绘制的如图所示四条分割线。
- 点击【路径查找器】浮动面板中“分割”按钮（），分割羽绒夹克。
- 再次点击鼠标右键，在随即弹出的快捷菜单中，点击选择【取消编组】命令。

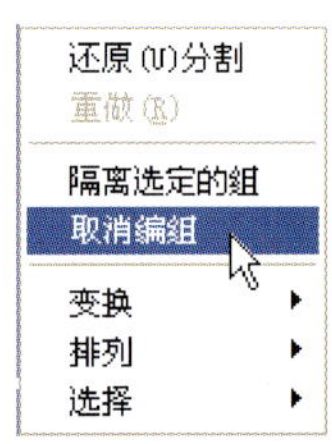

⑦

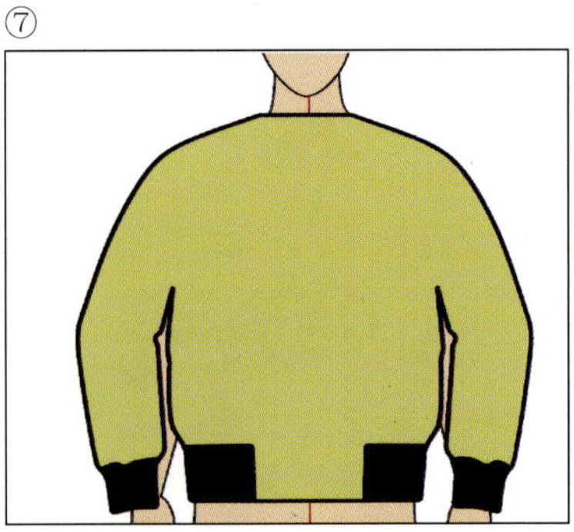

⑦
- 则形成如图中所示四处单独的形状。
- 使用工具箱中【选择】工具，按下键盘上“**Shift**”键，点击选择刚刚被分割出的袖口和衣身下边缘部分。
- 在工具箱中设置填充色为黑色，描边色为黑色（）。

六、羽绒夹克的绘制

绘制羽绒夹克围领

选择工具，快捷键“V”
钢笔工具，快捷键“P”
缩放工具，快捷键“Z ”
直接选择工具，快捷键“A”

⑧

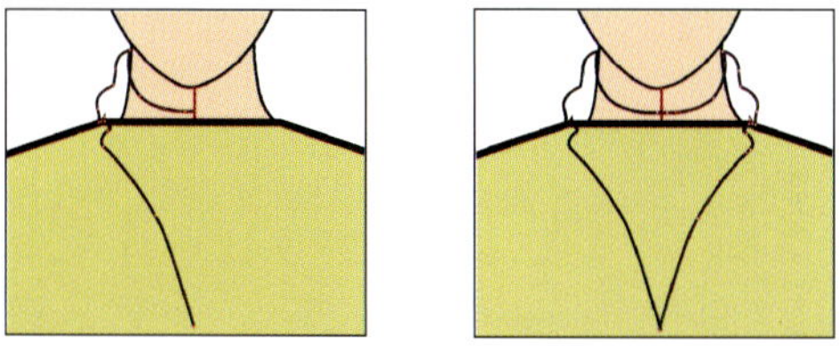

⑧

- 在工具箱中设置无填充色，描边色为黑色（）。
- 使用工具箱中【钢笔】工具，快捷键“P”，在羽绒夹克领子位置绘制左半边围领。
- 使用工具箱中【选择】工具，点击鼠标右键，在随即弹出的快捷菜单中，点击选择【变换/对称】命令。
- 在随即弹出的镜像对话框中，点击“垂直”，再点击“复制”。
- 使用工具箱中【选择】工具，快捷键“V”，按下键盘上“**Shift**”键，向右拖曳刚刚镜像复制的右边圆领到适当位置。

⑨

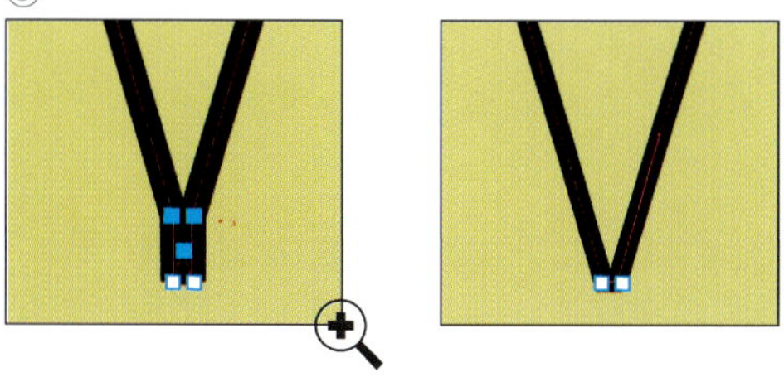

⑨

- 使用工具箱中【缩放】工具，快捷键“Z”，框选放大刚刚绘制的领子下端。
- 使用工具箱中【删除锚点】工具，快捷键“V”，点击删除多余锚点。

⑩

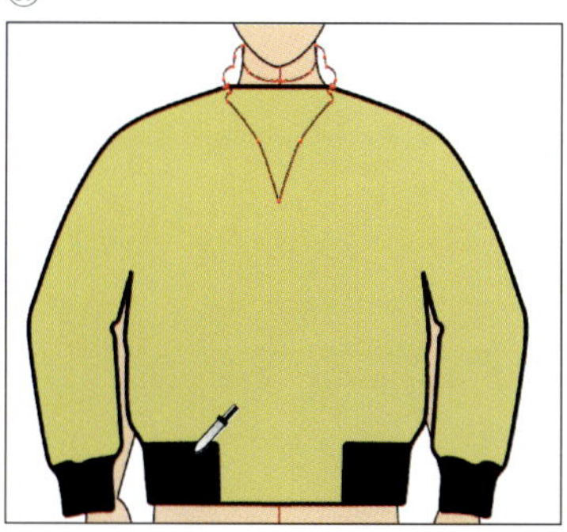

⑩

- 使用工具箱中【选择】工具，快捷键“V”，在刚刚绘制的左右两部分围领被选择的状态下。在【路径查找器】浮动面板中，点击“与形状区域相加”按钮（），再点击“扩展”按钮。

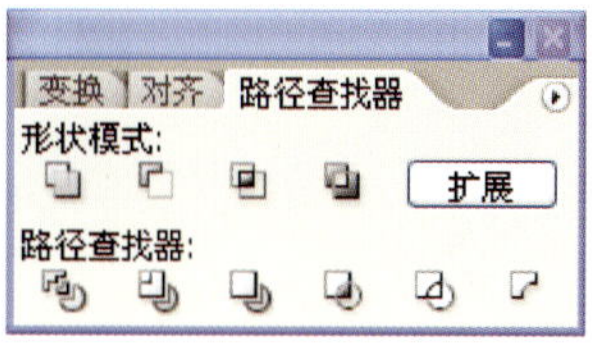

- 使用工具箱中【选择】工具，快捷键“V”，在刚刚绘制的左右两部分围领被选择的状态下，使用工具箱中【吸管】工具，快捷键“I”，在衣身左边下边缘部分点击，吸取填充模式到围领上。

⑪

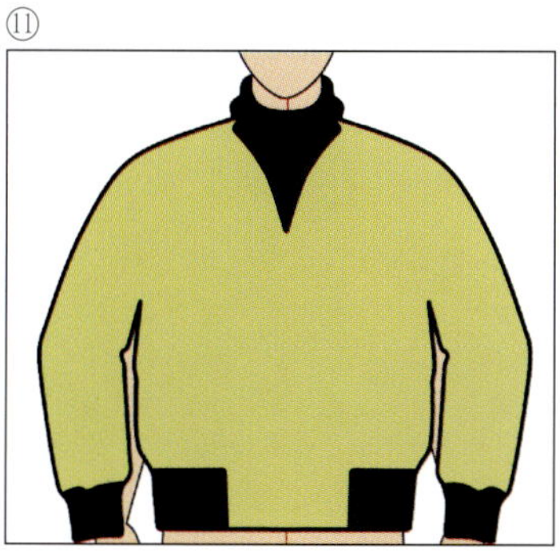

⑪

- 则羽绒夹克的围领被填充颜色。

六、羽绒夹克的绘制

绘制羽绒夹克翻领

选择工具，快捷键“V”
吸管工具，快捷键“I”
钢笔工具，快捷键“P”

⑫

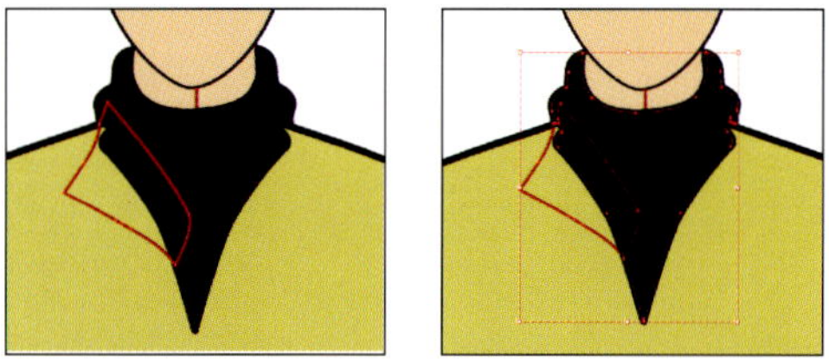

⑫

- 使用工具箱中【钢笔】工具，快捷键“P”，在羽绒夹克围领左边绘制翻领的粗略轮廓。
- 使用工具箱中【选择】工具，快捷键“V”，按下键盘上“Shift”键，点击选择刚刚复制的围领和翻领。
- 在【路径查找器】浮动面板中，点击“与形状区域相减”按钮（），再点击“扩展”按钮。

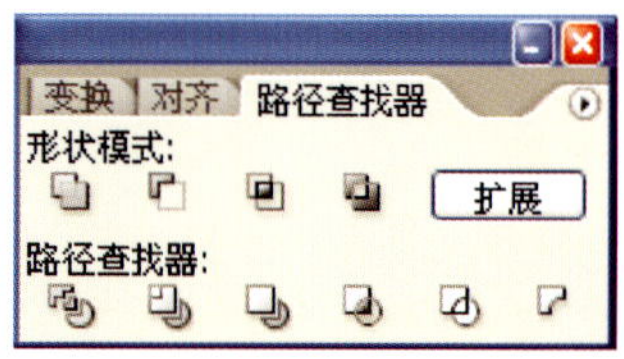

⑬

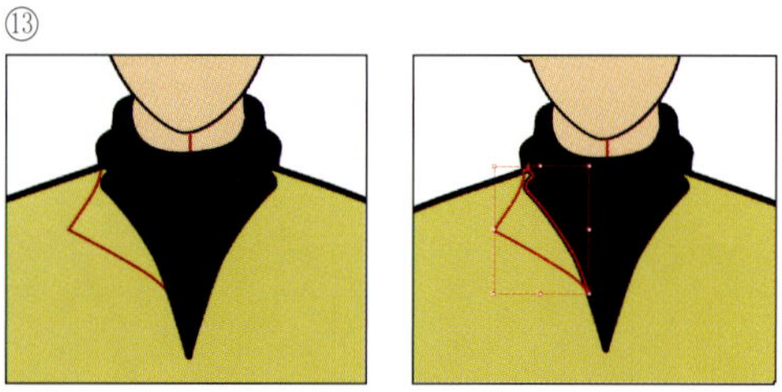

⑬

- 使用工具箱中【选择】工具，点击选择围领，点击鼠标右键，在随即弹出的快捷菜单中点击选择【排列 / 置于顶层】命令。

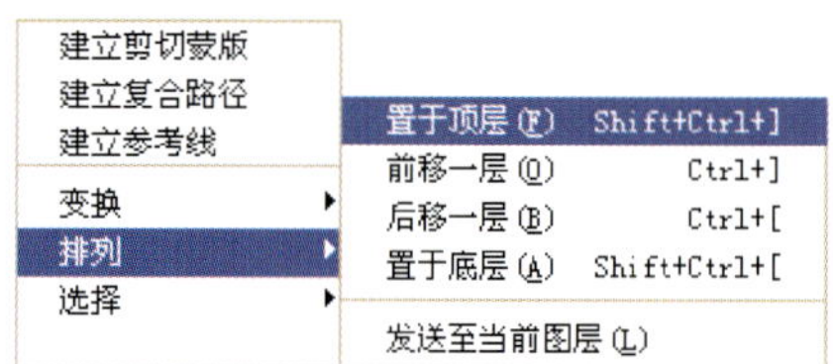

⑭

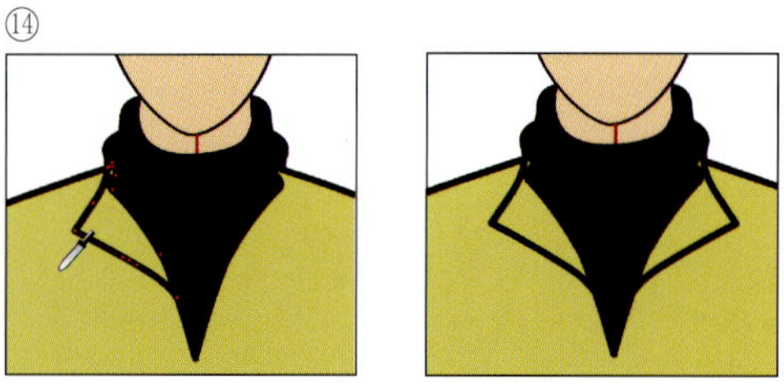

⑭

- 使用工具箱中【吸管】工具，快捷键“I”，在羽绒夹克的衣身上点击，吸取填充模式到翻领上。
- 使用工具箱中【选择】工具，快捷键“V”，在翻领被选择的状态下，点击鼠标右键在随即弹出的快捷菜单中点击选择【变换 / 对称】命令。
- 在随即弹出的【镜像】对话框中，点击选择“垂直”，再点击“复制”按钮。
- 使用工具箱中【选择】工具，快捷键“V”，按下键盘上“Shift”键，向右拖曳刚刚镜像复制的右边翻领到适当位置。

创建羽绒夹克门襟

选择工具，快捷键“V”
钢笔工具，快捷键“P”
直接选择工具，快捷键“A”

⑮

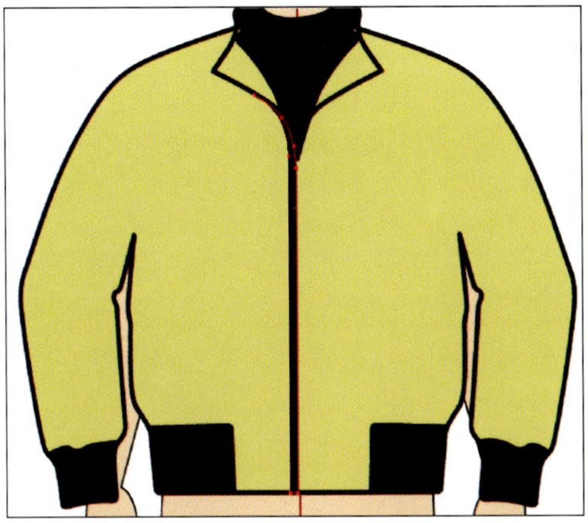

⑮
- 在工具箱中设置无描边色，填充色为黑色（）。
- 使用工具箱中【钢笔】工具，快捷键“P ”，在羽绒夹克中间位置绘制左边门襟形状。

⑯

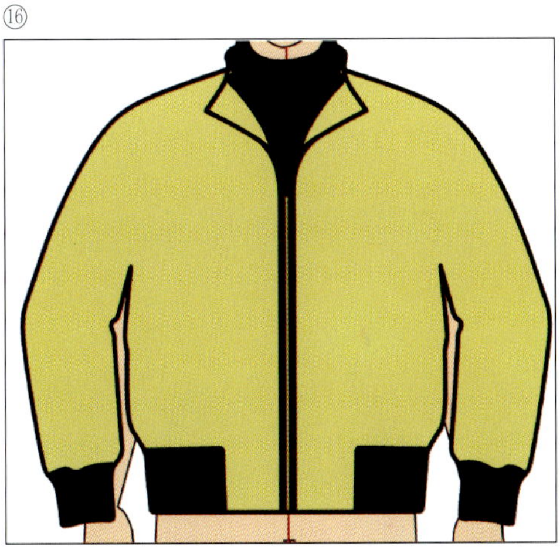

⑯
- 使用工具箱中【选择】工具，快捷键“V”，点击鼠标右键，在随即弹出的快捷菜单中，点击选择【变换 / 对称】命令。
- 在随即弹出的镜像对话框中，点击选择“垂直”，再点击“复制”。

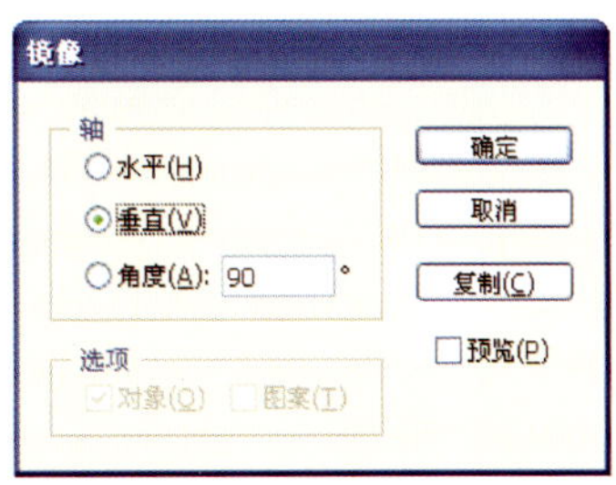

- 使用工具箱中【选择】工具，快捷键“V”，按下键盘上“**Shift**”键，向右拖曳刚刚镜像复制的右边门襟到适当位置。

2. 创建羽绒夹克缝纫线与结构线

创建单缝纫线画笔

选择工具，快捷键“V”
钢笔工具，快捷键“P”

⑰

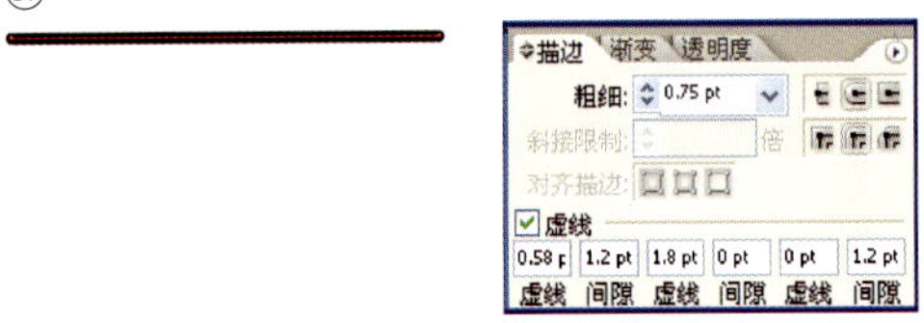

⑰
- 在工具箱中设置无填充色，描边色为黑色（ ）。
- 使用工具箱中【钢笔】工具，快捷键“**P**”，绘制一条直线路径。
- 在【描边】浮动面板中，设置描边“粗细”为**0.75pt**。勾选“虚线”选项（☑），并设置第一条“虚线”为**0.58pt**，“间隙”为**1.2pt**，第二条“虚线”为**1.8pt**，“间隙”为**0pt**，第三条“虚线”为**0pt**，“间隙”为**1.2pt**。

⑱

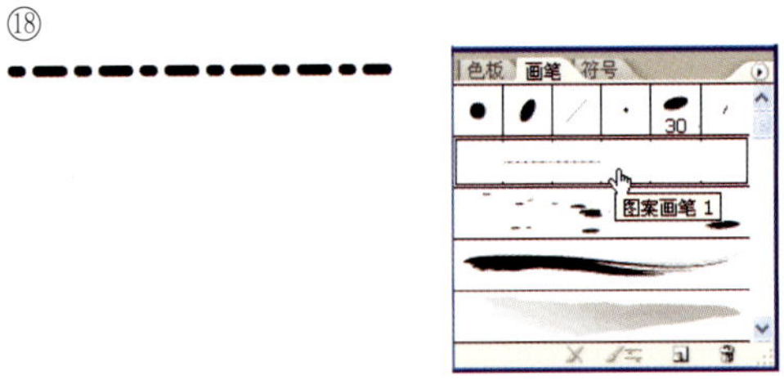

⑱
- 在【画笔】浮动面板中点击“创建新画笔”按钮，将刚刚绘制的虚线路径创建为“单缝纫线画笔”。

创建双缝纫线画笔

选择工具，快捷键“V”
钢笔工具，快捷键“P”

⑲

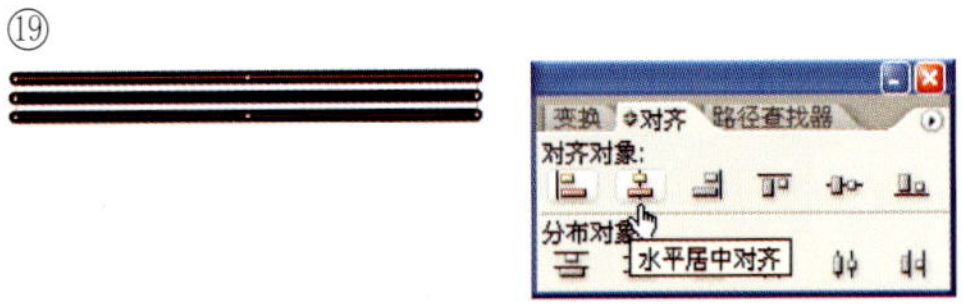

⑲
- 使用工具箱中【钢笔】工具，快捷键“**P**”，绘制出三条直线路径。
- 使用工具箱中【选择】工具，快捷键“**V**”，框选三条直线，在【对齐】浮动面板点击“垂直居中”按钮（ ）。

⑳

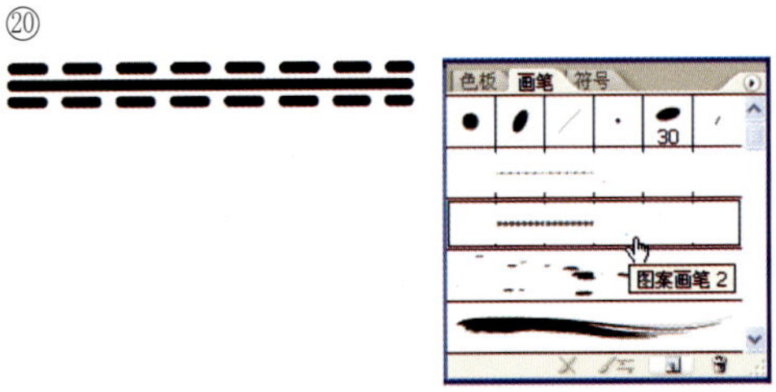

⑳
- 使用工具箱中【选择】工具，快捷键 **V**，按下键盘上“**Shift**”键，点击选择刚刚绘制的三条直线中的第一条和第三条直线。
- 在【描边】浮动面板中，勾选“虚线”选项（☑），并设置“虚线”为**2pt**，“间隙”为**1.7pt**。

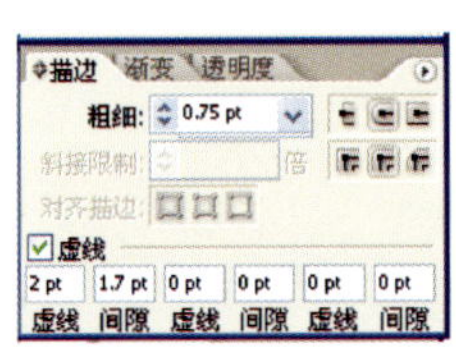

- 在【画笔】浮动面板中点击“创建新画笔”按钮，将刚刚绘制的三条路径创建为“双缝纫线画笔 **2**”。

六、羽绒夹克的绘制

运用缝纫线画笔

选择工具，快捷键“V”
钢笔工具，快捷键“P”

㉑

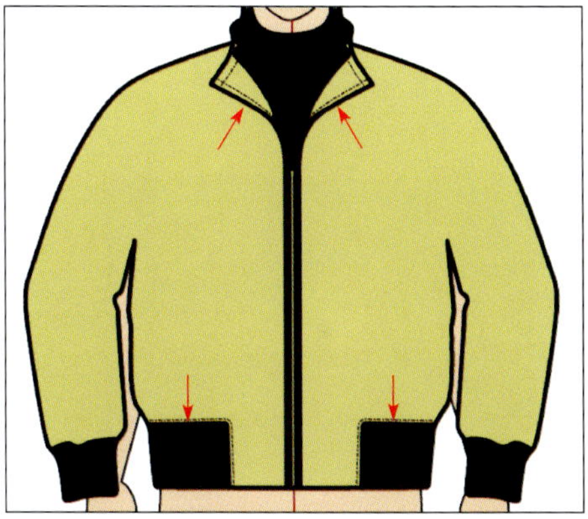

㉑

- 使用工具箱中【钢笔】工具，快捷键“**P**”，如图 **21** 所示，分别在羽绒夹克上绘制四处缝纫线。
- 使用工具箱中【选择】工具，快捷键“**V**”，按下键盘上“**Shift**”键，点击选择刚刚绘制的所有缝纫线。
- 在【画笔】浮动面板中，点击选择之前新建的“单缝纫线画笔”。

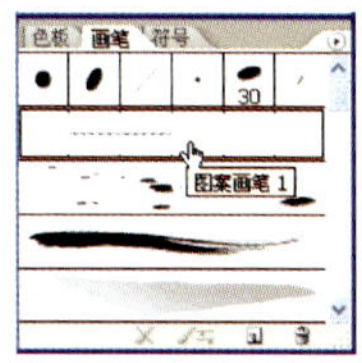

㉒

㉒

- 使用工具箱中【钢笔】工具，快捷键“**P**”，在羽绒夹克衣身和袖子的适当位置，分别绘制新的缝纫线。
- 使用工具箱中【选择】工具，快捷键“**V**”，按下键盘上“**Shift**”键，点击选择刚刚绘制的衣身及袖子上的所有缝纫线。

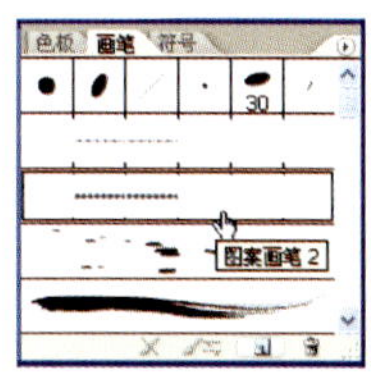

㉓

㉓

- 在描边浮动面板中，点击取消勾选“虚线”选项（☑），设置描边“粗细”为 **2.5pt**。

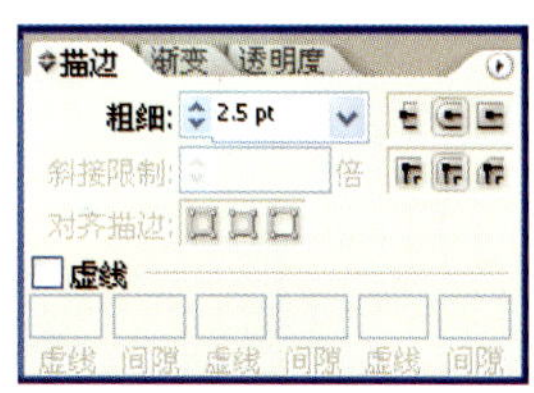

- 使用工具箱中【钢笔】工具，快捷键“**P**”，分别在羽绒夹克 **A**、**B**、**C** 处绘制褶皱线。

3. 绘制羽绒夹克局部与配件

绘制口袋

选择工具，快捷键“**V**”
钢笔工具，快捷键“**P**”

㉔

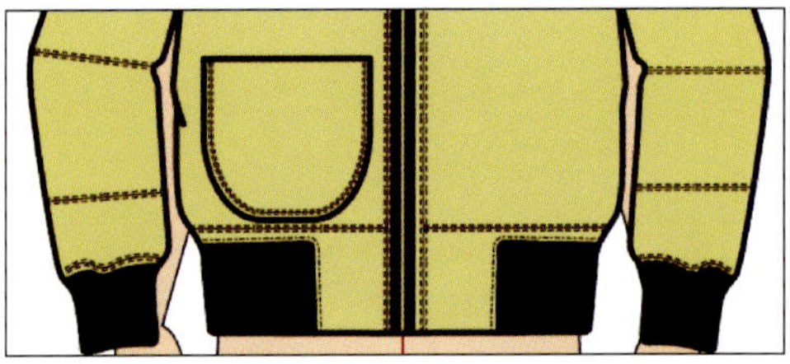

㉔
- 在【图层】浮动面板中，点击下方的“创建新图层”按钮（），新建“图层 **3**”。

- 使用工具箱中【钢笔】工具，快捷键“**P**”，在羽绒夹克衣身左下方绘制口袋轮廓。
- 在口袋轮廓内部绘制单线缝纫线。

㉕

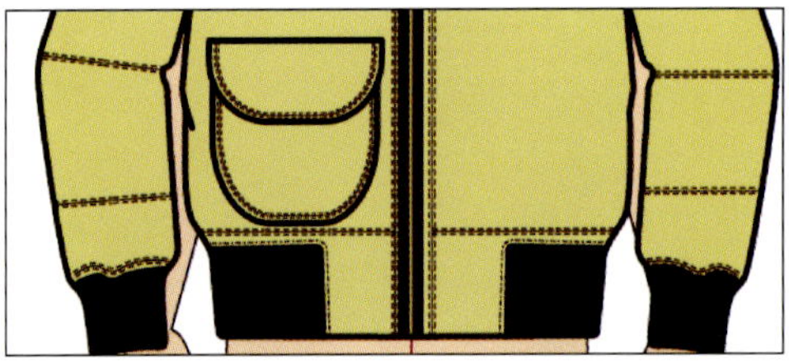

㉕
- 重复上面操作，绘制口袋盖。

㉖

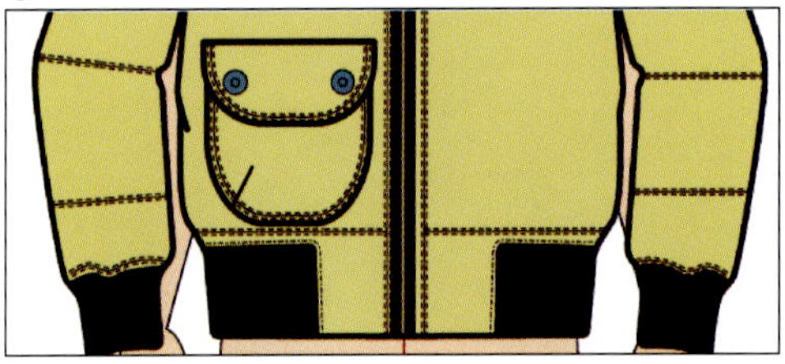

㉖
- 在工具箱中设置描边色为黑色，填充色为所需要的颜色（）。
- 使用工具箱中【椭圆】工具，快捷键“**L**”，按下键盘上“**Shift**”键，在口袋盖左边绘制一大一小两个正圆形。
- 使用工具箱中【选择】工具，快捷键“**V**”，按下键盘上“**Shift**”键，点击选择刚刚绘制的两个圆形。
- 在【对齐】浮动面板中，点击“垂直居中对齐”按钮（），再点击“水平居中对齐”按钮（）。

㉗

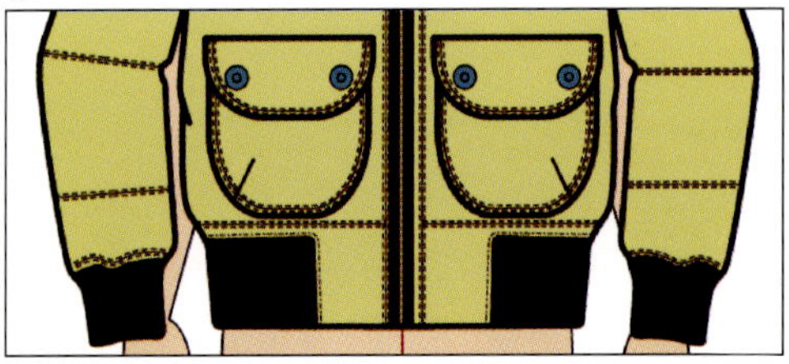

㉗
- 按下键盘上“**Alt**”键，当鼠标呈现双箭头状态时，按下键盘上“**Shift**”键，向右拖曳两个圆形到口袋盖的适当位置。
- 使用工具箱中【钢笔】工具，快捷键“**P**”，在口袋的适当位置，绘制装饰线。
- 使用工具箱中【选择】工具，快捷键“**V**”，按下键盘上“**Shift**”键，点击选择口袋所有部分。
- 按下键盘上“**Alt**”键，当鼠标呈现双箭头状态时，按下键盘上“**Shift**”键，向右拖曳整个口袋到衣身右边适当位置。

六、羽绒夹克的绘制

创建左侧拉链齿牙画笔

选择工具，快捷键“V”
钢笔工具，快捷键“P”

㉘

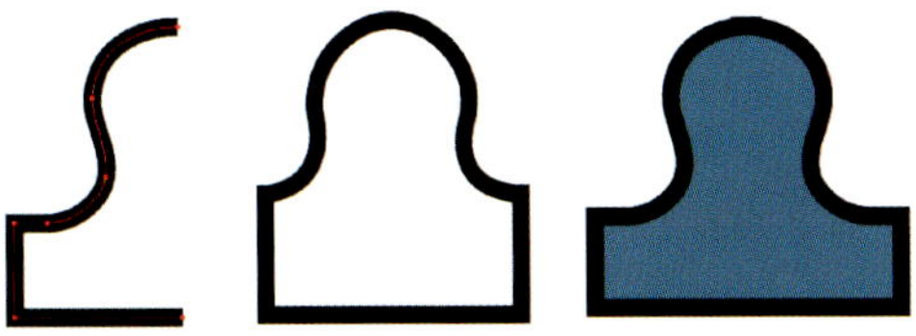

- 在工具箱中设置无填充色，描边色为黑色（）。
- 使用工具箱中【钢笔】工具，快捷键“P”，绘制左半个拉链齿牙形状。
- 使用工具箱中【选择】工具，快捷键“V”，点击鼠标右键，在随即弹出的快捷菜单中，点击选择【变换/对称】命令。
- 在随即弹出的【镜像】对话框中，点击选择“垂直”，点击“复制”。
- 使用工具箱中【选择】工具，快捷键“V”，按下键盘上“**Shift**”键，向右拖曳刚刚镜像复制的右半个拉链齿牙与左边齿牙相接。
- 使用工具箱中【选择】工具，快捷键“V”，框选刚刚绘制的两部分拉链齿牙。在【路径查找器】浮动面板中，点击“与形状区域相加”（）按钮，再点击“扩展”按钮。
- 在拉链齿牙被选择的状态下，在工具箱中设置描边色为黑色，填充色为所需要的颜色（）。

㉙

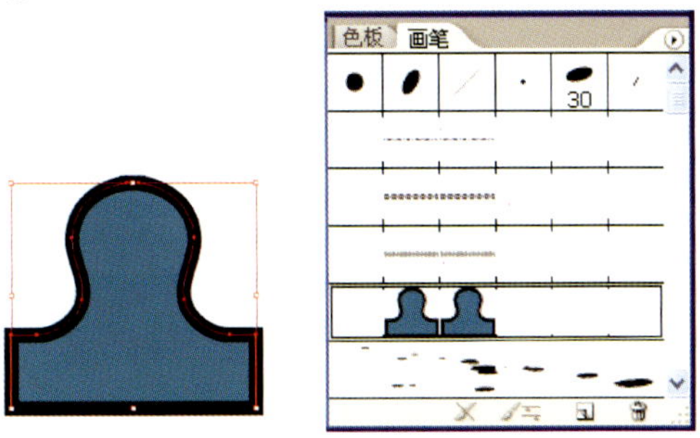

- 在【画笔】浮动面板中，点击“创建新画笔”按钮，将刚刚绘制的拉链齿牙创建为图案画笔。

创建右侧拉链齿牙画笔

选择工具，快捷键“V”
钢笔工具，快捷键“P”

㉚

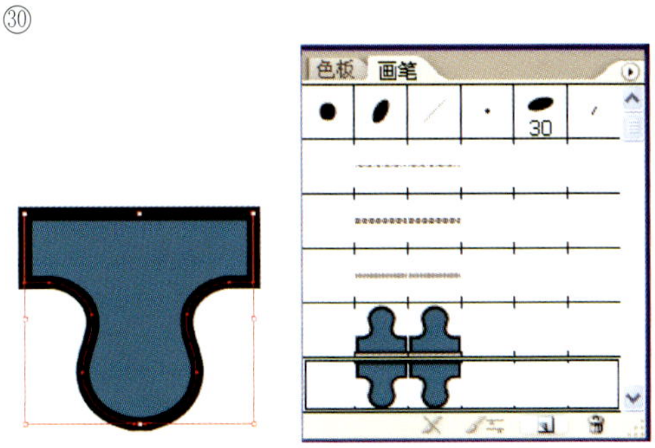

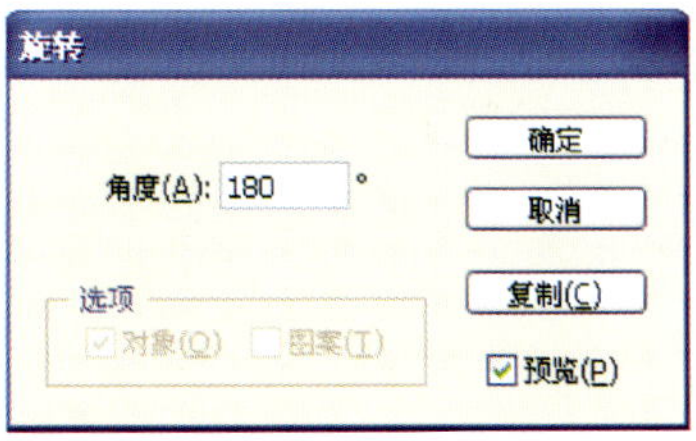

- 在拉链齿牙被选择的状态下，点击鼠标右键，在随即弹出的快捷菜单中，点击选择【变换/旋转】命令。
- 在随即弹出的【旋转】对话框中，设置“角度”为 **180**，点击“复制”作为拉链齿牙。
- 在刚刚旋转复制的拉链齿牙被选择的状态下，在【画笔】浮动面板中，点击“创建新画笔”按钮，将刚刚旋转复制的拉链齿牙创建为右侧拉链齿牙的图案画笔。

创建闭合拉链画笔

选择工具，快捷键“V”
钢笔工具，快捷键“P”

㉛

- 使用工具箱中【选择】工具，快捷键“V”，按下键盘上“Alt+Shift”，复制两个向下的拉链齿牙，且两个向下的齿牙位置左右相接。
- 使用工具箱中【选择】工具，快捷键“V ”，按下键盘上“Alt”键，复制一个向上的拉链齿牙。移动向上齿牙与刚刚复制的两个向下齿牙拼合。

㉜

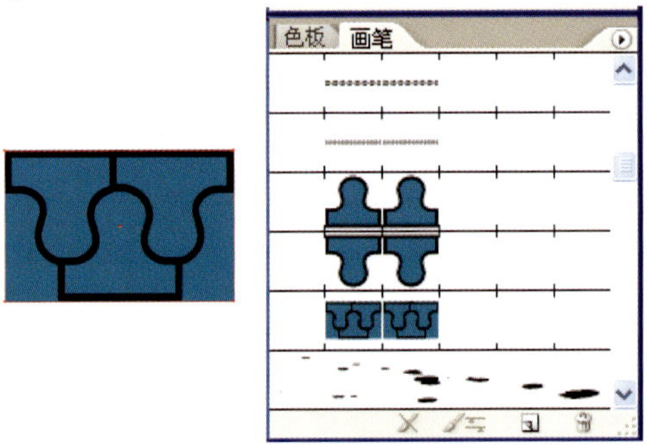

- 在工具箱中设置无描边色，填充色为所需要的颜色。
- 使用工具箱中【矩形】工具，快捷键“M”，在刚刚绘制的拼合拉链齿牙位置，绘制适当大小的矩形。
- 使用工具箱中【选择】工具，快捷键“V”，框选刚刚绘制的拼合拉链齿牙和矩形。
- 在【画笔】浮动面板中，点击“创建新画笔”按钮，将刚刚绘制的拼合拉链齿牙创建为图案画笔。

㉝

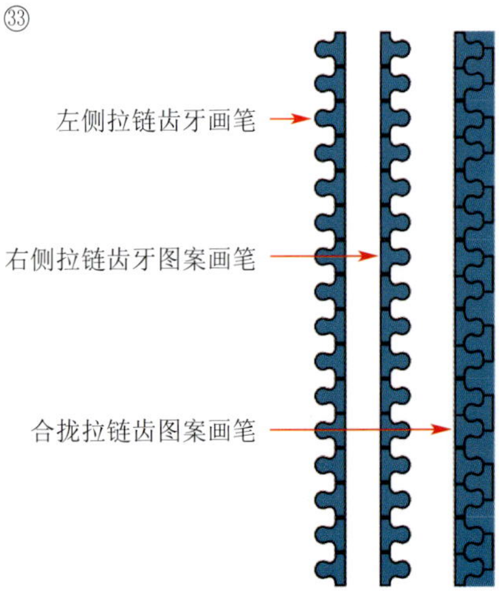

- 通过【画笔】浮动面板，可以创建左侧、右侧、合拢拉链齿牙这三种不同的拉链形态。

六、羽绒夹克的绘制

运用、添加拉链

选择工具，快捷键“**V**”
钢笔工具，快捷键“**P**”

㉞

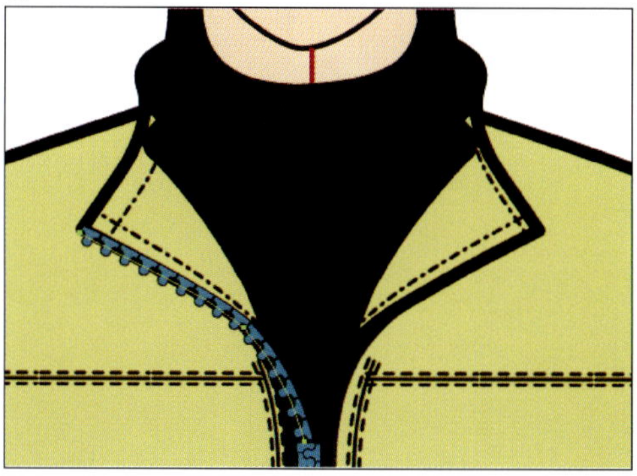

㉞

- 在工具箱中设置无填充色，描边色为所需要的颜色（）。
- 使用工具箱中【钢笔】工具，快捷键“**P**”，沿左边衣领绘制曲线路径。
- 在【画笔】浮动面板中，点击选择左侧拉链。

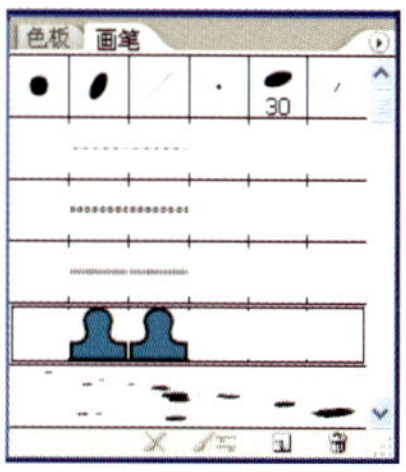

㉟

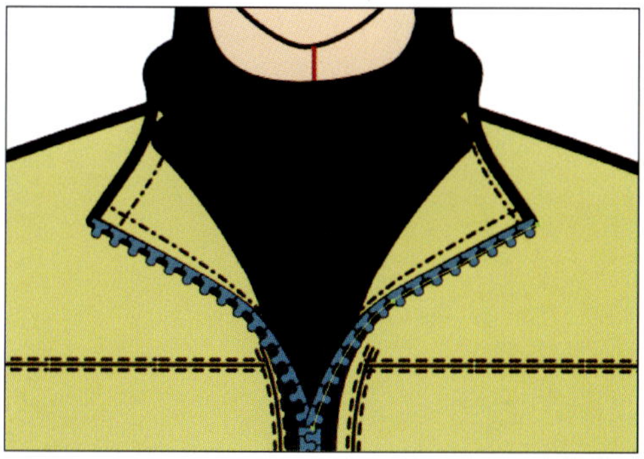

㉟

- 使用工具箱中【钢笔】工具，快捷键“**P**”，沿右边衣领绘制曲线路径。
- 在【画笔】浮动面板中，点击选择右侧拉链齿牙图案画笔。

㊱

㊱

- 使用工具箱中【钢笔】工具，快捷键“**P**”，沿门襟中间位置和上袋位置处绘制路径。
- 在【画笔】浮动面板中，点击选择合拢拉链齿牙图案画笔。

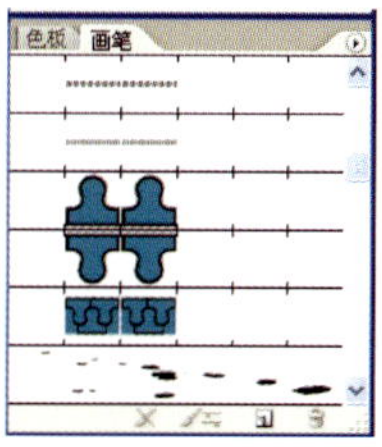

六、羽绒夹克的绘制

绘制拉链头

选择工具，快捷键“V”
钢笔工具，快捷键“P”
圆角矩形工具，无快捷键

㊲

㊲
- 参考绘制拉链齿牙的方法绘制出拉链头第一层局部形状。

㊳

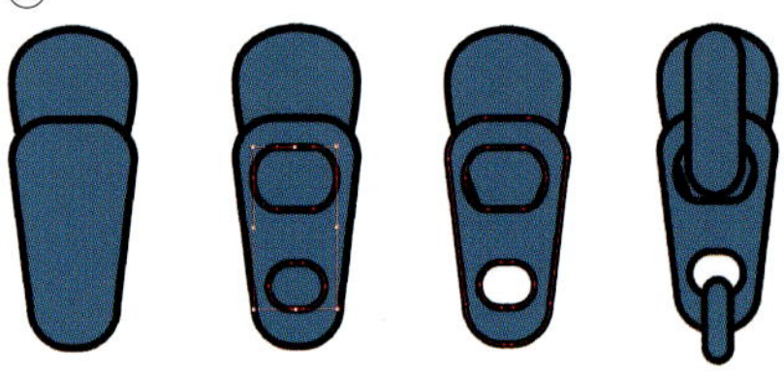

㊳
- 再分别使用工具箱中【钢笔】工具（快捷键“P”）和【圆角】矩形工具绘制拉链头第二层局部形状。
- 使用工具箱中【选择】工具，快捷键“V”，点击选择第二层局部所有形状。
- 在【路径查找器】浮动面板中，点击“排除重叠区域”按钮（ ）。
- 点击“扩展”按钮。
- 再使用工具箱中【圆角】矩形工具绘制两个圆角矩形。

绘制拉链吊牌

圆角矩形工具，无快捷键
删除锚点工具，无快捷键
转换锚点工具，无快捷键

㊴

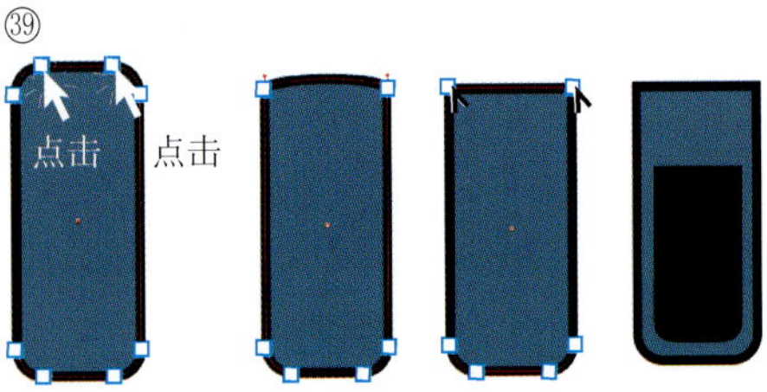

㊴
- 双击工具箱中【圆角矩形】工具，在随即弹出的【圆角矩形】对话框中设置“宽度”为 **2mm**，“高度”为 **4.5mm**，“圆角半径”为 **1mm**，点击“确定”，绘制拉链吊牌基本形状。
- 使用工具箱中【删除锚点】工具，在刚刚绘制的吊牌最上方两个锚点上点击删除。
- 使用工具箱中【转换锚点】工具，在吊牌上方两个锚点上点击，将其由曲线锚点转换为直角锚点。
- 重复以上操作，绘制一个稍小于吊牌的形状作为内部装饰。

复制、调整拉链头

选择工具，即快捷键“V”

④⓪

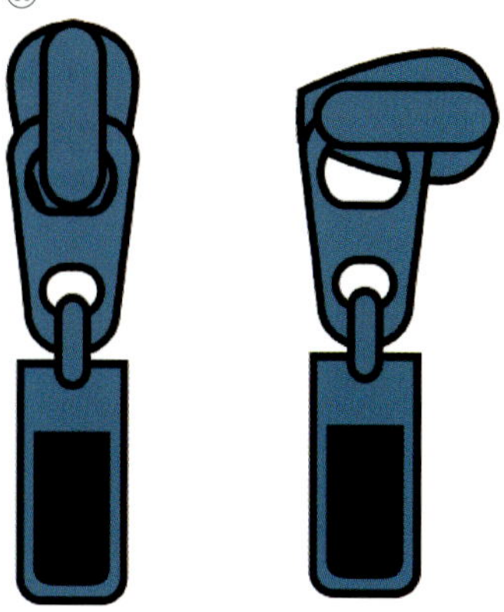

④⓪

- 使用工具箱中【选择】工具，快捷键“**V**”，在需要调整排列顺序的形状上点击鼠标右键，随即弹出的快捷菜单中点击选择【排列】命令，然后进行调整。
- 使用工具箱中【选择】工具，快捷键“**V**”，框选整个拉链，按下键盘上“**Alt**”键，向右拖曳拉链，移动复制拉链。
- 使用工具箱中【选择】工具，快捷键“**V**”，点击选择拉链头上部的两个形状，按下键盘“**Shift**”键，拖曳鼠标，旋转所选择对象**90**°。

绘制拉绳头

选择工具，快捷键“V”
椭圆工具，快捷键“L”
直接选择工具，快捷键“A”
钢笔工具，快捷键“P”
圆角矩形工具，无快捷键

④①

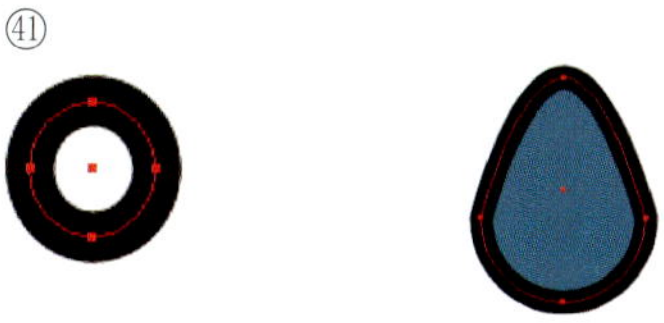

④①

- 在工具箱中设置无填充色，描边色为黑色（），在【描边】浮动面板中设置描边“粗细”为**2pt**。
- 使用工具箱中【椭圆】工具，快捷键“**L**”，绘制适当大小的圆形。
- 在工具箱中设置描边色为黑色，填充色为所需要的颜色（），在【描边】浮动面板中设置描边“粗细”为**2pt**。
- 使用工具箱中【椭圆】工具，快捷键“**L**”，绘制另一个适当大小的圆形。
- 使用工具箱中【钢笔】工具，快捷键“**P**”，绘制一个理想形状。

④②

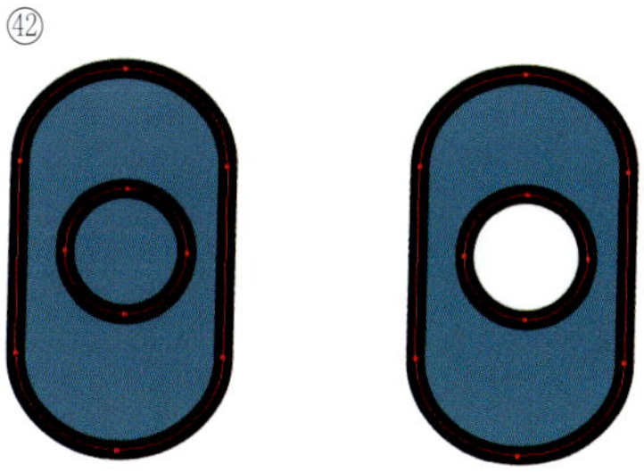

④②

- 使用工具箱中【圆角矩形】工具，绘制适当大小的圆角矩形。
- 使用工具箱中【椭圆】工具，快捷键“**L**”，在刚刚绘制的圆角矩形中心位置绘制适当大小的圆形。
- 使用工具箱中【选择】工具，快捷键“**V**”，框选刚刚绘制的圆角矩形和圆形。
- 在【路径查找器】浮动面板中，点击“与形状区域相减”按钮（），再点击“扩展”按钮。

④③

④③

- 使用工具箱中【选择】工具，快捷键“**V**”，分别移动刚刚绘制的对象到适当位置。

㊹

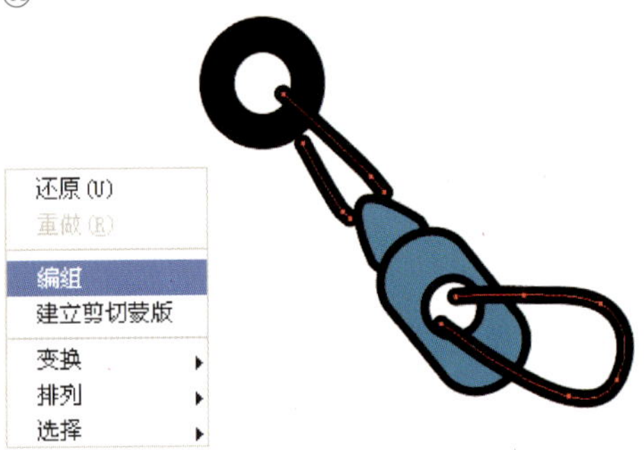

绘制拉绳

选择工具，快捷键“V”
钢笔工具，快捷键“P”

㊹

- 在工具箱中设置无填充色，描边色为黑色（），在【描边】浮动面板中设置描边“粗细”为**1pt**，选择圆头端点（）。

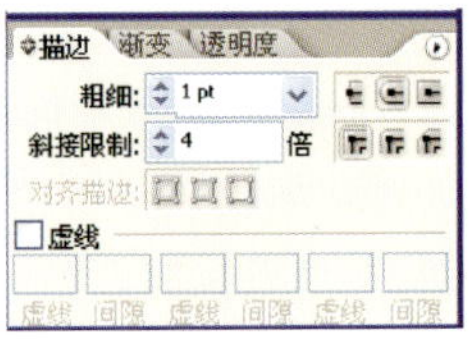

- 使用工具箱中【钢笔】工具，快捷键“**P**”，在适当的位置分别绘制两段曲线路径，作为拉绳。
- 使用工具箱中【选择】工具，快捷键“**V**”，框选刚刚绘制的拉绳头所有部分，点击鼠标右键，在随即弹出的快捷菜单中点击选择【编组】命令。

㊺

添加拉绳

选择工具，快捷键“V”

㊺

- 使用工具箱中【选择】工具，快捷键“**V**”，分别在羽绒夹克的适当位置放置刚刚绘制的拉链和拉绳。

㊻

㊻

- 在【图层】浮动面板中，点击“图层**1**”左边的“切换可视性”按钮（），隐藏“图层**1**”。

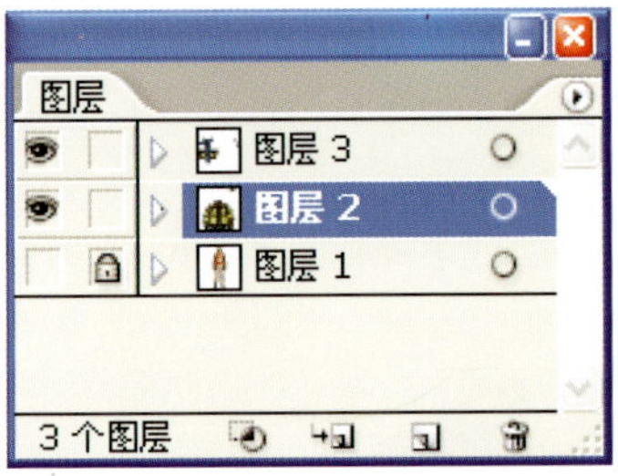

六、羽绒夹克的绘制

绘制围领后部

选择工具，快捷键“V”
钢笔工具，快捷键“P”
吸管工具，快捷键“I”

㊼

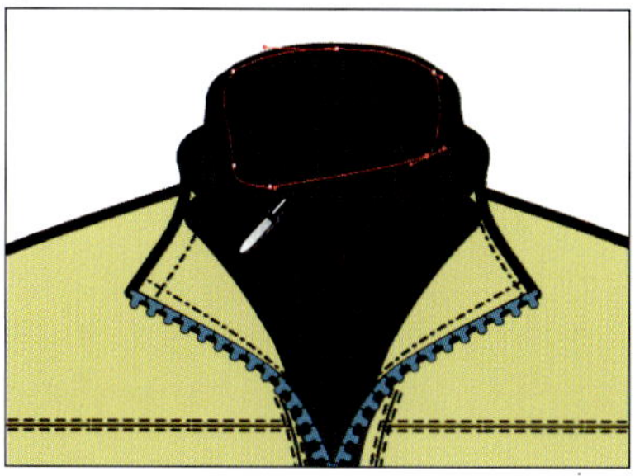

㊼

- 使用工具箱中【钢笔】工具，快捷键“P”，在夹克圆领上方绘制适当的形状，作为后领部分。
- 使用工具箱中【吸管】工具，快捷键“I”，在前领上点击，吸取前领的填充模式到后领。

㊽

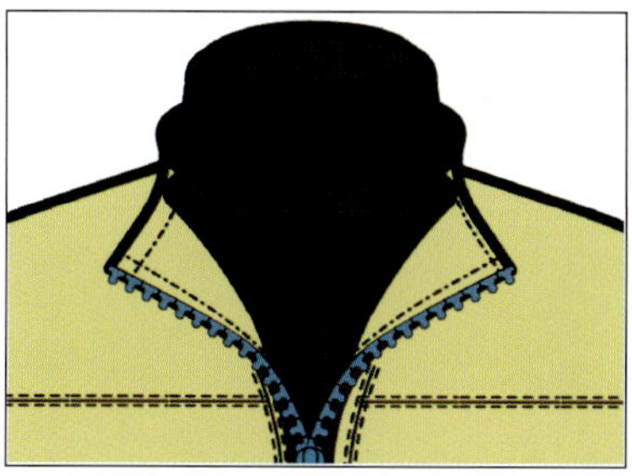

㊽

- 使用工具箱中【选择】工具，快捷键“V”，点击选择后领部分。
- 点击鼠标右键，在随即弹出的快捷菜单中，点击选择【排列 / 置于底层】命令。

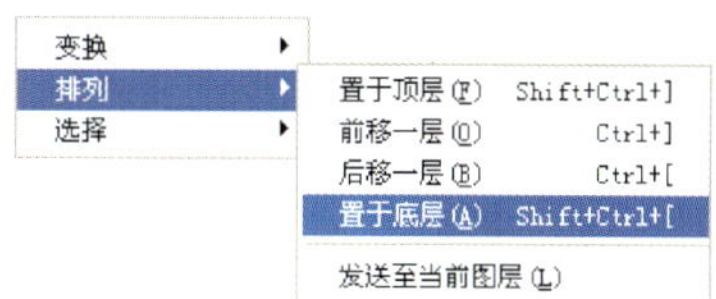

㊾

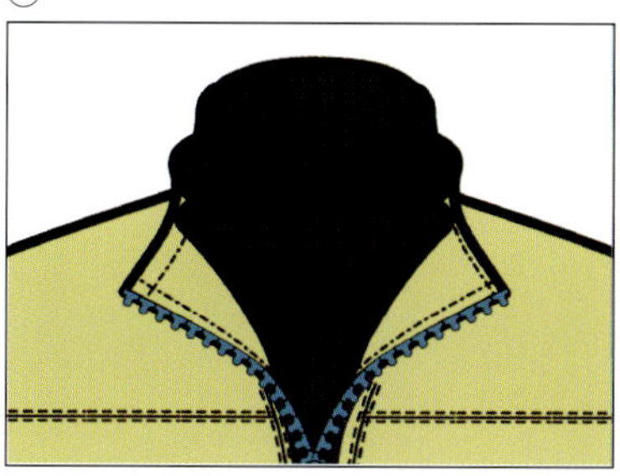

㊾

- 即后领被置于最底层。

㊿

㊿

- 羽绒夹克最终绘制效果。

六、羽绒夹克的绘制

羽绒夹克着装图

羽绒夹克款式图变色一

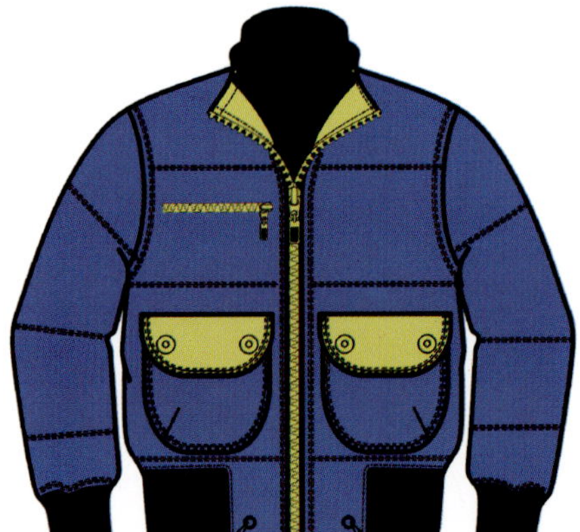

羽绒夹克款式图变色二

七、针织衫的绘制

1. 创建针织衫基本形状

新建文档

- 在 **Adobe Illustrator** 中执行菜单栏中执行【文件 / 新建】命令，快捷键“**Ctrl+N**”，随即弹出【新建文档】对话框，设置：“名称”为松紧腰头灯笼裤；“大小”为 **A4**；“取向”为纵向（）；“**RGB** 颜色”（）。
- 点击“确定”。

绘制针织衫基本形状

钢笔工具，快捷键“**P**”
选择工具，快捷键“**V**”

①

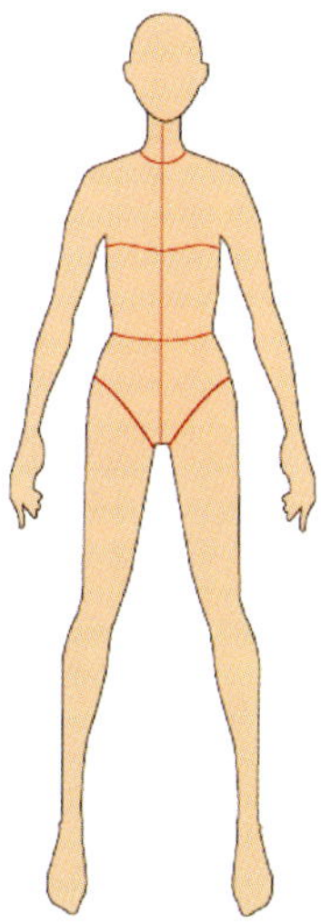

①

- 执行菜单栏中【文件 / 置入】命令，置入人体草图。
- 在【图层】浮动面板点击锁定“图层 **1**”（）
- 点击【图层】浮动面板中新建图层（），创建“图层 **2**”。

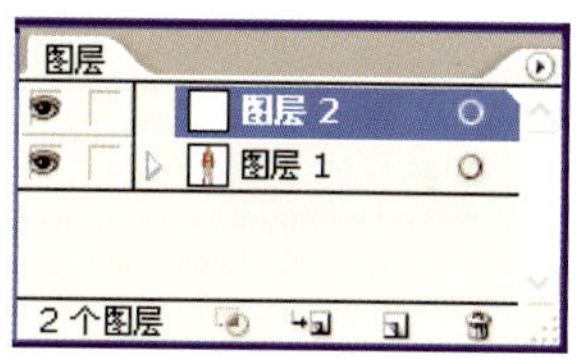

- 使用工具箱中【钢笔】工具，快捷键“**P**”。
- 在工具箱中设置无填充色，描边色为黑色（），描边“粗细”为 **2.5pt**。

②

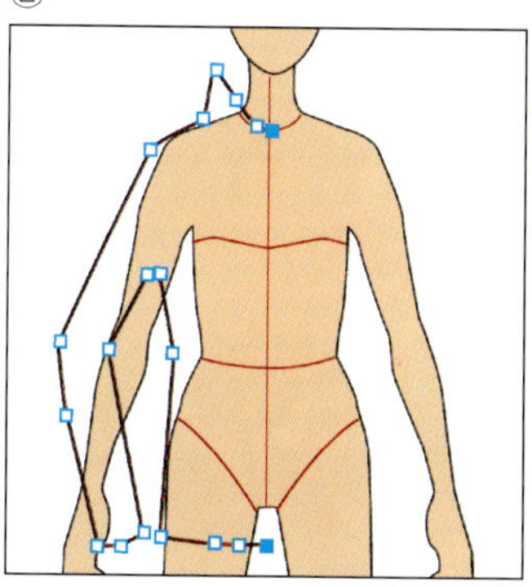

②

- 使用工具箱中【钢笔】工具，快捷键“**P**”，延人体草图绘制针织衫左半边形状。

③

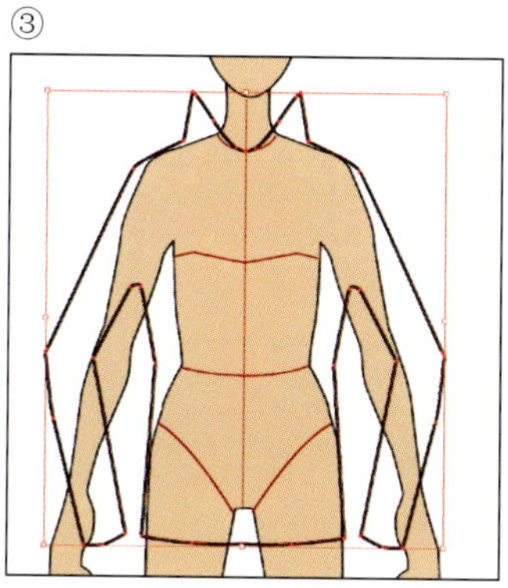

③

- 使用工具箱中【选择】工具，快捷键“**V**”，点击鼠标右键。
- 在随即弹出的快捷菜单中点击选择【变换 / 对称】命令。
- 在随即弹出的【镜像】对话框中点击选择“垂直”，再点击“复制”。
- 向右拖曳刚刚镜像复制的半边针织衫到适当位置。
- 使用工具箱中【选择】工具，快捷键“**V**”，框选两半边针织衫。
- 点击【路径查找器】浮动面板中，点击 “与形状区域相加”（），再点击“扩展”按钮。

七、针织衫的绘制

④

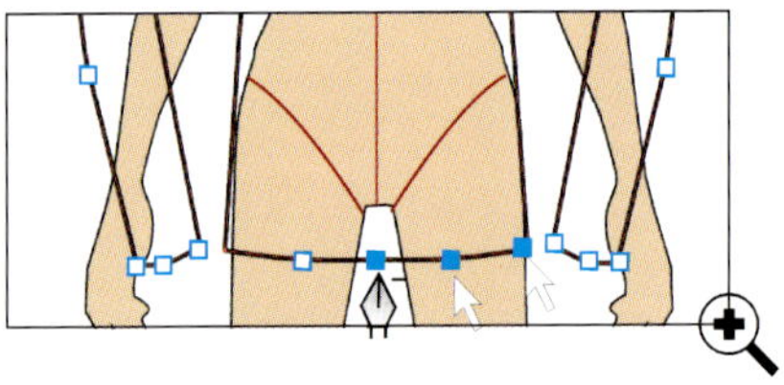

⑤

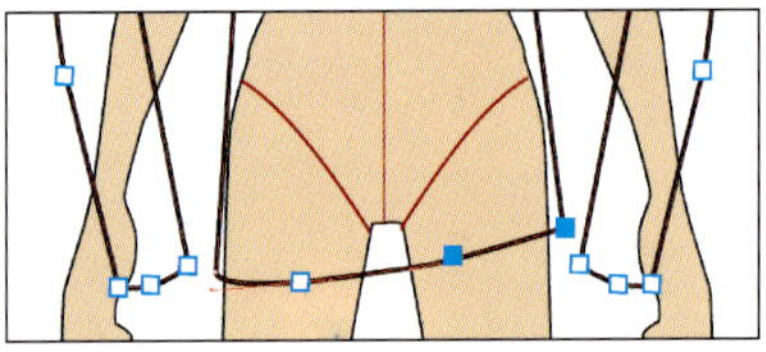

⑥

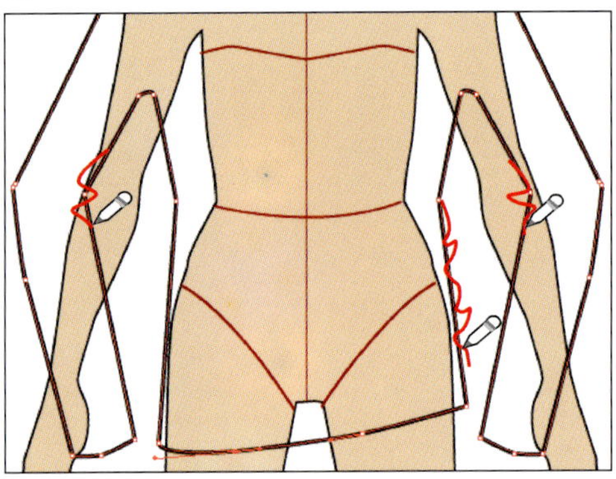

⑦

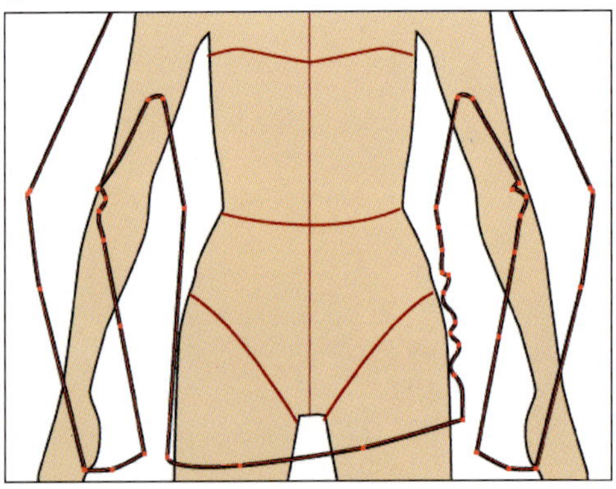

调整针织衫形状

直接选择工具，快捷键“P”
删除锚点工具，无快捷键
缩放工具，快捷键“Z”

④

- 使用工具箱中【缩放】工具，快捷键“Z”，放大针织衫下边缘。
- 在刚刚绘制的针织衫被选择的状态下，使用工具箱中【删除锚点】工具，在针织衫下边缘的中间锚点上点击，删除该锚点。

⑤

- 使用工具箱中【直接选择】工具，快捷键“A”，分别点击移动针织衫下边缘右边两个锚点到适当位置。

添加针织衫变形效果

选择工具，即快捷键“P”
铅笔工具，即快捷键“V”

⑥

- 使用工具箱中【铅笔】工具，快捷键“N”，分别在针织衫袖子和衣侧的适当位置路径上进行不规则拖曳。

⑦

- 则针织衫袖子和衣侧的轮廓被改变。

七、针织衫的绘制

⑧

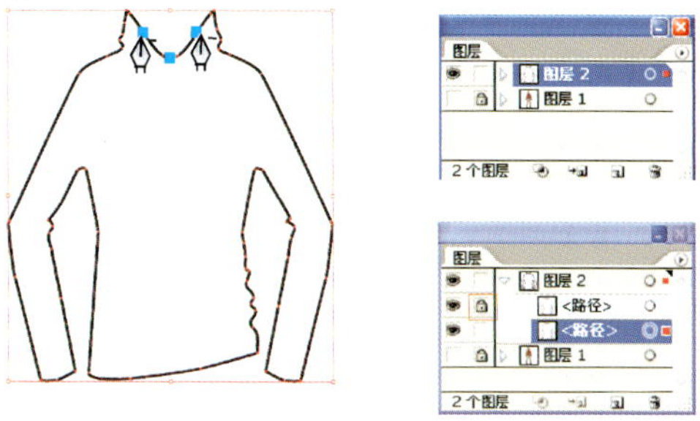

绘制针织衫后片形状

直接选择工具，即快捷键“P”
删除锚点工具，即快捷键“H”

⑧
- 在【图层】浮动面板中，点击“图层 1”左边的“切换可视性”按钮（👁），隐藏“图层 1”。
- 使用工具箱中【选择】工具，快捷键“V”，点击选择针织衫，执行菜单栏中【编辑 / 复制】命令，再执行【编辑 / 贴在后面】命令。
- 即复制为后片针织衫。
- 在【图层】浮动面板中，点击最上层路径，即前片针织衫，再点击左边的“切换锁定按钮”，将其进行锁定。

（注意：锁定后的图层或形状将不被选择或者修改）

⑨

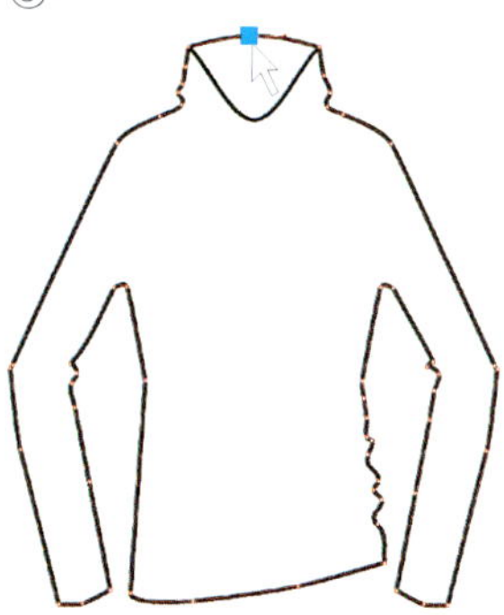

⑨
- 使用工具箱中【选择】工具，快捷键“V”，点击选择后片针织衫。
- 使用工具箱中【删除锚点】工具，在刚刚复制的针织衫领口位置多余的锚点上分别点击，删除多余锚点。
- 使用工具箱中【直接选择】工具，快捷键“A”，点击向上移动针织衫领口位置的中间锚点到适当位置。
- 使用工具箱中【转换锚点】工具，调整刚刚移动的领口中心锚点。

创建针织衫前片挖空形状

选择工具，即快捷键“V”
钢笔工具，即快捷键“P”

⑩

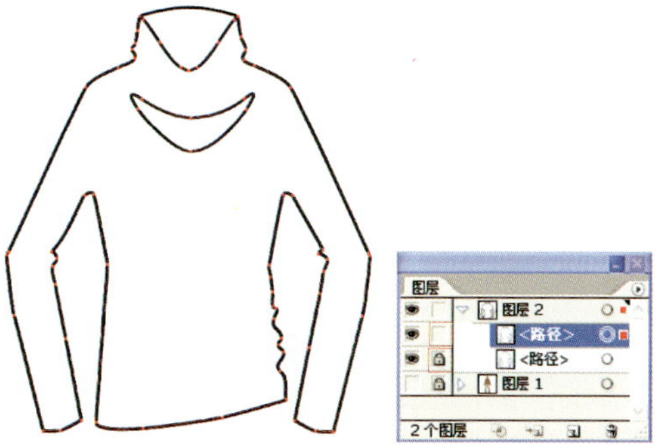

⑩
- 在【图层】浮动面板中，点击最上层路径，即前片针织衫，再点击左边的“切换锁定”按钮（ ），将其解除锁定。
- 点击最下层路径，即后片针织衫，再点击左边的“切换锁定”按钮（🔒），将其进行锁定。
- 使用工具箱中【钢笔】工具，快捷键“P”，在针织衫胸前片适当位置绘制需要的挖空形状。
- 使用工具箱中【选择】工具，快捷键“V”，按下键盘上“Shift”键，点击选择前片针织衫和挖空形状。
- 在【路径查找器】浮动面板中，点击“排除重叠形状区域”按钮（ ），再点击“扩展”按钮。

七、针织衫的绘制

⑪

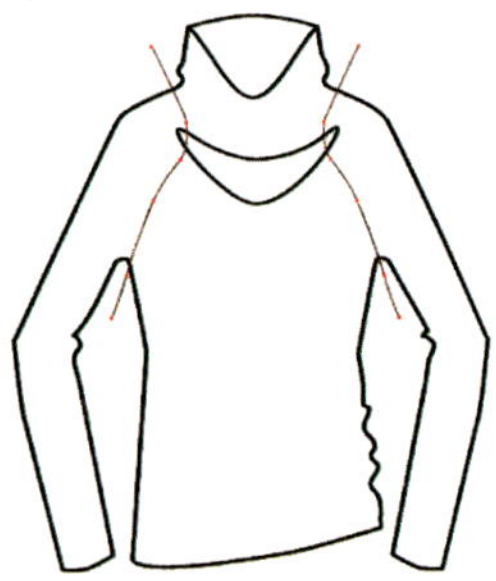

⑫

⑬

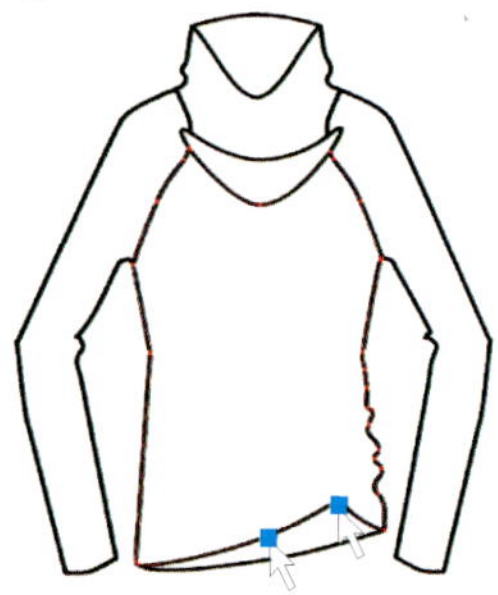

⑭

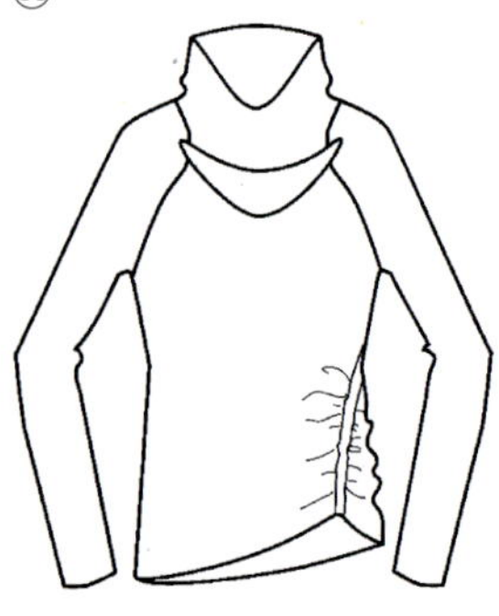

分割针织衫袖部形状

选择工具，即快捷键“V”
钢笔工具，即快捷键“P”

⑪
- 使用工具箱中【钢笔】工具，快捷键“P”，分别在针织衫袖子与衣身交接处绘制两条分割路径，如图⑪所示。
- 使用工具箱中【选择】工具，快捷键“V”，按下键盘上“**Shift**”键，点击两条分割路径和针织衫前片。
- 在【路径查找器】浮动面板中，点击“分割”按钮（ ）。

⑫
- 即针织衫前片被分割。
- 点击鼠标右键，在随即弹出的快捷菜单中点击选择【取消编组】命令。

创建针织衫前片收褶形状

选择工具，即快捷键“P”
直接选择工具，即快捷键“A”

⑬
- 使用工具箱中【选择】工具，快捷键“V”，点击针织衫前片。
- 使用工具箱中【直接选择】工具，快捷键“A”，点击并拖曳针织衫前片下边缘的两个锚点到适当位置。
- 即针织衫前片下边缘被改变形状。

⑭
- 使用工具箱中【钢笔】工具，快捷键“P”，在控制面板中分别设置“描边粗细”为 **1.2pt** 和 **0.75pt**，在针织衫前片右下方绘制理想的碎褶线。

2. 填充针织衫面料

置入扫描的一块面料图片

- 扫描一块真实的简单织物，然后保存为 **JPEG** 或 **TIFF** 文件到驱动盘 **C** 盘—**Adobe Illustrator** 练习—灰色驮毛扫描。

（注意：扫描图像用 **200dpi/** 每英寸 **200** 像素，彩色扫描。其他一切均依照扫描仪上的说明进行，如果扫描仪允许，在扫描前先把图像复制成 **10cm×10cm** 大小）

⑮

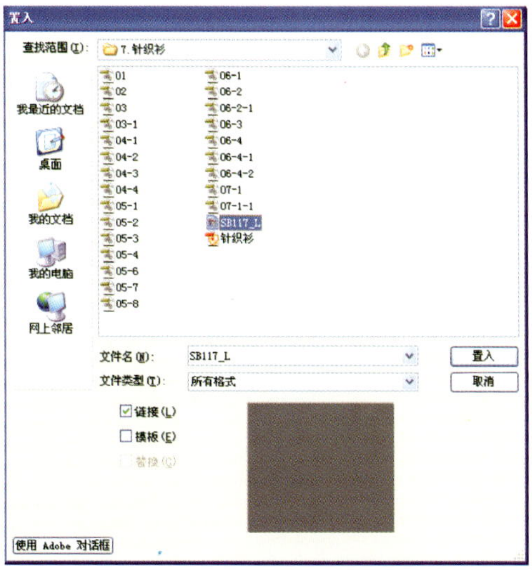

⑮

- 在 **Adobe Illustrator** 中，执行菜单栏中【文件 / 置入】命令，置入扫描的面料图片。

⑯

⑯

- 点击控制面板中【嵌入】按钮。

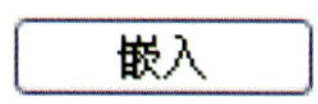

调整面料图片大小

选择工具，即快捷键“V”

⑰

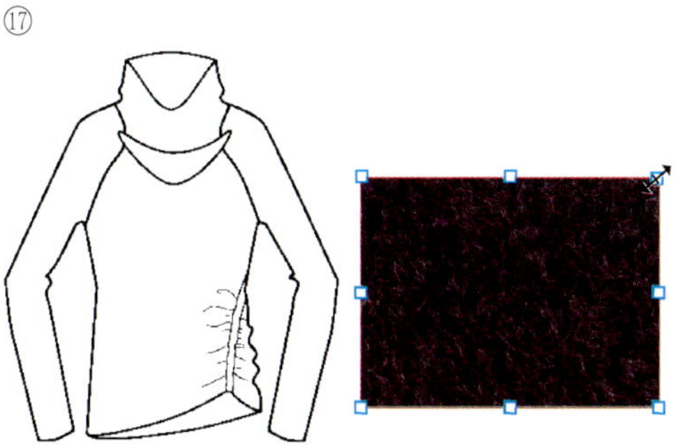

⑰

- 使用工具箱中【选择】工具，快捷键“**V**”，点击选择刚刚置入的面料图片。
- 按下键盘上“**Shift**”键，将鼠标放置在控制框右上角处，当鼠标变为可变换状态时，拖曳鼠标，调整图片为适当大小。

七、针织衫的绘制

创建针织衫面料色板一

选择工具，快捷键“V”
矩形工具，快捷键“M”

⑱

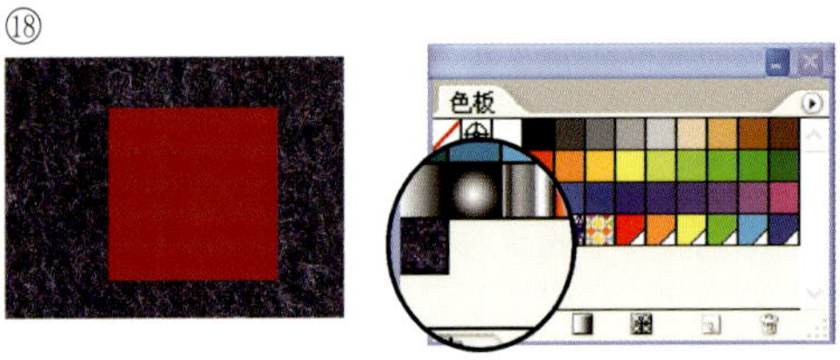

⑱
- 使用工具箱中【矩形】工具，快捷键“M”，在面料图片上方绘制适当大小的矩形。
- 在刚刚绘制的矩形被选择的状态下，在工具箱中设置为无填充色，无描边色（）。
- 点击鼠标右键，在随即弹出的快捷菜单中点击【排列 / 置于底层】命令。
- 使用工具箱中【选择】工具，框选面料图片和刚刚绘制的矩形。
- 拖曳选择对象到【色板】浮动面板中，作为新建针织衫面料色板。

⑲

⑲
- 使用工具箱中【选择】工具，快捷键“V”，点击选择针织衫前片。
- 在【色板】浮动面板中，点击刚刚新建的色板，填充针织衫前片。

创建针织衫面料色板二

选择工具，快捷键“V”
矩形工具，快捷键“M”

⑳

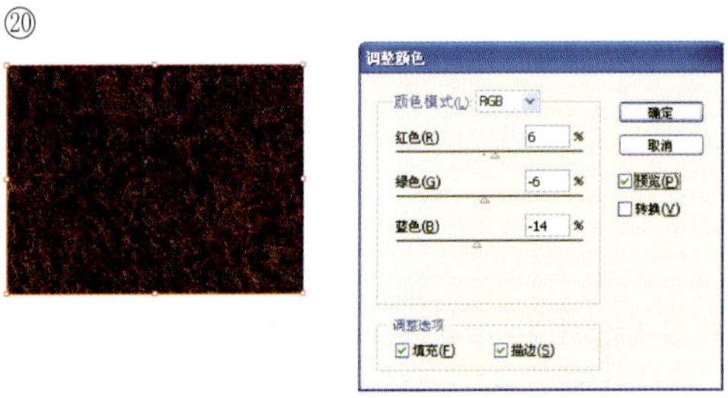

⑳
- 使用工具箱中【选择】工具，快捷键“V”，点击选择之前置入的面料图片。
- 执行菜单栏中【滤镜 / 颜色 / 调整颜色】命令。

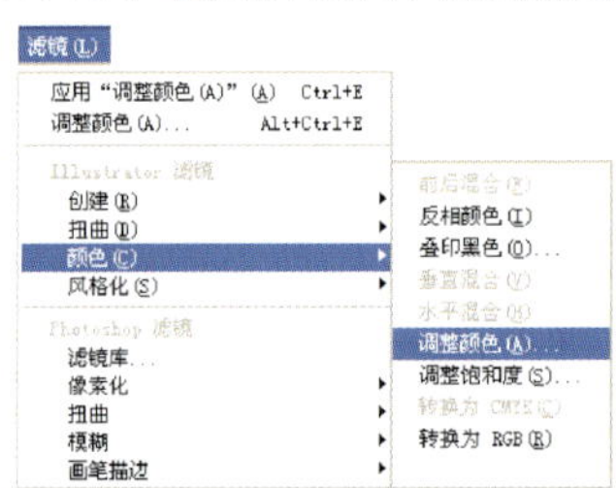

- 在随即弹出的调整颜色对话框中设置“红色”为 **6%**，“绿色”为 **–6%**，“蓝色”为 **–14%**，勾选“填充”和“描边”选项，点击“确定”。
- 则置入的面料图片被改变颜色。

㉑

㉑
- 采用前面创建新色板的方法，再次创建新色板。
- 使用工具箱中【选择】工具，点击选择领子部分。
- 在【色板】浮动面板中，点击刚刚新建的色板，填充领子部分。

七、针织衫的绘制

变化针织衫面料效果

选择工具，即快捷键“P”

㉒

㉒
- 执行菜单栏中【对象 / 全部解锁】命令，将后片针织衫解锁。

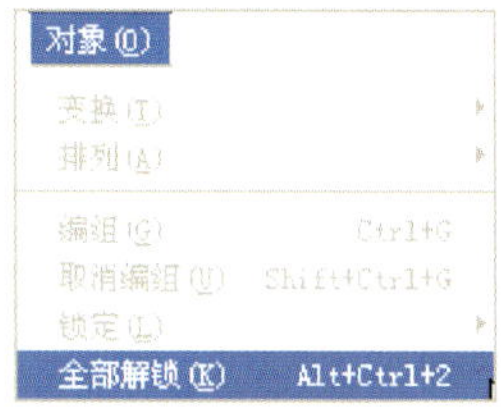

- 使用工具箱中【选择】工具，快捷键“V”，点击选择针织衫后片。
- 在【色板】浮动面板中，点击选择和领子一样的填充色板，填充针织衫后片。

㉓

㉓
- 使用工具箱中【选择】工具，快捷键“V”，点击选择针织衫，执行菜单栏中【编辑 / 复制】命令，再执行【编辑 / 贴在前面】命令。
- 在【色板】浮动面板中，点击选择所需要的颜色作为刚刚复制的针织衫后片的填充。

㉔

㉔
- 在【透明度】浮动面板中，点击“混合模式框”右边的箭头，在随即弹出的下拉选项中，点击“正片叠底”。

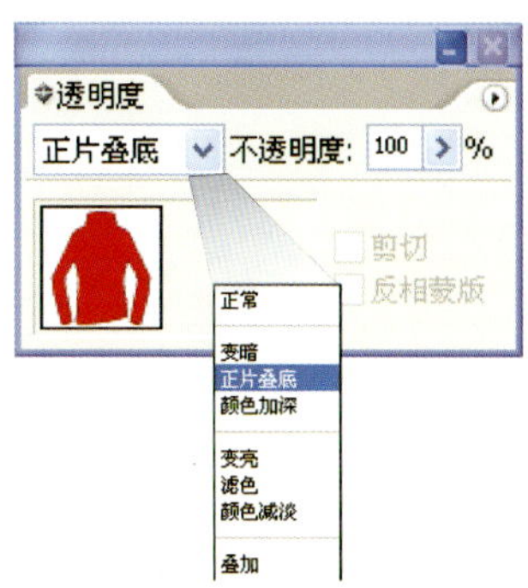

3. 创建针织衫包边

创建针织衫领部包边

选择工具，快捷键“V”
直接选择工具，快捷键“A”
剪切工具，快捷键“C”

㉕

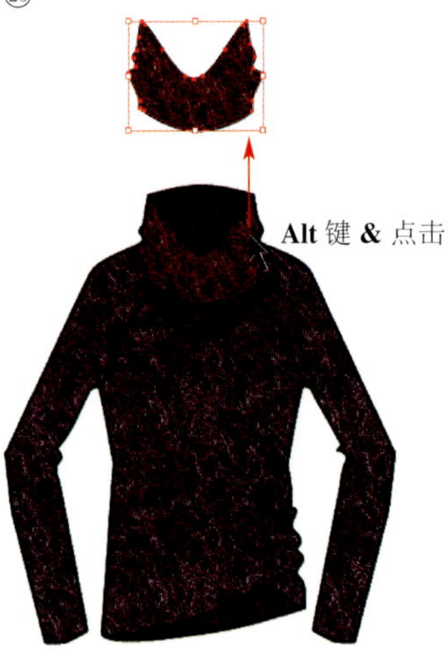

㉕
- 使用工具箱中【选择】工具，快捷键“V”，点击选择针织衫领子部分，按下键盘上“Alt”键，当鼠标变为双箭头状态时，拖曳领子部分，移动复制领子。

㉖

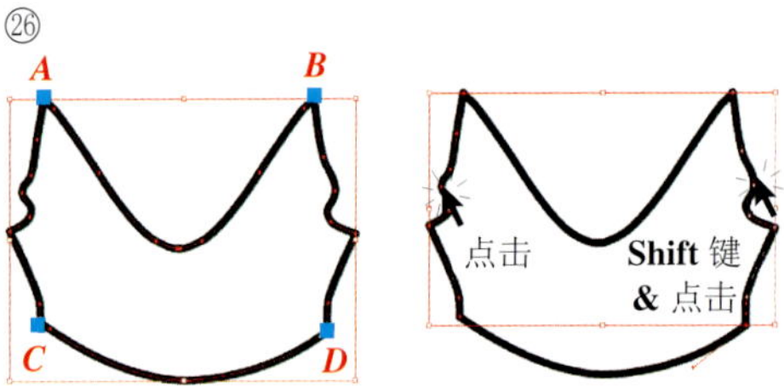

㉖
- 使用工具箱中【剪刀】工具，快捷键“C”，分别在领子的 *A*、*B*、*C*、*D* 四个锚点处点击。
- 则直线在点击处被剪开。
- 使用工具箱中【选择】工具，快捷键“V”，按下键盘上“Shift”键，点击选择竖侧的两段线段。
- 按下键盘上“Delete”键，删除竖侧的两段线段。

㉗

㉗
- 在领子剩余部分路径被选择的状态下，在【描边】浮动面板中，设置描边“粗细”为 4pt。

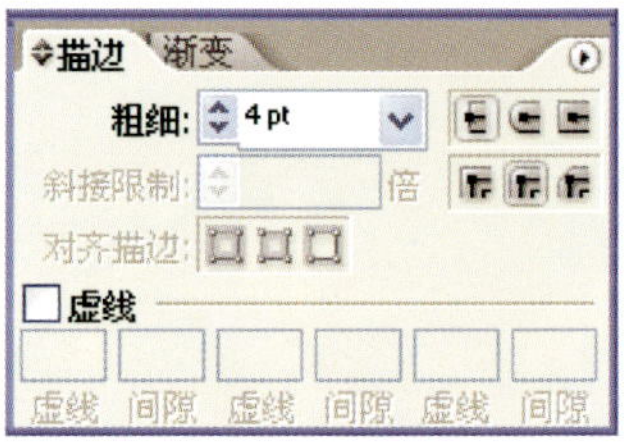

七、针织衫的绘制

填充针织衫领部包边颜色

选择工具，即快捷键“**P**”

直接选择工具　剪切工具

㉘

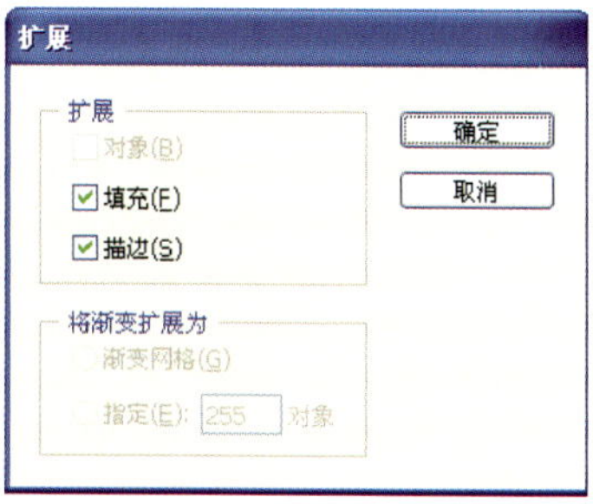

㉘

· 在领子剩余部分路径被选择的状态下，执行菜单栏中【对象/扩展】命令，在随即弹出的【扩展】对话框中，勾选“填充”和“描边”选项（☑）。

· 点击“确定”。

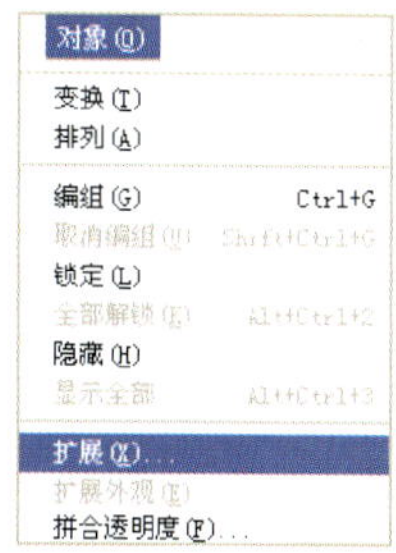

㉙

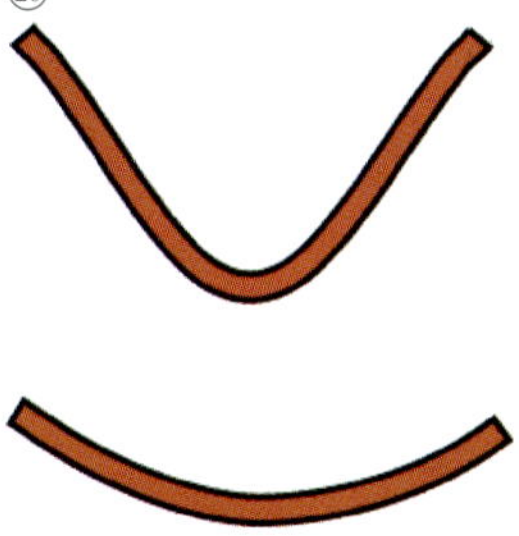

㉙

· 在工具箱中设置描边色为黑色，填充色为所需要的颜色（）。

运用针织衫领部包边

选择工具，即快捷键“**V**”

㉚

㉚

· 使用工具箱中【选择】工具，快捷键“**V**”，点击并拖曳刚刚设置的领部包边到针织衫领子部位。

创建针织衫袖部包边

选择工具，快捷键“V”
直接选择工具，快捷键“A”
剪切工具，快捷键“C”

㉛

㉛
- 使用工具箱中【选择】工具，快捷键“**V**”，按下键盘上“**Shift**”键，点击选择针织衫的两个袖子部分，按下键盘上“**Alt**”键，当鼠标变为双箭头状态时，拖曳袖子部分，移动复制袖子。

㉜

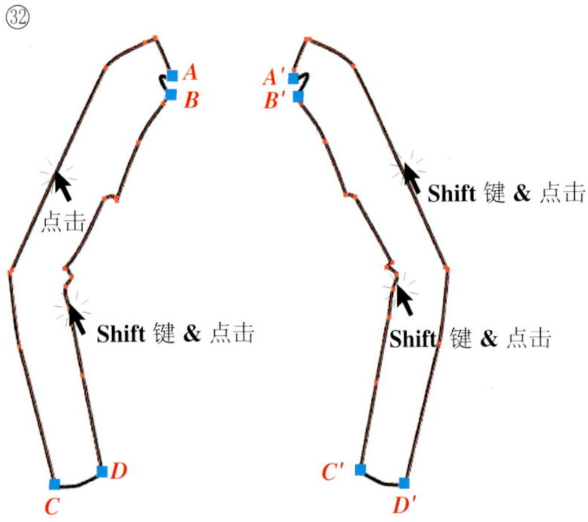

㉜
- 在刚刚复制的领子被选择的状态下，在工具箱中设置无填充色，描边色为黑色（）。
- 使用工具箱中【剪刀】工具，快捷键“**C**”，分别在两边袖子的 ***A***、***B***、***C***、***D*** 与 ***A′***、***B′***、***C′***、***D′*** 处点击。
- 则袖子在点击处被剪开。
- 使用工具箱中【选择】工具，快捷键“**V**”，按下键盘上“**Shift**”键，点击选择袖子竖侧的四条线段。
- 按下键盘上“**Delete**”键，删除竖侧的两段线段。

㉝

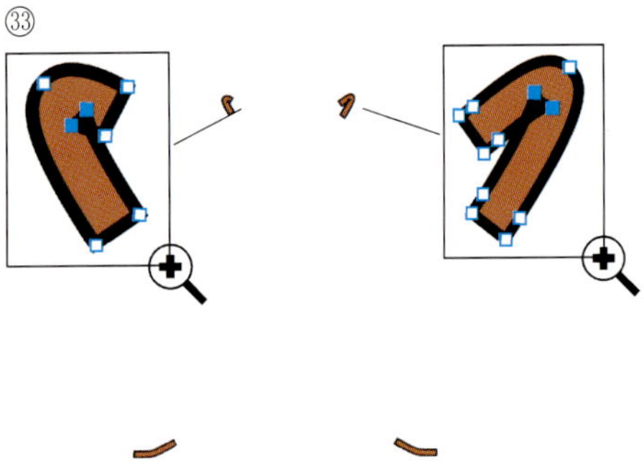

㉝
- 使用工具箱中【选择】工具，快捷键“**V**”，框选袖子上所有的局部包边形状。
- 在领子剩余部分路径被选择的状态下，执行菜单栏中【对象 / 扩展】命令，在随即弹出的【扩展】对话框中，勾选“填充”和“描边”选项（）。
- 点击“确定”。
- 在工具箱中设置描边色为黑色，填充色为所需要的颜色（）。
- 使用工具箱中【缩放】工具，框选放大，刚刚扩展完成的袖子包边，查看细节。
- 使用工具箱中【删除锚点】工具，在拐角处的锚点上分别点击，删除多余锚点。

㉞

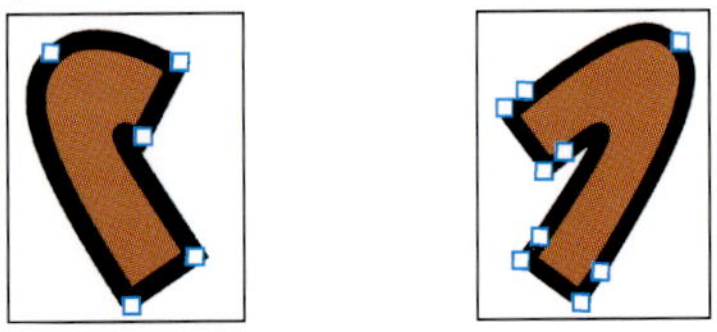

㉞
- 则袖子上局部包边形状变得圆顺。

运用包边

选择工具，快捷键“P”
直接选择工具，快捷键“A”
剪切工具，快捷键“C”

㉟

㉟

- 使用工具箱中【选择】工具，快捷键“V”，点击并拖曳刚刚设置的袖子包边，分别放置到针织衫如图所指示的两处。

㊱

㊱

- 采用同样方法制作针织衫其他位置的包边。
- 使用工具箱中【选择】工具，快捷键“V”，点击并拖曳其余的包边分别放置到针织衫如图所指示的五处。

㊲

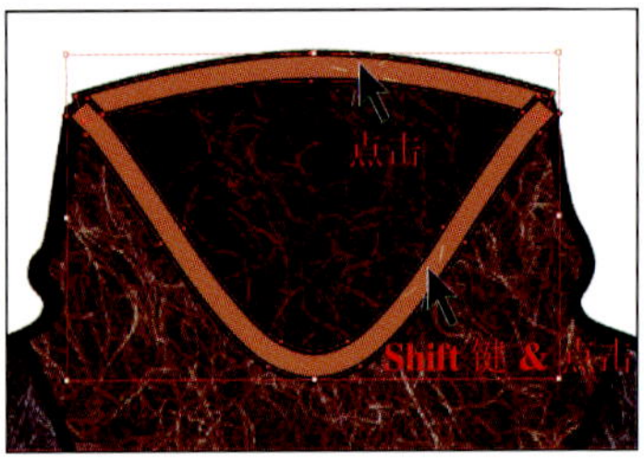

调整领部包边形状

选择工具，快捷键“V”
直接选择工具，快捷键“A”

㊲
- 使用工具箱中【选择】工具，快捷键“V”，按下键盘上“Shift”键，点击选择针织衫领子部分的两个包边形状。

㊳

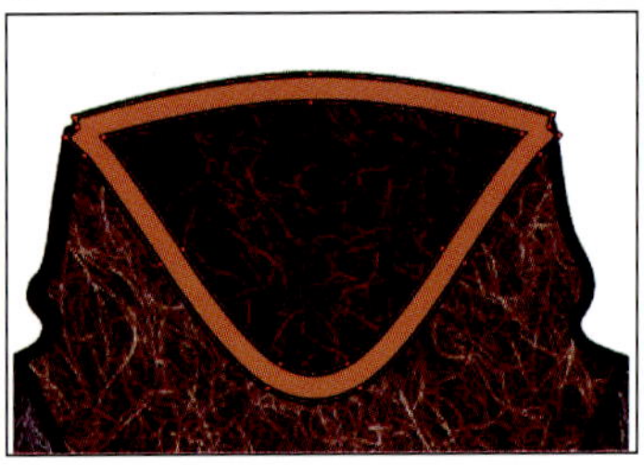

㊳
- 在【路径查找器】浮动面板中，点击选择“与形状区域相加”按钮（ ），再点击“扩展”按钮。

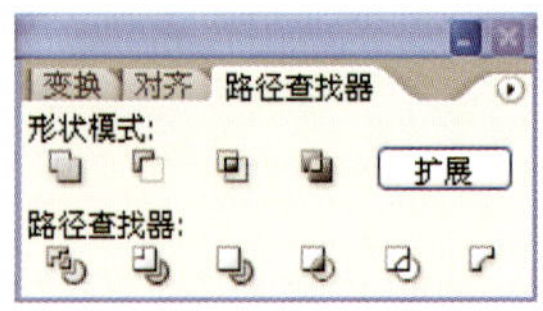

㊴

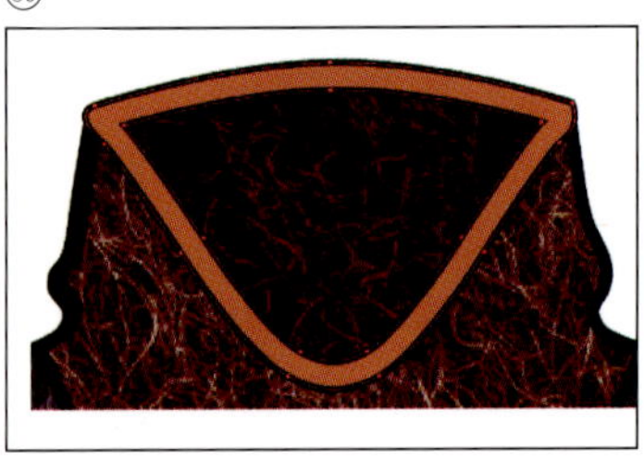

㊴
- 使用工具箱中【直接选择】工具，快捷键“A”，将领子处的包边调整至理想形状。

调整胸口包边形状

选择工具，即快捷键“V”

㊵使用工具箱中【选择】工具，快捷键“V”，按下键盘上“Shift”键，点击选择针织衫胸口部分的两个包边形状。

㊵

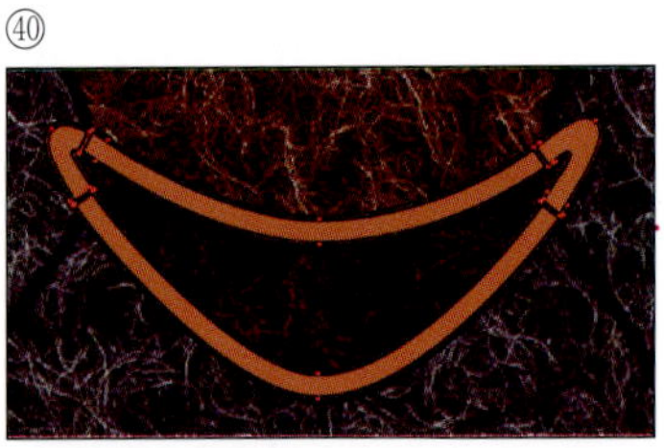

㊶
- 在【路径查找器】浮动面板中，点击选择“与形状区域相加”按钮（ ），再点击“扩展”按钮。

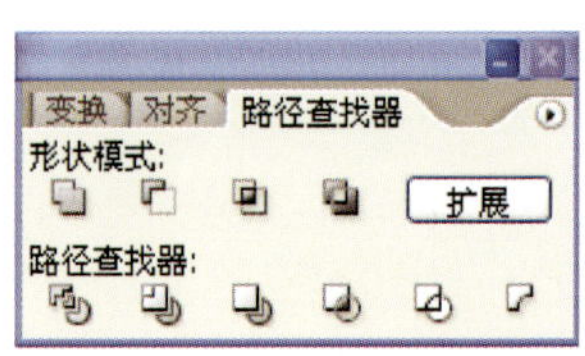

㊶

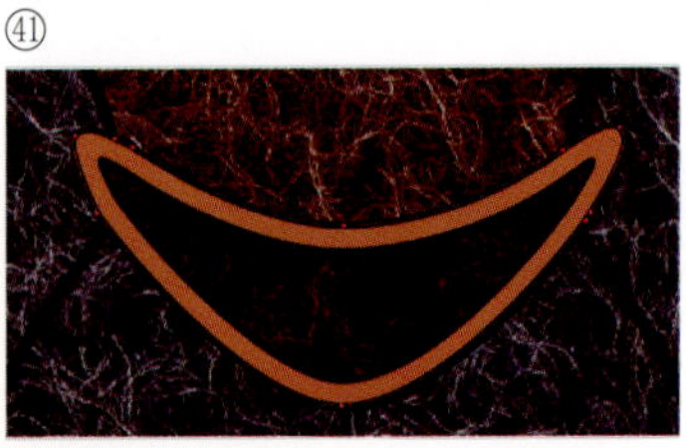

4. 创建针织衫附件

创建针织衫缝纫线

选择工具，快捷键“V”
钢笔工具，快捷键“P”

㊷

㊷

· 使用工具箱中【钢笔】工具，快捷键“P”，绘制直线路径。

㊸

㊸

· 在刚刚绘制的直线路径被选择的状态下，在【描边】浮动面板中，设置描边“粗细”为 **0.4pt**，勾选“虚线”选项（☑）。设置第一个“虚线”为 **0.3pt**，“间隙”为 **0.62pt**；第二个“虚线”为 **0.34pt**，“间隙”为 **0pt**；第三个“虚线”为 **0pt**，“间隙”为 **0.62pt**。

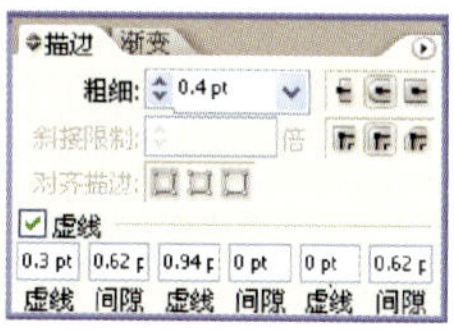

㊹

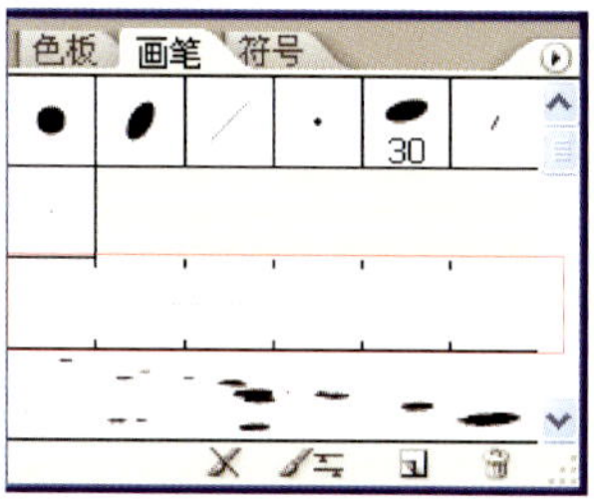

㊹

· 使用工具箱中【选择】工具，点击并拖曳刚刚绘制的虚线到【画笔】浮动面板中。

㊺

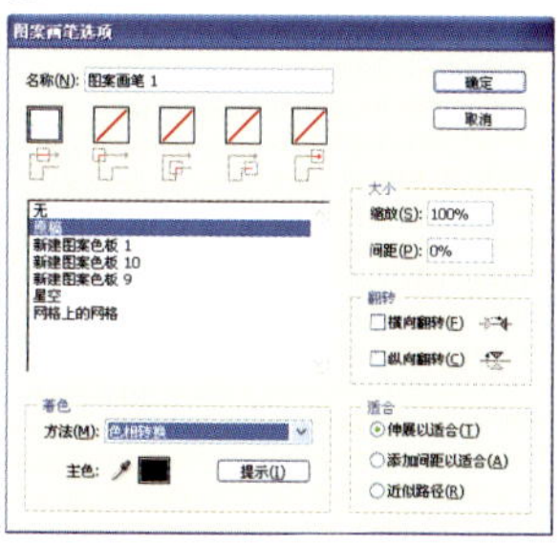

㊺

· 在随即弹出的【图案画笔选项】对话框中，设置着色“方法”为“色相转换”，点击“确定”。

创建针织衫拉绳孔

选择工具，快捷键“V”
椭圆形工具

㊻

㊻

· 使用工具箱中【椭圆】工具，快捷键“L”，按下键盘上“**Shift**”键，分别绘制两个适当大小的圆形，作为拉绳孔的基本形状。

㊼

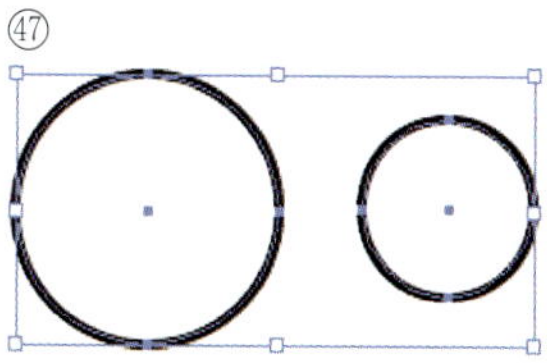

㊼

· 使用工具箱中【选择】工具，快捷键“V”，框选两个圆形。

㊽

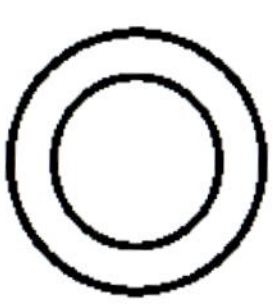

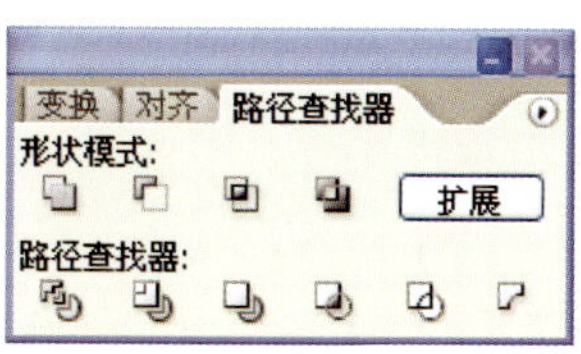

㊽

· 在【路径查找器】浮动面板中点击“与形状区域相减”按钮（），再点击“扩展”按钮。

填充针织衫拉绳颜色

选择工具，快捷键“V”
钢笔工具，快捷键“P”

㊾

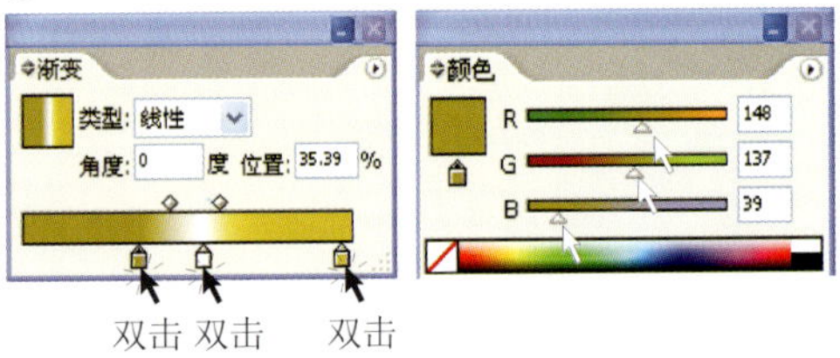

- 使用工具箱中【选择】工具，快捷键“V”，点击选择刚刚绘制的拉绳孔。
- 在【渐变】浮动面板中，双击“渐变滑块”( )，通过调整颜色浮动面板中颜色的数值，设置所需要的渐变色为填充色（ ）。

㊿

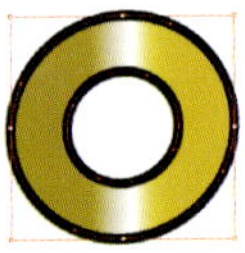

- 即拉绳孔被填充金属光泽般的渐变色。

(51)

- 在工具箱中设置无填充色，描边色为所需要的颜色（ ）。
- 在【描边】浮动面板中设置描边“粗细”为**2.5pt**，圆头端点（ ）。
- 使用工具箱中【钢笔】工具，快捷键“V”，在适当位置绘制曲线路径作为拉绳。
- 使用工具箱中【选择】工具，快捷键“V”，框选刚刚绘制的拉绳孔和拉绳，点击鼠标右键，在随即弹出的快捷菜单中，点击选择【编组】命令。

(52)

- 使用工具箱中【选择】工具，快捷键“V”，移动拉绳到针织衫的的领口位置，并复制一个到针织衫下边缘位置。

七、针织衫的绘制

针织衫着装图

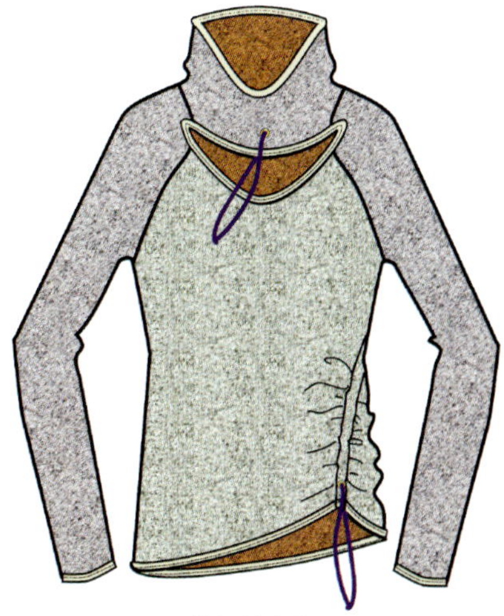

针织衫变色一

针织衫变色二

八、圆点图案衫的绘制

1. 创建圆点图案衫基本形状

新建文档

- 在 **Adobe Illustrator** 中执行菜单栏中执行【文件 / 新建】命令，快捷键“**Ctrl+N**”，随即弹出【新建文档】对话框，设置：“名称”为松紧腰头灯笼裤；“大小”为 **A4**；“取向”为纵向（）；“**RGB** 颜色”（）。
- 点击“确定”。

绘制圆点图案衫基本形状

钢笔工具，快捷键“**P**”
选择工具，快捷键“**V**”

①

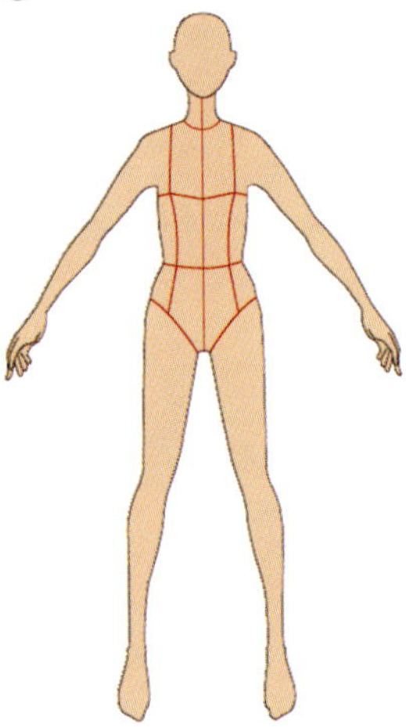

①
- 执行菜单栏中【文件 / 置入】命令，置入人体草图。
- 在【图层】浮动面板点击锁定“图层 **1**”（）
- 点击【图层】浮动面板中新建图层（），创建“图层 **2**”。

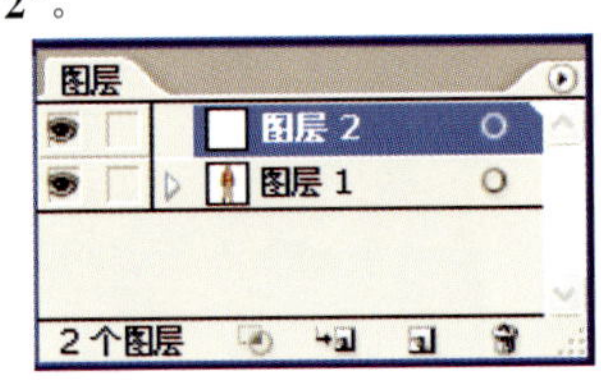

②

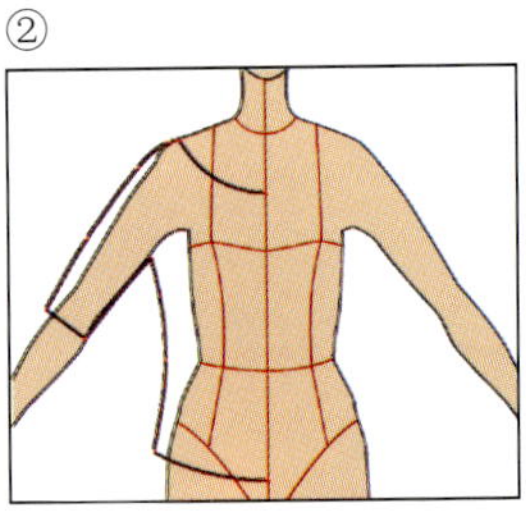

②
- 使用工具箱中【钢笔】工具，快捷键“**P**”，在工具箱中设置无填充色，描边色为黑色（），描边“粗细”为 **2.5pt**。
- 使用工具箱中【钢笔】工具，快捷键“**P**”，沿人体草图绘制圆点图案衫的衣身左半边形状。

③

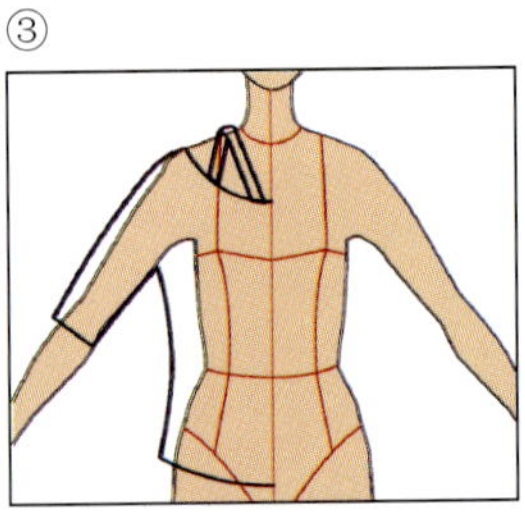

③
- 使用工具箱中【钢笔】工具，快捷键“**P**”，沿人体草图绘制圆点图案衫的肩带左半边形状。

④

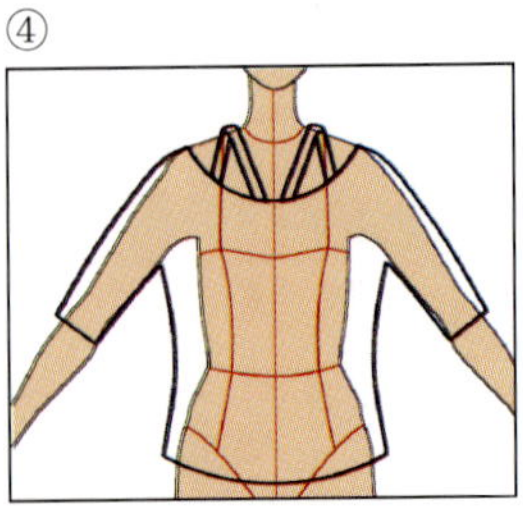

④
- 使用工具箱中【选择】工具，快捷键“**V**”，点击鼠标右键，在随即弹出的快捷菜单中点击选择【变换 / 对称】命令，在随即弹出的【镜像】对话框中点击选择“垂直”，再点击“复制”。
- 向右拖曳刚刚镜像复制的半边针织衫到适当位置。
- 框选两半边针织衫，在【路径查找器】浮动面板中，点击“与形状区域相加”（），再点击“扩展”按钮。

八、圆点图案衫的绘制

⑤

创建袖子

直接选择工具，快捷键“A”
钢笔工具，快捷键“P”

⑤

- 在【图层】浮动面板中，点击“图层 1”左边“可切换视图”按钮（ ），隐藏“图层 1”。

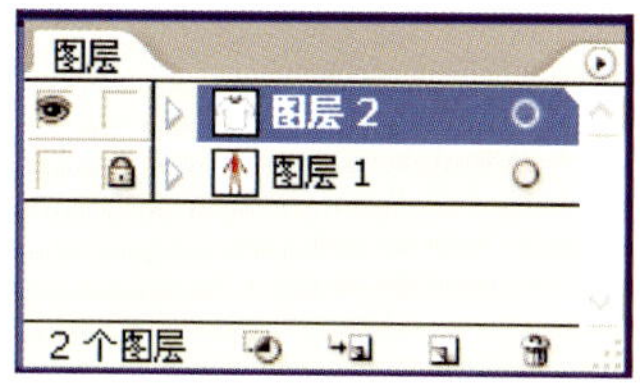

⑥

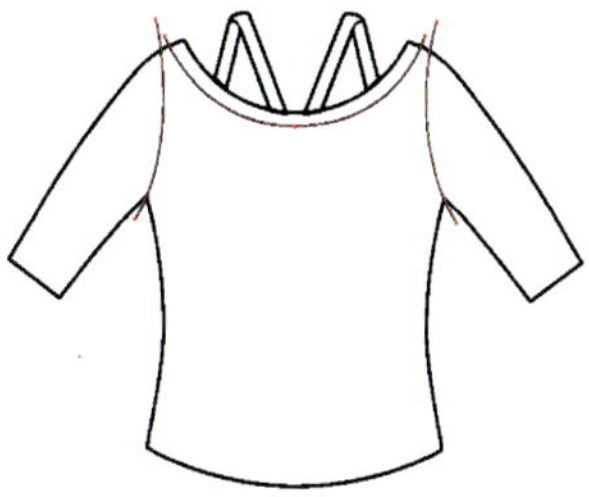

⑥

- 使用工具箱中【钢笔】工具，快捷键“P”，在圆点图案衫袖子与衣身交接处分别绘制如图⑥所示三处分割路径及领子部分的分割线。

⑦

⑦

- 使用工具箱中【选择】工具，快捷键“V”，框选刚刚绘制的分割路径和圆点图案衫前片。
- 在【路径查找器】浮动面板中，点击“分割”按钮（ ）。
- 点击鼠标右键，在随即弹出的快捷菜单中点击选择【取消编组】命令。

⑧

填充颜色

选择工具，快捷键“P”

⑧

- 使用工具箱中【选择】工具，快捷键“V”，按下键盘上“Shift”键，点击选择除领子外所有圆点图案衫的部分。
- 在工具箱中设置描边色为黑色，填充色为所需要的颜色（ ）。
- 使用工具箱中【选择】工具，快捷键“V”，点击选择圆点图案衫的领子部分。
- 在工具箱中设置描边色为黑色，填充色为所需要的颜色（ ）。

⑨

⑨

- 使用工具箱中【选择】工具，快捷键“V”，按下键盘上“Shift”键，点击圆点图案衫两边袖子和前片。
- 点击鼠标右键，在随即弹出的快捷菜单中点击【编组】命令。

八、圆点图案衫的绘制

创建圆点图案衫局部形状

钢笔工具，快捷键“P”
选择工具，快捷键“V”

⑩

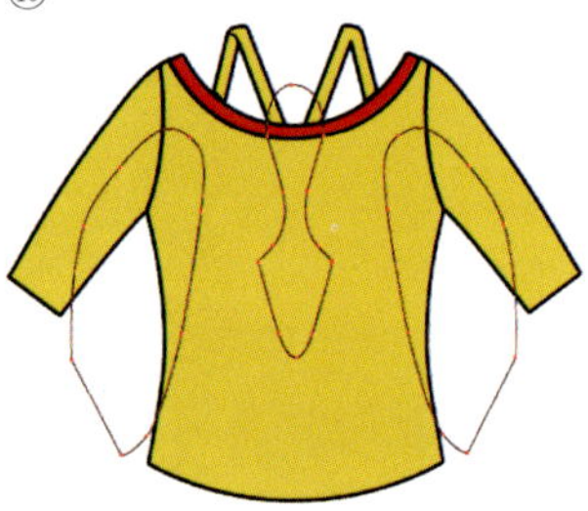

- 使用工具箱中【选择】工具，快捷键“V”，点击圆点图案衫的袖子和前片部分。
- 执行菜单栏中【编辑/复制】命令。
- 再执行【编辑/贴在前面】命令。
- 在工具箱中设置无填充色，描边色为黑色（）。
- 使用工具箱中【钢笔】工具，快捷键“P”，绘制出圆点图案衫的第一处局部形状。

（注意：在绘制局部形状时，在衣服形状以内的区域路径根据需要仔细描绘，而在衣服形状以外的区域则可以随意描绘）

⑪

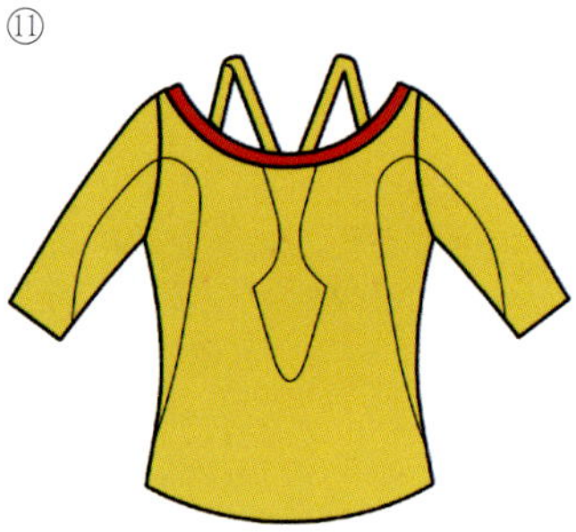

- 使用工具箱中【选择】工具，快捷键“V”，框选刚刚绘制的圆点图案局部基本轮廓和刚刚复制的圆点图案衫的袖子和前片。
- 在【路径查找器】浮动面板中，点击“与形状区域相加”按钮（），再点击“扩展”按钮。

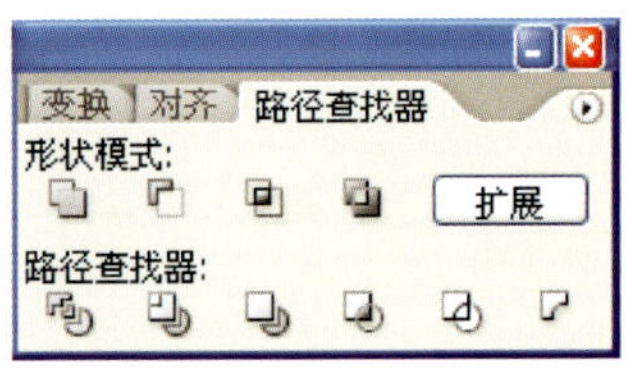

- 则圆点图案衫的第一处局部形状创建完成。

⑫

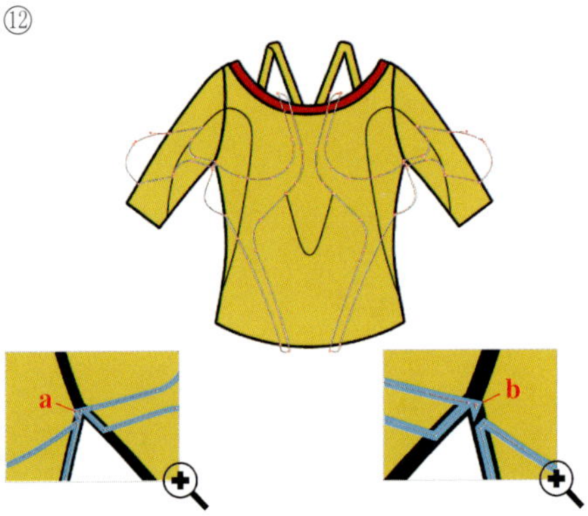

- 运用相同方法将圆点图案衫的第二处局部形状创建完成。
- 使用工具箱中【缩放】工具，框选放大刚刚扩展完成的袖子包边，察看细节。
- 使用工具箱中【删除锚点】工具，在拐角处的锚点上分别点击，删除多余锚点。

⑬

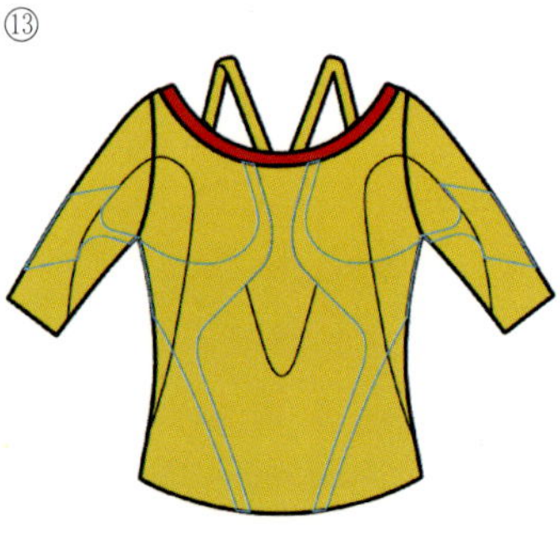

- 则圆点图案衫的第二处局部形状创建完成。

2. 创建圆点图案面料

绘制圆点图案基本形状

矩形工具，快捷键“M”
椭圆工具，快捷键“L”
选择工具，快捷键“V”

⑭

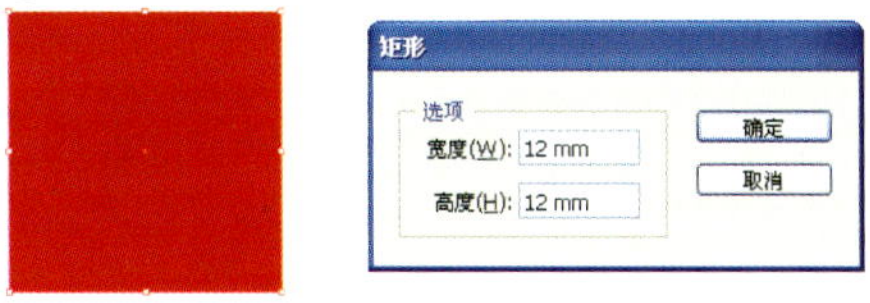

⑭
- 在工具箱中设置无描边色，填充色为所需要的色（ ）。
- 双击工具箱中【矩形】工具，在随即弹出的【矩形】对话框中设置“宽度”和“高度”均为**12mm**，点击“确定”。

⑮

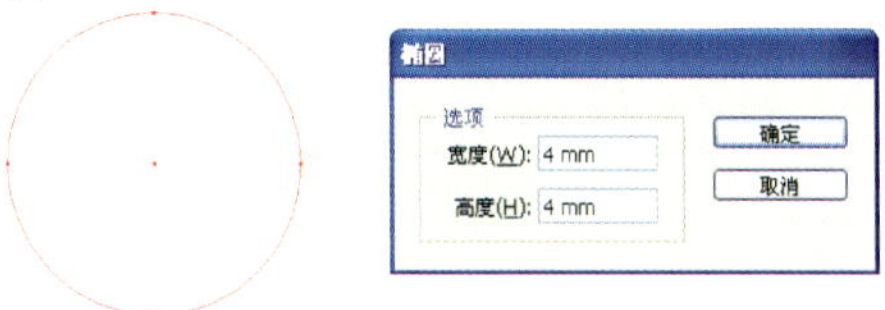

⑮
- 在工具箱中设置无描边色，填充色为所需要的颜色（ ）。
- 双击工具箱中【椭圆】工具，在随即弹出的【椭圆】对话框中设置“宽度”和“高度”均为**4mm**，点击“确定”。

⑯

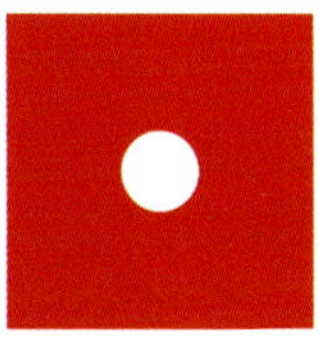

⑯
- 使用工具箱中【选择】工具，快捷键“**V**”，框选刚刚绘制的矩形和圆形。
- 在【对齐】浮动面板中，点击“垂直居中对齐”按钮（ ），再点击“水平居中对齐”按钮（ ）。

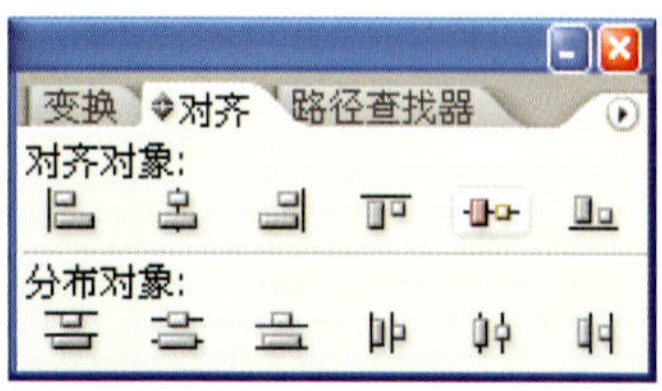

⑰

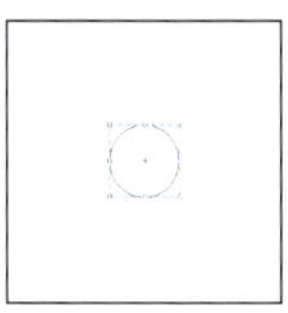

⑰
- 执行菜单栏中【视图/轮廓】命令，快捷键“**Ctrl+Y**”，转换为轮廓视图。

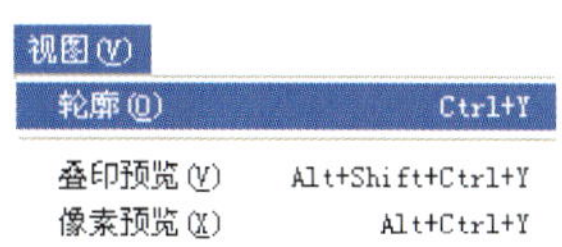

⑱

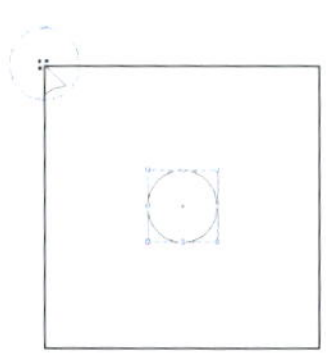

⑱
- 使用工具箱中【选择】工具，快捷键“**V**”，按下键盘上“**Alt**”键，移动复制中间的圆形到矩形左角处。

⑲

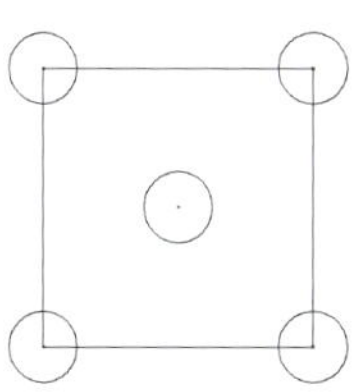

⑲
- 重复以上动作，移动复制后，四个圆形分别处于矩形的四个转角处。

⑳

㉑

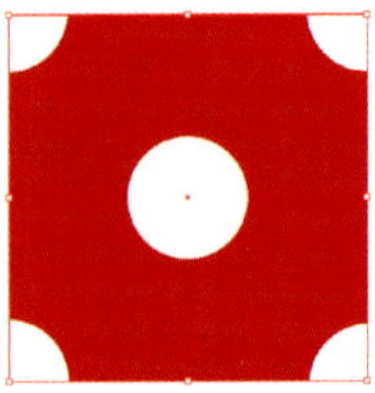

㉒

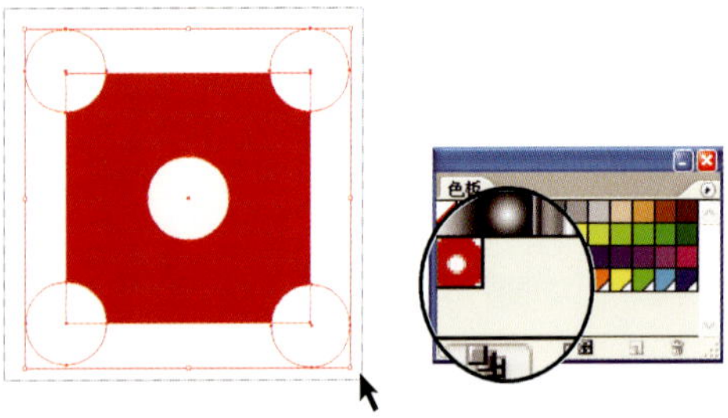

㉓

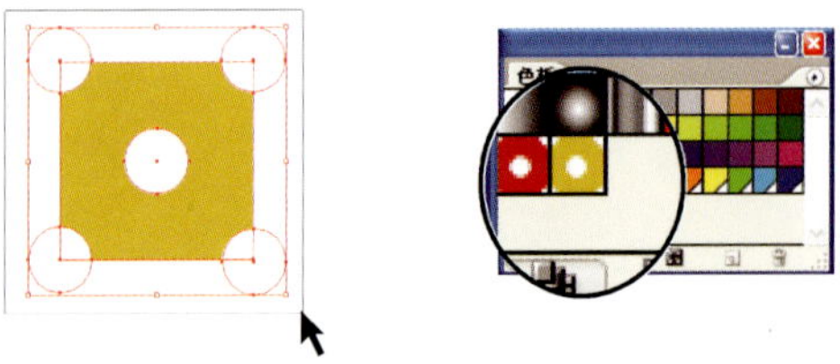

㉔

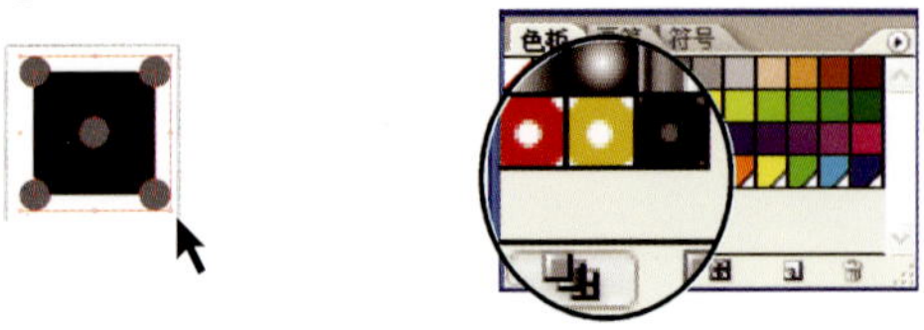

创建圆点图案面料色板一

选择工具，快捷键“V”

⑳
- 执行菜单栏中【视图/轮廓】命令，快捷键“**Ctrl+Y**”，转换为轮廓视图。

㉑
- 使用工具箱中【选择】工具，快捷键“**V**”，点击选择矩形。
- 执行菜单栏中【编辑/复制】命令，再执行【编辑/贴在后面】命令。
- 在刚刚复制的矩形被选择的状态下，在工具箱中设置无填充色，无描边色（）。

㉒
- 使用工具箱中【选择】工具，快捷键“**V**”，框选刚刚绘制的所有矩形和圆形，并拖曳到【色板】浮动面板中，作为新建的圆点图案面料色板一。

创建圆点图案面料色板二

选择工具，快捷键“V”

㉓
- 使用工具箱中【选择】工具，快捷键“**V**”，点击选择矩形。
- 在工具箱中设置无描边色，填充色为所需要的颜色（）。
- 使用工具箱中【选择】工具，快捷键“**V**”，框选所有矩形和圆形。点击鼠标右键，在随即弹出的快捷菜单中，点击选择【变换/缩放】命令。
- 在随即弹出的【比例缩放】对话框中设置“缩放比例”为**35%**，点击“确定”。
- 使用工具箱中【选择】工具，快捷键“**V**”，框选所有矩形和圆形，并拖曳到【色板】浮动面板中，作为新建的圆点图案面料色板二。

创建圆点图案面料色板三

选择工具，快捷键“V”

㉔
- 使用工具箱中【选择】工具，快捷键“**V**”，点击选择矩形。
- 在工具箱中设置无描边色，填充色为所需要的颜色（）。
- 使用工具箱中【选择】工具，快捷键“**V**”，点击选择矩形。

八、圆点图案衫的绘制

- 在工具箱中设置无描边色，填充色为所需要的颜色（）。
- 使用工具箱中【选择】工具，快捷键“V”，框选所有矩形和圆形。点击鼠标右键，在随即弹出的快捷菜单中，点击选择【变换/缩放】命令。
- 在随即弹出的【比例缩放】对话框中设置“缩放比例”为**50%**，点击“确定”。
- 使用工具箱中【选择】工具，快捷键“V”，框选所有矩形和圆形，并拖曳到【色板】浮动面板中，作为新建的圆点图案面料色板三。

运用圆点图案面料

选择工具，快捷键“V”

㉕

㉕
- 使用工具箱中【选择】工具，快捷键“V”，点击圆点图案衫的袖子和前片。
- 在【色板】浮动面板中，点击选择之前新建的圆点图案面料二。

㉖

㉖
- 使用工具箱中【选择】工具，快捷键“V”，点击圆点图案的局部轮廓一。
- 在【色板】浮动面板中，点击选择之前新建的圆点图案面料一。

㉗

㉗
- 使用工具箱中【选择】工具，快捷键“V”，点击圆点图案的局部轮廓二。
- 在【色板】浮动面板中，点击选择之前新建的圆点图案面料三。

3. 创建圆点图案衫附件

绘制附件

钢笔工具，快捷键“**P**”
铅笔工具，快捷键“**N**”
选择工具，快捷键“**V**”

㉘

㉘
- 在工具箱中设置无填充色，描边色为黑色（ ）。
- 使用工具箱中【钢笔】工具，快捷键“**P**”，绘制圆点图案衫附件的半边形状。

㉙

㉙
- 使用工具箱中【铅笔】工具，快捷键“**N**”，分别在附件半边形状上的边缘位置进行不规则拖曳描绘。
- 则附件半边形状轮廓被改变。

㉚

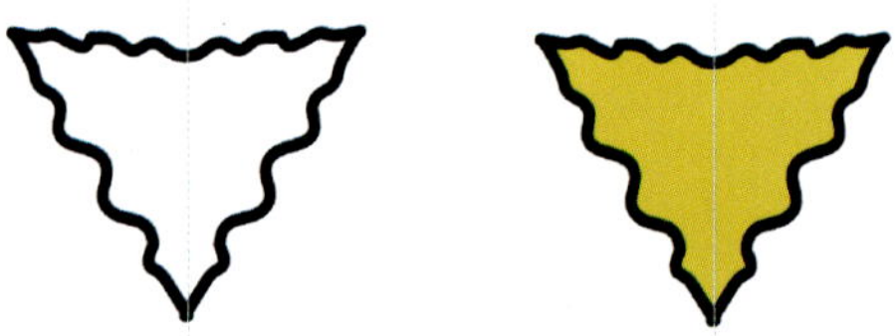

㉚
- 使用工具箱中【选择】工具，快捷键“**V**”，镜像复制出另半边形状。
- 框选两边形状，在【路径查找器】浮动面板中，点击“与形状区域相加”（ ），再点击“扩展”按钮。
- 在工具箱中设置描边色为黑色，填充色为所需要的颜色（ ）。

㉛

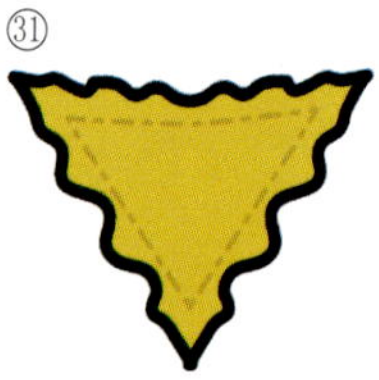

㉛
- 在【描边】浮动面板中，设置描边“粗细”为**0.525pt**，勾选“虚线”选项（ ）。设置第一个“虚线”为**0.61pt**，“间隙”为**1.26pt**；第二个“虚线”为**1.89pt**，“间隙”为**0pt**；第三个“虚线”为**0pt**，“间隙”为**1.26pt**。

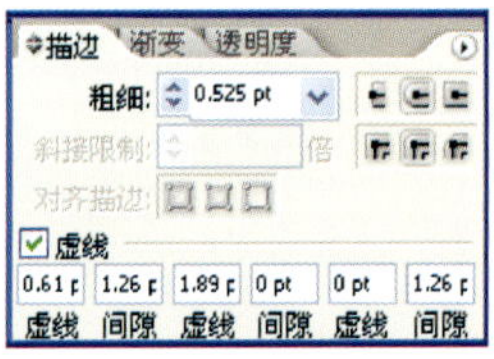

- 在工具箱中设置填充色为无，描边色为所需要的颜色（ ）。
- 使用工具箱中【钢笔】工具，快捷键“**P**”，绘制附件内缝纫线形状。

㉜

㉜
- 使用工具箱中【选择】工具，快捷键“**V**”，选择所有附件，并放置于圆点图案衫中的理想位置。

八、圆点图案衫的绘制

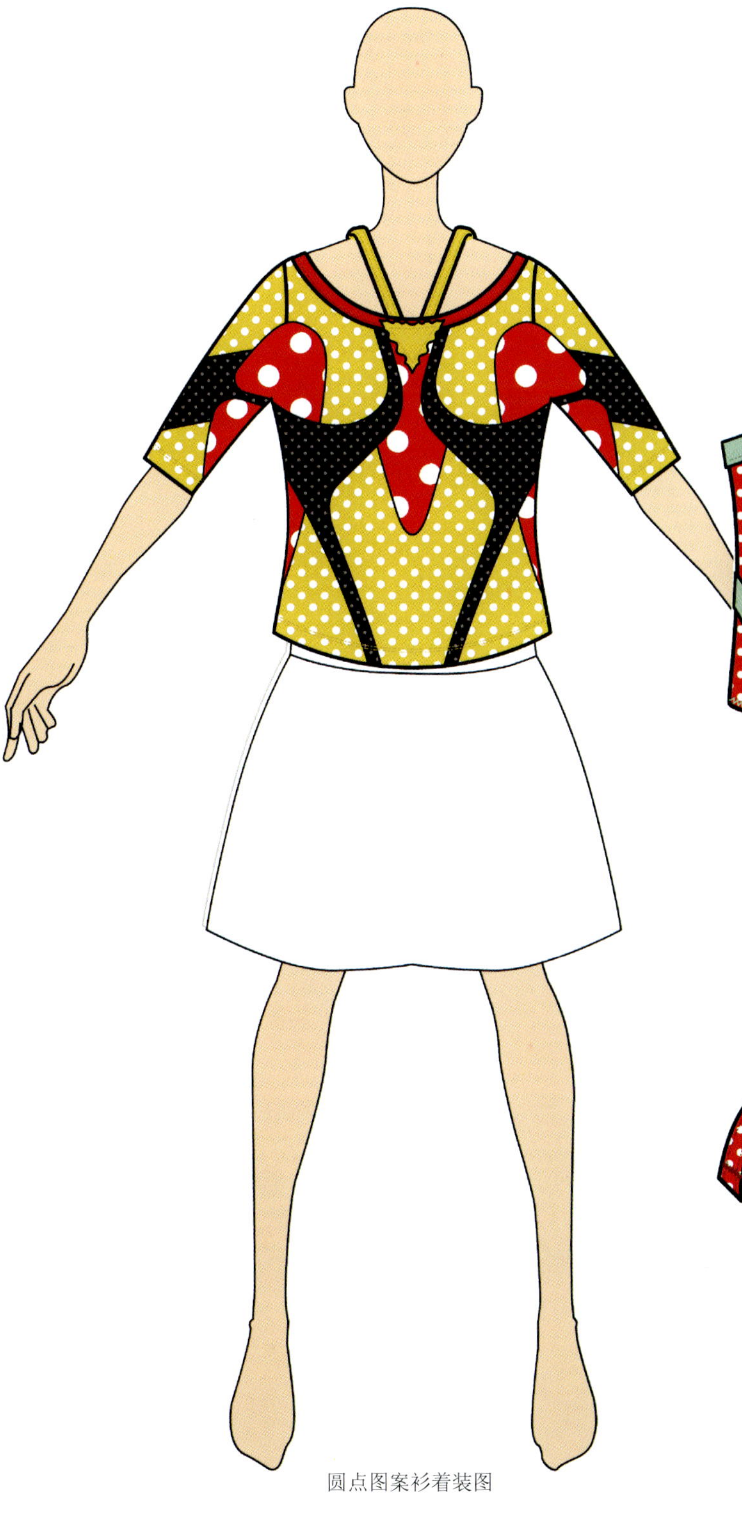

圆点图案衫着装图

圆点图案衫款式图变化一

圆点图案衫款式图变化二

九、条纹图案衫的绘制

1. 创建条纹图案

绘制条纹图案基本形状

矩形工具，快捷键“M”
选择工具，快捷键“V”

①

①
- 相同条纹图案，不同角度填充方向的条纹图案衫。

②

②
- 在工具箱中设置无描边色，填充色为所需要的色（）
- 使用工具箱中【矩形】工具，快捷键“M”，在画板上点击，随即弹出【矩形】对话框。设置“宽度”为**20mm**，“高度”为**30mm**。
- 则产生第一个矩形。
- 在工具箱中设置无描边色，填充色为所需要的色（）。
- 使用工具箱中【矩形】工具，快捷键“M”，在画板上点击，随即弹出【矩形】对话框。设置“宽度”为**20mm**，“高度”为**30mm**。
- 则产生第二个矩形。
- 使用工具箱中【选择】工具，快捷键“V”，框选刚刚绘制的两个矩形。
- 在【对齐】浮动面板中，点击“垂直居中对齐”按钮（），再点击“垂直底对齐”按钮（）。

创建条纹图案面料色板

选择工具，快捷键“V”

③

1 角度为 **0**° 的条纹

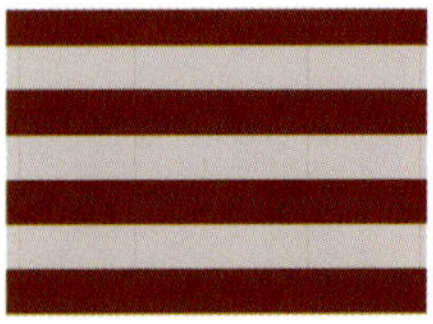

2 角度为 **45**° 的条纹

3 角度为 **90**° 的条纹

③
- 使用工具箱中【选择】工具，快捷键“V”，框选两个矩形，并拖曳到【色板】浮动面板中，作为条纹图案面料色板。
- 运用此条纹图案面料色板，我们将创建出不同的角度的填充效果。

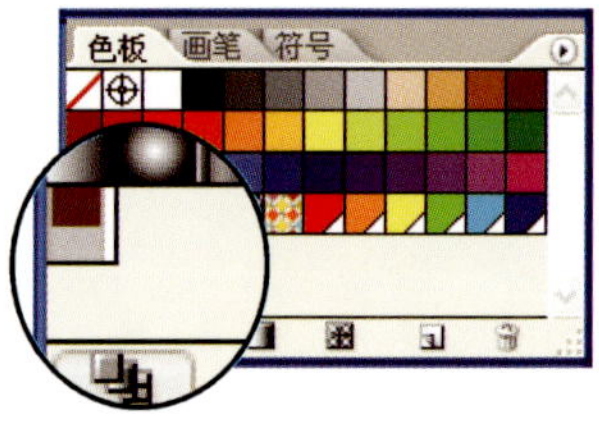

2. 调整条纹图案

旋转条纹图案方向

选择工具，快捷键“V”
旋转工具，快捷键“R”

④

④
- 使用工具箱中【选择】工具，快捷键“V”，选择条纹图案衫所有部位。
- 在【色板】浮动面板中，点击选择之前新建的条纹图案面料。
- 则条纹图案衫被填充条纹图案所填充。

⑤

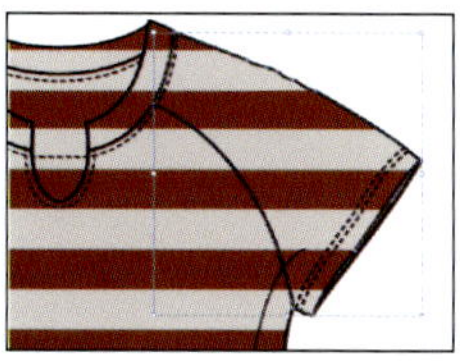

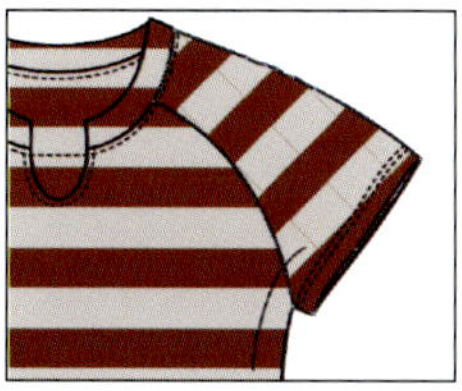

⑤
- 使用工具箱中【选择】工具，快捷键“V”，点击右边袖子部分。
- 双击工具箱中【旋转】工具，在随即弹出的【旋转】对话框中设置“角度”为**45°**，勾选“图案”选项（☑），点击“确定”。

（注意：在【旋转】对话框中，只勾选“图案”选项时，则只旋转填充图案）

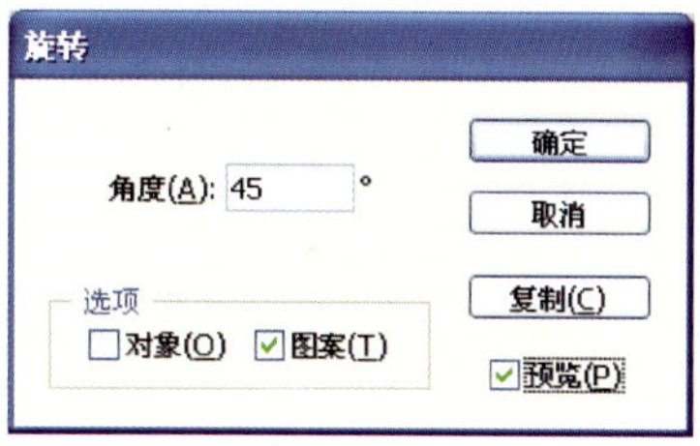

⑥

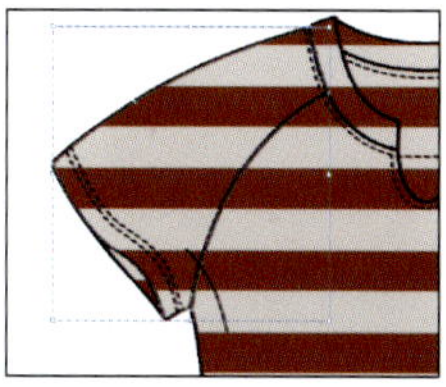

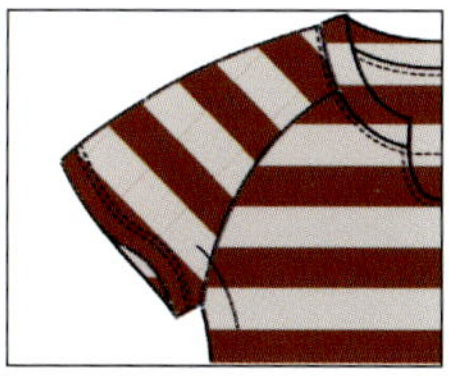

⑥
- 使用工具箱中【选择】工具，快捷键“V”，点击左边袖子部分。
- 双击工具箱中【旋转】工具，在随即弹出的【旋转】对话框中设置“角度”为**–45°**，勾选“图案”选项（☑），点击“确定”。

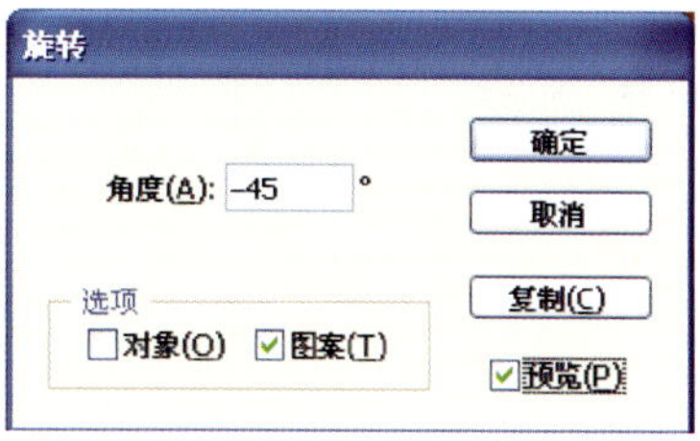

⑦

⑦
- 则条纹图案衫中的填充条纹图案产生了角度的变化。

九、条纹图案衫的绘制

条纹图案衫着装图

条纹图案衫款式图变化一

条纹图案衫款式图变化二

第三章

Illustrator 服装款式图赏析

运用本书中的绘制技法绘制出的各种服装款式图，读者可通过这些精美款式图感受到 **Illustrator** 提供的完美表现效果。

LIBERTAD
PRESOS
POLITICOS
BASTA
WHITEWOLF

WOODLANDS
X-COUNTRY TEAM
URBAN
LEGEN
EASTERN S
STAR

一、男装款式图赏析

MORZINE
83
LEGENDARY STATION
M
Legend
WOLF
SOL

MONSTERBOARD
ACTRASH
BOARDS
MENACE
DEEP ROVE FABRIC
MENACE
MENACE
MONSTERBOARD
COMPLETE SETUP
DEEP ROVE FABRIC
DEEP
ROX
FABRIC
Bombaah junk system

二、女装款式图赏析

WILD WINGS
FIRST CLASS SERVICE

二、女装款式图赏析

43

Urban Soul Princess
INDUSTRIAL

三、童装款式图赏析

ski
&smile
ROAMING
snow
ride
NORTHERN
909
MENACE

RACING
BUFFALO'S
CHIAPAS
WORLD
Pretty Heart
COSPORT
89